"工程诺贝尔奖"

查尔斯·斯塔克·德雷珀奖

郑晓静　周熹　张宝　著

科学出版社

北 京

内 容 简 介

德雷珀奖,即查尔斯·斯塔克·德雷珀奖(Charles Stark Draper Prize),是由美国国家工程院于1988年设立的美国工程学界最高荣誉奖,也被誉为"工程诺贝尔奖"。

本书介绍了德雷珀奖设立和颁发的基本情况以及查尔斯·斯塔克·德雷珀博士的生平贡献,着重介绍了1989~2022年共计24项德雷珀奖的获奖成果及其发明的主要过程以及60位获奖者的主要经历。

全书以科普和人文视角,通过回顾各项德雷珀奖获奖成果诞生的时代背景和研发的逸闻趣事以及所带来的变革,一方面展示技术发明对人类社会进步和人们生活质量改善所发挥的重要作用,另一方面展示现代工程、技术科学和基础科学在现代科学技术体系中的相辅相成关系;通过叙述德雷珀奖获奖者的求学与成长、工作与生活、个性与特长,展示时代需求、问题导向、团队平台、眼界格局、敢为人先、不懈进取、责任担当、协同合作、敏锐缜密、数理功底等基本要素对科学家和工程师成长和成果取得的影响,进而为读者特别是从事基础学科、技术学科和工程学科研究的学者、工程师和青年学生提供有益的启发、有用的借鉴和有趣的参考。

图书在版编目(CIP)数据

"工程诺贝尔奖":查尔斯·斯塔克·德雷珀奖/郑晓静,周熹,张宝著. —北京:科学出版社,2023.10
ISBN 978-7-03-074979-6

Ⅰ.①工… Ⅱ.①郑… ②周… ③张… Ⅲ.①工程-科技奖励-介绍-美国 Ⅳ.①G327.12

中国国家版本馆 CIP 数据核字(2023)第 035980 号

责任编辑:赵敬伟 姚培培/责任校对:杨聪敏
责任印制:张 伟/封面设计:有道文化

科学出版社 出版
北京东黄城根北街 16 号
邮政编码:100717
http://www.sciencep.com
北京汇瑞嘉合文化发展有限公司 印刷
科学出版社发行 各地新华书店经销

*

2023 年 10 月第 一 版 开本:787×1092 1/16
2023 年 12 月第二次印刷 印张:29 1/4
字数:590 000
定价:128.00 元
(如有印装质量问题,我社负责调换)

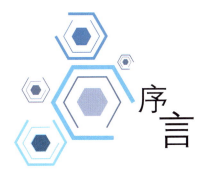

序言

作为中国科学技术协会组织的全国科学道德和学风建设宣讲教育院士报告团成员，2012 年 11 月 6 日，吴新智、刘人怀和我三人，走进西安电子科技大学，结合自身教书育人和科学研究的实践，为 1700 余名西安电子科技大学师生作了宣讲报告。我以"坚持科学发展观　努力做出原创性工作"为题作了专题报告。我从 1978 年考入清华大学研究生的入学教育——观看苏联电影《驯火记》谈起，结合中国集成电路（integrated circuit，IC）产业的发展历史，以及即将在西安电子科技大学附近建设的引进三星半导体企业的机遇，向师生们指出，我国集成电路、平板显示自主创新的发展仍然任重道远，中国集成电路产业翻身仗需要加强社会诚信、科学和学风建设来护航。谈到当前科研工作中存在的不良现象时，我借用周光召先生的话，特别强调要把握好学科的发展方向，努力做出原创性工作，不要单一追求科学引文索引（SCI）论文的发表和所谓的影响因子及热门课题，要做出能经得起时间考验、真正有生命力的科研工作。最后，我以奥运会开幕式科学环节为例，指出了发展我国原创性研究的紧迫感，重点向大家介绍了被誉为"工程诺贝尔奖"——德雷珀奖的来历和历届获奖者及其成就。

从西安报告归来不久，在一次中国科学院数学物理学部常委会上，西安电子科技大学校长郑晓静院士向我谈起，我的报告中关于我国进口集成电路、平板显示屏居于单一进口产品的第一位与第四位的消息令师生们震撼，排名分列第二、第三的石油、铁矿石作为资源性进口材料让大家还能接受，但以沙子作为原料的集成电路产业，为什么在国内就发展不起来，确实给以发展我国电子产业为己任的西安电子科技大学师生提出了一个挑战性问题。尤其当我在报告中谈到 2012 年伦敦奥运会

开幕式科学环节，英国拿出了 2007 年德雷珀奖得主、万维网（World Wide Web，WWW）发明者蒂姆·J. 伯纳斯-李来彰显文化形象，而我们 2008 年北京奥运会拿出来的还是老祖宗的四大发明，师生们都有一股"坐不住"的追赶劲头，尤其在座的工科院校的学生们多数不知道什么是"工程诺贝尔奖"，这令在座的老师们坐不安席。基于这个背景，郑晓静院士萌发了向国内全面介绍德雷珀奖得主科技贡献的想法，以期激励更多的年轻工程技术人员，尤其是工科大学的大学生与研究生，对我国科技界学习国际近代科技创新经验将起到很大的促进作用。在本书出版前夕，郑晓静院士让我写个序言。借这个机会，下面我谈谈自己为什么支持介绍德雷珀奖的粗浅体会。

我 1963 年考入清华大学自控系，入校第一天，清华大学二校门迎接新生的大红横幅标语——"清华大学——工程师的摇篮"令我激动万分。那个时候，在清华大学周围，北京航空学院、北京钢铁学院、北京地质学院、北京矿业学院、北京林学院、北京石油学院、北京医学院、北京农业机械化学院八大学院为我国工农业现代化培养了大量的工程技术人员。1978 年，我作为恢复研究生招生录取的第一批清华大学液晶物理专业的研究生，正逢清华大学恢复理科建制的潮流，清华大学当时请了著名理论物理学家周光召当主任，成立了现代应用物理系。在主楼报告厅，我聆听了周光召先生的报告，他指出，结合清华大学工科见长的特点及计算物理的发展，清华大学成立清华大学现代应用物理系正当其时。但随着后来高等教育事业的大规模发展，一股"重理轻工、重理论轻应用"的思潮"应运而生"。在周光召辞去清华大学理学院院长后，清华大学现代应用物理系悄悄地被改为物理系，而清华大学周围八大学院纷纷改成大学，不少学院改换成没有专业特色的校名，如科技大学、理工大学等。1990 年后，我加入中国科学院理论物理研究所，与周先生多有接触，他对上述"重理轻工"的思潮及科研评价论文导向的歪风愈演愈烈不无忧虑，如 2008 年 5 月 4 日，周光召先生来到理论物理研究所听取所庆 30 周年筹备工作汇报，发表讲话时指出："要把握好学科的发展方向，努力做出原创性工作，不要单一追求 SCI 论文和所谓的影响因子及热门课题，要做出能经得起时间考验、真正有生命力的科研工作。"（中国科学院理论物理研究所，2008）他特别指出："SCI 各种因子中，引用的生命周期是最重要的。"（韩扬眉，2022）2009 年 12 月 22 日《科学时报》对八部门共同举行的聂荣臻同志诞辰 110 周年座谈会进行报道，刊登了周光召的谈话精神，"对目前科技界种种不良现象，周光召给予了严肃批评，如产学研结合没有得到根本改善，科学界协作精神不强，学术氛围不够浓；国力增强了，但没有与之相称的重大科研成果出现；科技投入增加了、队伍壮大了，但投入产出比可能不及聂荣臻领导时期"（王静，2009）。

2012 年新年伊始发生的一件事使我认识到周光召先生忧虑的前瞻性与重要性。我于 1987～1989 年在柏林自由大学师从液晶显示器（liquid crystal display，LCD）发明者赫尔弗里希教授，研究液晶生物膜理论。1990 年回国以后，我同赫尔弗里希教授保持着密切的联系，每年春节前后都会收到他温馨的新年祝贺的电子邮件，邮件中讲述了他及家人一年来的情况。2012 年春节，他在邮件中兴奋地告诉我，他与夫人及女儿们刚去华盛顿领回美国国家工程院颁发的德雷珀奖，他与其他三位科学家由于发明液晶显示技术被授予 2012 年德雷珀奖。据我所知，由于 1971 年通过一篇不足两页的在《应用物理快报》（APL）上刊登的论文提出可用于电视显示的扭曲液晶显示原理，赫尔弗里希教授获得了系列大奖，如 1976 年欧洲物理学会（European Physical Society）的惠普欧洲物理学奖（Hewlett–Packard Europhysics Award）、2008 年电气与电子工程师协会（Institute of Electrical and Electronics Engineers，IEEE）西泽润一奖等。但令我惭愧的是，让赫尔弗里希教授一家非常激动的德雷珀奖，我竟然一无所知。这说明我脑子中的思想也已被"重理轻工、重理论轻应用"侵蚀，在自我知识救赎之后，我认为应把我了解的查尔斯·斯塔克·德雷珀奖（简称德雷珀奖）介绍给大家。

德雷珀奖已被视为世界上最具声誉的工程科学奖。然而获奖人远未被传媒所关注，德雷珀奖的起源及其重要价值即使在工程科学界内也鲜有人知，这是令人遗憾的。为了更好地了解该奖的起源及其意义，在第三届德雷珀奖颁奖的同时，亨利·彼得罗斯基（Henry Petroski）曾在《科学美国人》（Scientific American）1994 年 3～4 月刊发文，把德雷珀奖的诞生与诺贝尔奖的不足联系起来，他在文章中指出，诺贝尔奖是瑞典出生的炸药发明家、工程师阿尔弗雷德·诺贝尔（Alfred Nobel，1833～1896）于 1895 年（即他去世的前一年）手书了一纸文件后设立的。这份仅有 275 个单词的文件明确限定了该项由诺贝尔本人相当可观的地产所积累的基金奖项将用于奖励那些在过去岁月中给全人类带来巨大利益的科学成就的人。诺贝尔设计了 5 项奖，分别是对物理学、化学、生理学或医学领域作出最重要贡献的个人，对在文学领域创作出最优秀作品以及在促进世界和平方面做出杰出贡献的人士设立的专门奖项，诺贝尔物理学奖和诺贝尔化学奖由瑞典科学院负责评选。尽管诺贝尔本人并没有将发明和工程技术成就摒弃于纯科学之外，

序言

然而瑞典科学院却将基础科学局限于物理学和化学两大领域，并更注重获奖提名人的长期成就和毕生工作，而非遵循诺贝尔当初的意愿，即某项成就一经确认即可授奖（Petroski，1994）。诺贝尔奖颁奖七八年后，《纽约论坛报》（*New-York Tribune*）就批评指出："诺贝尔基金会的最大特点之一是它忽略了诺贝尔本人曾受训的职业。"（Petroski，1987）或许是出于对这些批评的回应，1909 年的诺贝尔物理学奖授予了意大利电气工程师马可尼和德国物理学家布劳恩，以示承认他们在无线电报装置方面的贡献，1912 年又因达伦在发明航标灯自动调节器方面的成就而授予其该年度的诺贝尔物理学奖。然而这种对工程成就的认可是无规则的、欠系统性的（如 2002 年诺贝尔化学奖授予日本岛津制作所，研究"生物高分子质量分析的离子化法"的田中耕一工程师，显然也是难得的一次破例——笔者按）。有趣的是，诺贝尔本人当初并未设立的奖项——诺贝尔经济学奖于 1969 年首次颁发，它是由瑞典银行出资设立的"瑞典银行为纪念诺贝尔所设立的经济学奖"。此例一开，其他一些有代表性的学科如数学，也急切找到诺贝尔基金会，希望也能为之增设专门奖项，但基金会对此类申请一概不受理。因此，当 1986 年诺贝尔基金会明确拒绝美国国家工程院（National Academy of Engineering，NAE）有关申报设立诺贝尔工程奖的请求时，人们也就不足为奇了。或许正是受到诺贝尔基金会的冷遇，1988 年，美国国家工程院设立了美国工程学界最高荣誉奖——德雷珀奖，旨在奖励那些对社会产生重要影响、为改善人们生活质量做出重大贡献的工程技术成就、为全人类的幸福和自由作出杰出工程成就的个人。首届德雷珀奖于 1989 年颁发，两年一度授奖；随着信息与生命科学技术的急速进步，该奖从 2001 年起每年授奖一次；但美国国家工程院官方网站显示，2010 年空缺，2016 年该奖又重新改为每两年颁发一次。与诺贝尔奖提名人的神秘性不同（每年诺贝尔奖评委会秘密寄信邀请对口专业成百上千的提名人，并要求提名人在提交提名信时，附上一张 50 年不公开提名信息的保密签字承诺书），德雷珀奖提名人与被提名人的研究范围涵盖了所有工程学的学科。提名人无论是否为美国国家工程院会员，均有资格提名，让被提名人参与德雷珀奖的竞选。近年的提名更为简单——只需在网（www.naeawardsonline.com）上提交信息。不过，提名人要在受理的时间段提交才会被受理，如 2014 年德雷珀奖的提名期间是 2013 年 1 月 2 日到 4 月 1 日。美国国家工程院之所以这么淡定，不怕大众"骚扰"，原因是被授予该奖的都是一目了然的划时代技术创新、世界级的重要成就：1989 年集成电路、1991 年涡轮喷气发动机（turbojet engine）、1995 年通信卫星、1997 年石油催化、1999 年光纤通信、2001 年因特

网（Internet）、2002 年药物传递系统（drug delivery system，DDS）、2003 年全球定位系统（global positioning system，GPS）、2004 年第一个实用联网计算机——阿尔托（Alto）、2005 年首个地球观象卫星——科罗娜（Corona）、2006 年数码相机核心器件电荷耦合元件（CCD）、2007 年万维网（World Wide Web）、2008 年卡尔曼滤波（Kalman filter）、2009 年动态随机存储器（dynamic random access memory，DRAM）、2011 年定向进化（directed evolution）、2012 年液晶显示器、2013 年蜂窝移动电话（MC）……大家不难看到，如果上述成就中有一项未被发现，我们的时代进程就要倒退上百年。我们小时候，在《封神榜》看到的千里眼、顺风耳幻想，正是由于从 IC 到 MC 的一系列获德雷珀奖的贡献得以实现。德雷珀奖无疑是人类社会从第一、第二次工业革命（蒸汽机到电气化）到第三次工业革命（计算机到信息化）技术进化的全纪录，显然，做出这些成就的获奖人每人都有一篇动人的发明故事，这正是郑晓静院士等著的这本书要奉献给大家的珍贵礼物。

查尔斯·斯塔克·德雷珀（1901～1987）本人一生追求进取、科技创新的经历也是年轻学生励志的好教材，他大学首先就读的是密苏里大学矿冶学院的图书馆艺术系，两年后他转校斯坦福大学（Stanford University），1922 年毕业，获心理学学士学位，其后他在麻省理工学院（Massachusetts Institute of Technology，MIT）先后获得电化学理学学士学位（1926 年）、物理学硕士学位（1928 年）与博士学位（1938 年）。与此同时，他在 MIT 获得教职，先在该校航空工程系任助理教授，1939 年成为教授，领导着航天航空系，并在检测仪器和控制方面有重要发明。德雷珀被誉为"惯性导航系统之父"，他的发明在"阿波罗登月计划"的导航、控制系统的研制中发挥了重要作用，他的这项技术能够让飞行器通过陀螺仪和加速计感知方向变化。他一生获得世界各地的 70 多个奖项和荣誉，同时身为多家研究机构的成员。美国国家航空航天局（NASA）与德雷珀实验室订立的第一份合同即是设计"阿波罗登月计划"的登月舱和指挥舱系统（Tylko，2009）。1973 年 MIT 将 20 世纪 30 年代建立的 MIT 仪器实验室组建为德雷珀实验公司，这是一个独立的非营利的研究开发组织。在德雷珀辞世不久后的 1988 年，MIT 德雷珀实验室全体董事会即批准为德雷珀奖捐资。

无论外界对德雷珀奖评价如何，也无论其奖励只有诺贝尔奖的一半——50 万美元的奖金、一枚金质奖章及一份手写证书，其两年（现在一年）一度的获奖工作作为诺贝尔奖必不可少的补充而确立了自己的特色、地位。正如《科学》（*Science*）杂

志在第二届德雷珀奖颁发之后所言：伟大的工程技术成就终于有了一个认可的奖项，就该奖获奖人的创造性发明的价值而言，其意义绝不低于甚而超过了诺贝尔奖（Abelson，1991）。

欧阳钟灿

2014 年 5 月

前言

　　本书的写作源于中国科学院理论物理研究所欧阳钟灿院士 2012 年 11 月 6 日在西安电子科技大学的一场报告。在那场报告结尾，欧阳钟灿院士简要介绍了享有"工程诺贝尔奖"美誉的德雷珀奖，这引起了我很大的兴趣。我们知道，备受关注的诺贝尔奖，以物理学、化学、生理学或医学为例，旨在表彰"对人类做出最大贡献"的科学家，这些"最大贡献"主要是基础研究方面的成就。德雷珀奖旨在奖励那些在大力增进人类福祉、显著改善人类生存质量与自由程度方面做出重要贡献的工程师们。二者的出发点和落脚点有着明显不同，但有一点是肯定的，那就是在人类文明和社会进步的长河中，科学的发展和技术的进步往往是相伴而行的。正如著名的力学家西奥多·冯·卡门（Theodore von Kármán，1881～1963）所说："科学家发现已有的世界，工程师创造从未有过的世界。"（A scientist discovers that which exists，an engineer creates that which never was.）由本书可见，不少获得过德雷珀奖的学者，如杰克·S. 基尔比、高锟、威拉德·S. 博伊尔、乔治·E. 史密斯、弗朗西斯·H. 阿诺德、约翰·B. 古迪纳夫、吉野彰、中村修二和赤崎勇，也获得了诺贝尔奖。

　　基于基础研究的突破所产生的技术发明对人类社会的发展和进步的影响和变革有时更为直接且更为广泛。例如：英国人瓦特在已有蒸汽机的基础上发明的高效能蒸汽机，带动着纺织机、鼓风机、抽水机、磨粉机，促成了纺织、印染、冶金、采矿业的迅猛发展，导致了机器制造业、钢铁工业、运输工业的蓬勃兴起，同时也在科学上，促进了热力学理论的建立。再如：电的发现和应用彻底改变了人类生活的方式和品质，而本书介绍的德雷珀奖的成果，如涡轮喷气发动机、集成电路、光纤通信、药物传递系统、GPS、

因特网和蜂窝移动电话等不仅极大地推动了人类社会经济、政治、文化领域的进步，而且也深刻地影响着人们的生活习惯和思维方式。在运用科学的原理与方法研发出新的工艺、流程、产品、装备和系统的过程中不仅需要已有知识的积累，更需要有巧妙的构思和大胆的突破，这些构成了科技创新中不可或缺的重要部分。

介绍德雷珀奖和它的各项获奖成果以及这些成果诞生的主要过程和这些获奖者的主要经历，对鼓励和吸引更多的科技工作者和年轻学子致力于解决工程实际问题，特别是解决"卡脖子"技术难题，开辟出造福人类的新天地，具有重要的现实意义。本书希望通过对德雷珀奖的一个个获奖成果的介绍，使读者不仅能增进对具体成果本身的认识，更能品味到"大力增进人类福祉、显著改善人类生存质量与自由程度"的含义以提升对科技成果的鉴赏力；希望通过对德雷珀奖获奖成果的一个个发明过程的介绍，使读者不仅了解发明的具体过程，更能体会到需求牵引与问题导向、奇思妙想与不惧权威、沟通协作与百折不挠、远见卓识与宽容失败等的重要性，以及理解技术发明的共性特点；希望通过对德雷珀奖的一个个获奖者主要经历的介绍，使读者不仅体会到他们的个人魅力和时代机遇，而且能从他们扎实的数学物理基础和宽口径的工程学训练以及实际动手能力、在军队服役和开创公司以及研究员和大学教师甚至政府官员等的丰富职业经历、他们对责任的诠释和对当今诸多问题的思考中审视我们的人才培养模式以不断完善创新创造的科技环境。在德雷珀奖的已有获奖成果中还没有来自中国的，随着我国科学与技术不断地从"大"到"强"，相信未来一定会产出大力增进人类福祉、显著改善人类生存质量与自由程度的重要成果和杰出的中国工程师。

本书的写作起于 2013 年初，断断续续，反反复复，历经十年。一方面是由于本书内容涵盖的学科面较广、涉及的知识点新颖深刻，很多内容非作者之所长且又试图使其通俗易懂以惠及很多非专业读者；另一方面是由于本人在这期间的大部分时间担任西安电子科技大学的校长等，时间和精力有限。在此书的写作过程中，西安电子科技大学的杨克虎教授和兰州大学的朱伟博士为本书提供了很多重要的资料和信息，西安电子科技大学的高新波、李晖、马娟和薛向东教授对部分书稿内容提出了宝贵的修改意见，张美茹女士对部分文稿做了文字润色，在此对他们的帮助表示最真挚的感谢！

欧阳钟灿先生是中国科学院数学物理学部院士、中国科学院理论物理研究所研究员，他对液晶、生物膜理论、DNA 生物大分子弹性性质及蛋白质折叠的研究做出了巨大贡献。我敬佩他的学术造诣和学者风范，对他的很多观点也持同感。例如，他很早并一直在呼吁：要努力做出原创性工作，不要单一追求 SCI 论文的发表和所谓的影响因子及热门课题，要做出能经得起时间考验、真正有生命力的科研工作。在此，特别感谢欧阳钟灿先生为本书作序言。

郑晓静

2022 年 10 月

ix

前 言

目录

xiii

目
录

xvii

『工程诺贝尔奖』——查尔斯·斯塔克·德雷珀奖

第1章
德雷珀奖简介

在人类科学和技术的发展进程中，各个时代各国政府及各类组织等为了奖励做出突出贡献的人士，设立了各种各样的奖项。其中在当今的科学界，最为著名的当属诺贝尔奖。本书介绍的查尔斯·斯塔克·德雷珀奖（简称德雷珀奖），享有"工程诺贝尔奖"的美誉，主要针对的是当今的工程界。尽管德雷珀奖与诺贝尔奖类似，也是以著名科学家的名字命名的，为授予那些在某一领域做出突出贡献的杰出人士而设立，也有奖章和奖金，但是二者在奖项的设立、奖金的来源、设奖的目的和对象、奖项的评选和颁发等诸多方面有着明显的不同。本章首先简单介绍和分析了德雷珀奖的设立以及各届获奖者情况，然后为了便于阅读和比较，简要介绍了诺贝尔奖及其获奖者情况。

第一节
德雷珀奖的设立

德雷珀奖是以美国著名学者查尔斯·斯塔克·德雷珀（Charles Stark Draper，见图 1.1）的名字命名的。德雷珀生前是美国 MIT 航天航空系的教授，有着"惯性导航系统之父"之称，也是位于美国马萨诸塞州剑桥市的德雷珀实验室（图 1.2）的创始人。该实验室的前身为 MIT 仪器实验室。德雷珀分别于 1957 年和 1965 年当选为美国国家科学院（National Academy of Sciences）院士和美国国家工程院院士，并于 1978 年当选为法国科学院外籍院士。他曾任国际宇航科学院院长、全美发明家学会会长，还曾任以著名力学家卡门名字命名的冯·卡门基金会的主席。

在德雷珀教授去世后的 1988 年，为了纪念他在工程学诸多领域做出的巨大的开创性成就，MIT 德雷珀实验室全体董事会通过决议，由德雷珀实验室捐赠，在美国国家工程院设立了德雷珀奖。美国国家工程院成立于 1964 年 12 月，是私立的、非营利性的工程学学术团体，是美国工程技术界最高水平的学术机构，也是世界上有着巨大影响的工程院之一。该机构与美国国家科学院、美国国家医学院（National Academy of Medicine）和美国国家研究委员会（National Research Council）合称美国四大国家学术院。美国国家工程院成立的第二年，分别设立了主要针对海军建筑和

图 1.1　查尔斯·斯塔克·德雷珀（1901～1987）

图 1.2　成立于 1932 年的德雷珀实验室

海洋工程领域的吉布斯兄弟奖章（Gibbs Brothers Medal）和主要针对美国国家工程院院士在维护美国国家工程院理想和原则上做出贡献的西蒙·拉莫创始人奖（Simon Ramo Founders Award），1968 年设立了主要针对航空工程领域的 J. C. 汉萨克奖（J. C. Hunsaker Award），1982 年设立了在科学技术领域做出贡献的阿瑟·M. 比奇奖（Arthur M. Bueche Award）。1986 年，当诺贝尔基金会明确拒绝了美国国家工程院申报设立诺贝尔工程奖的请求后，出于对诺贝尔奖中不包括工程奖的不满（Encyclopaedia Britannica，2022），美国国家工程院亲自设立了三个被誉为"工程诺贝尔奖"的奖项，分别是 1988 年设立的德雷珀奖、1999 年设立的主要针对生物工程领域的弗里茨·J. 和多洛雷斯·H. 拉斯奖（Fritz J. and Dolores H. Russ Prize）和 2001 年设立的主要针对工程和技术教育的伯纳德·M. 戈登奖（Bernard M. Gordon Prize），其中德雷珀奖最负盛名。

德雷珀奖的目的是奖励那些为工程领域的进步做出贡献，并加深公众对工程技术重要性的理解的人。具体来说是那些通过提高生活质量、提供自由和舒适的生活环境以及促进信息访问而对社会产生重大影响的工程师们。该奖项面向所有国籍的人员开放，仅针对候选人的具体成就，而不是终身成就且不追授。候选人由美国和世界各地的工程和科学协会成员提名，由美国国家工程院专门召集的授奖委员会选出。自 1989 年开始，该奖每两年颁发一次，2001 年以后改为每年颁发一次，但美国国家工程院官方网站显示，2010 年空缺，2016 年该奖又重新改为每两年颁发一次。

德雷珀奖的颁奖仪式在华盛顿特区美国国家工程院主办的盛大晚宴上举行，由美国国家工程院主席主持并宣布获奖者名单及其成就，随后将一枚金质奖章、50 万美元奖金和一张获奖证书交予获奖者，晚宴结束后获奖者手持证书与美国国家工程院主席等人合影留念（图 1.3）。其金质奖章（图 1.4）由 14K 金制成，厚约 0.6 cm、直径 7.6 cm。奖章的正面是德雷珀的浮雕以及美国国家工程院和德雷珀奖的英文名称，反面是美国国家工程院标志浮雕。获奖证书（图 1.5）内部用英文书写美国国家工程院名称、获奖者姓名以及评奖委员会给出的获奖成就等。

为了更好地了解德雷珀奖的起源及其意义，在第二届德雷珀奖颁发后《科学》刊文指出：伟大的工程技术成就终于有了一个认可的奖项，就获奖者的创造性发明的价值而言，其意义绝不低于甚而超过了诺贝尔奖（Abelson，1991）。《美国科学家》也在第三届德雷珀奖颁发后，发文指出德雷珀奖的诞生与诺贝尔奖的不足有关（Petroski，1994）。

图 1.3　第十九届德雷珀奖全体获奖者合影（2014 年）①

（a）正面　　　　　（b）反面

图 1.4　德雷珀奖奖章

图 1.5　第十九届德雷珀奖获奖者吉野彰的获奖证书和奖章②

---

① NAE Honors Rechargeable Battery Pioneers with Top Engineering Prize. https://www.prweb.com/releases/2014/03/prweb116 26100.htm[2022-10-03].

② 出自美国国家工程院官网。

第二节

德雷珀奖的获奖者

截至 2022 年，德雷珀奖已颁布了 24 次，获奖者共 60 人（表 1.1）①。

表 1.1　德雷珀奖历届获奖人及其主要贡献

届次（时间）	姓名（国别）	获奖成就/关键词
第一届（1989 年）	杰克·S. 基尔比（美国） 罗伯特·N. 诺伊斯（美国）	集成电路
第二届（1991 年）	弗兰克·惠特尔（英国） 汉斯·冯·奥海恩（德国）	涡轮喷气发动机
第三届（1993 年）	约翰·巴克斯（美国）	计算机语言 FORTRAN
第四届（1995 年）	约翰·R. 皮尔斯（美国） 哈罗德·A. 罗森（美国）	通信卫星
第五届（1997 年）	弗拉基米尔·哈恩赛尔（美国）	铂重整工艺 石油催化
第六届（1999 年）	高锟（美国） 约翰·B. 麦克彻斯尼（美国） 罗伯特·D. 毛雷尔（美国）	光纤通信
第七届（2001 年）	温顿·G. 瑟夫（美国） 罗伯特·E. 卡恩（美国） 伦纳德·克莱因罗克（美国） 劳伦斯·G. 罗伯茨（美国）	因特网 TCP/IP 协议 分组网络阿帕网 分组交换技术
第八届（2002 年）	罗伯特·兰格（美国）	药物传递系统
第九届（2003 年）	伊万·A. 盖亭（美国） 布拉德福·W. 帕金森（美国）	全球定位系统
第十届（2004 年）	艾伦·C. 凯（美国） 巴特勒·W. 兰普森（美国） 罗伯特·W. 泰勒（美国） 查尔斯·P. 萨克尔（美国）	图形用户界面 阿尔托计算机 个人计算机

6

---

① Charles Stark Draper Prize for Engineering. https://www.nae.edu/20681/DraperPrize[2019-06-12].

届次（时间）	姓名（国别）	获奖成就/关键词
第十一届（2005 年）	米诺如·S. 阿拉基（美国） 弗朗西斯·J. 麦登（美国） 爱德华·A. 米勒（美国） 詹姆斯·W. 普朗摩尔（美国） 唐·H. 邵斯勒（美国）	空间摄影侦察卫星 科罗娜卫星
第十二届（2006 年）	威拉德·S. 博伊尔（加拿大） 乔治·E. 史密斯（美国）	电荷耦合器件
第十三届（2007 年）	蒂姆·J. 伯纳斯-李（英国）	万维网
第十四届（2008 年）	鲁道夫·卡尔曼（美国）	卡尔曼滤波
第十五届（2009 年）	罗伯特·H. 丹纳德（美国）	动态随机存储器
第十六届（2011 年）	弗朗西斯·H. 阿诺德（美国） 威廉·P.C. 施特默尔（美国）	定向进化
第十七届（2012 年）	乔治·H. 海尔迈耶（美国） 沃尔夫冈·赫尔弗里希（德国） 马丁·肖特（瑞士） T. 彼得·布罗迪（英国）	液晶显示器
第十八届（2013 年）	马丁·库帕（美国） 乔尔·S. 恩格尔（美国） 理查德·H. 弗兰基尔（美国） 托马斯·豪格（瑞典） 贺寿奥村（日本）	蜂窝电话网络 蜂窝移动电话 全球移动通信
第十九届（2014 年）	约翰·B. 古迪纳夫（美国） 拉奇德·雅扎米（法国） 西美绪（日本） 吉野彰（日本）	锂离子电池
第二十届（2015 年）	尼克·何伦亚克（美国） M. 乔治·克劳福德（美国） 拉塞尔·杜普依斯（美国） 中村修二（美国） 赤崎勇（日本）	红色、黄色、蓝色 发光二极管
第二十一届（2016 年）	安德鲁·维特比（美国）	维特比算法
第二十二届（2018 年）	比雅尼·斯特劳斯特鲁普（丹麦）	C++编程语言
第二十三届（2020 年）	格兰特·威尔森（美国） 让·弗雷谢（美国）	化学放大型光刻胶 光刻工艺
第二十四届（2022 年）	大卫·A. 帕特森（美国） 约翰·L. 轩尼诗（美国） 史蒂夫·B. 弗尔伯（英国） 索菲·M. 威尔逊（英国）	精简指令集计算机芯片

7

第一章　德雷珀奖简介

这些获奖者的国别分别为：美国（44 名）、日本（4 名）、英国（5 名）、德国（2 名）、加拿大（1 名）、法国（1 名）、瑞士（1 名）、瑞典（1 名）、丹麦（1 名）。从事光导纤维在通信领域的应用并被誉为"光纤通信之父"的高锟博士（图 1.6）于 1999 年荣获该奖，是首位也是至今唯一的华人得主。在 60 位德雷珀奖的得主中，女性仅 2 名，他们是美国化学工程师弗朗西斯·H. 阿诺德和英国计算机科学家索菲·M. 威尔逊，见图 1.7。

图 1.6　高锟（1933～2018）

（a）弗朗西斯·H. 阿诺德（1956～）　（b）索菲·M. 威尔逊（1957～）

图 1.7　德雷珀奖的女性获奖者

德雷珀奖的 60 位得主中，有 9 位也是诺贝尔奖得主。他们分别是：首届德雷珀奖获得者美国物理学家杰克·S. 基尔比（2000 年诺贝尔物理学奖得主）、第六届德雷珀奖获得者华裔美籍物理学家高锟（2009 年诺贝尔物理学奖得主）、第十二届德雷珀奖获得者加拿大物理学家威拉德·S. 博伊尔和美国应用物理学家乔治·E. 史密斯（2009 年诺贝尔物理学奖得主）、第十六届德雷珀奖获得者美国化学工程师弗朗西斯·H. 阿诺德（2018 年诺贝尔化学奖得主）、第十九届德雷珀奖获得者美国材料学家约翰·B. 古迪纳夫和日本化学家吉野彰（2019 年诺贝尔化学奖得主）、第二十届德雷珀奖获得者日裔美籍电气工程师中村修二和日本材料物理学家化学家赤崎勇（2014 年诺贝尔物理学奖得主）。

为了便于读者比较，下面将简略介绍诺贝尔奖的有关情况。

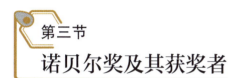

第三节
诺贝尔奖及其获奖者

诺贝尔奖是以瑞典化学家、工程师和工业家诺贝尔的名字命名的。1895 年 11 月 27 日，诺贝尔在其遗嘱中将自己所有的"剩余可变现资产"（约其 94% 的总资产）设立同名基金，分别奖励给在物理学领域做出最重要发现或发明、在化学领域做出最重要发现或改进、在生理学或医学领域做出最重要发现、在文学领域做出最杰出的理想主义工作、为促进国家间友谊并废除或减少常备军以及建立和促进和平大会做出最大或最好贡献的人士。1968 年，为纪念诺贝尔，瑞典银行向诺贝尔基金会捐赠了一笔资金，设立诺贝尔经济学奖，由瑞典皇家科学院负责，表彰在经济学领域作出杰出贡献的人士。此后，诺贝尔基金会董事会决定，在此次新增奖项后，不再设立新的奖项。诺贝尔奖的每个奖项最多可以授予三位获奖者和两项不同的工作。除诺贝尔和平奖可以颁发给机构外，其他奖项仅能颁发给个人。诺贝尔奖不允许追授提名，但若候选人在提名和评奖委员会作出决定前至颁奖典礼之时去世，依旧拥有获奖资格。早期，诺贝尔奖通常表彰那些近期的科学发现。然而，一些早期的科学发现后来被否定了。为避免重蹈覆辙，诺贝尔奖越来越认可那些经受住时间考验的科学发现。

每年 12 月 10 日，即诺贝尔逝世周年纪念日，分别在瑞典首都斯德哥尔摩和挪威首都奥斯陆举行诺贝尔奖颁奖典礼，其中挪威仅颁发诺贝尔和平奖。1901 年首次颁发的奖金金额为 150 782 瑞典克朗，1981 年奖金为 100 万瑞典克朗，2008 年奖金增加到 1000 万瑞典克朗。每位获奖者在收到奖金的同时，还会收到一枚金质奖章和一张获奖证书。

诺贝尔奖的奖章全部由瑞典造币厂手工制造，早期采用 23K 金，重 200g，20 世纪 80 年代后采用 18K 金内里，外镀 24K 金（图 1.8），其正面均是诺贝尔的浮雕，而反面根据不同的奖项分别设计为：科学女神掀开手持希望号角的母性之神的面纱，寓意人类文明的不断进步和发展（诺贝尔物理学奖和诺贝尔化学奖奖章）；医药女神摊书于膝，捧碗接泉水，准备医治手扶的病人（诺贝尔生理学或医学奖奖章）；缪斯女神演奏七弦琴，桂冠树下一青年静坐，入迷地聆听（诺贝尔文学奖奖章）；三位男士手牵手、肩并肩（诺贝尔和平奖奖章）。

（a）正面　　　　　　　　（b）反面

图 1.8　诺贝尔物理学奖和诺贝尔化学奖奖章

每张诺贝尔奖证书都是独一无二的艺术作品，由瑞典和挪威最重要的艺术家和书法家创作，例如 2012 年诺贝尔文学奖获得者莫言的证书，见图 1.9。根据诺贝尔基金会的

图 1.9　诺贝尔文学奖获得者莫言的获奖证书①

---

① Mo Yan Nobel Diploma. https://www.nobelprize.org/prizes/literature/2012/yan/diploma/[2022-10-03].

章程，每位获奖者必须就与其获奖主题相关的话题发表公开演讲。这些演讲通常发生在颁奖典礼和宴会前一周至宴会结束的诺贝尔周（Tikkanen，2022）。

自 1901 年以来，除 1940 年、1941 年和 1942 年没有授奖外，其他年份均有授奖。截至 2022 年，诺贝尔奖共颁发了 615 次，其中诺贝尔物理学奖 116 次（获奖者 222 位）、诺贝尔化学奖 114 次（获奖者 191 位）、诺贝尔生理学或医学奖 113 次（获奖者 225 位）、诺贝尔文学奖 115 次（获奖者 119 位）、诺贝尔和平奖 103 次（个人 110 位、团体 30 个）、诺贝尔经济学奖 54 次（获奖者 92 位），总计授予 954 位独立个人和 27 个独立团体，其中有 60 位女性。[①]

首届（1901 年）和 2022 年诺贝尔奖获奖者名单见表 1.2。

表 1.2　首届（1901 年）和 2022 年诺贝尔奖获奖者

类别	首届（1901 年）	2022 年
诺贝尔物理学奖	威廉·康拉德·伦琴（德国）	阿兰·阿斯佩（法国） 约翰·弗朗西斯·克劳泽（美国） 安东·蔡林格（奥地利）
诺贝尔化学奖	雅可比·H. 范托夫 （荷兰）	卡罗琳·露丝·贝尔托齐（美国） 莫滕·梅尔达尔（丹麦） 卡尔·巴里·夏普利斯（美国）
诺贝尔生理学或医学奖	埃米尔·冯·贝林（德国）	斯万特·佩博（瑞典）
诺贝尔文学奖	萨利·普鲁多姆（法国）	安妮·埃尔诺（法国）
诺贝尔和平奖	亨利·杜南（瑞士） 弗雷德里克·帕西（法国）	阿莱斯·比亚利亚茨基（白俄罗斯） "纪念"组织（俄罗斯） "公民自由中心"组织（乌克兰）
诺贝尔经济学奖	—	本·伯南克（美国） 道格拉斯·戴蒙德（美国） 菲利普·迪布维格（美国）

从诺贝尔奖获奖者的情况分析来看：一是共有 5 位科学家两次获得诺贝尔奖，他们分别是美国的约翰·巴丁（1956 年和 1972 年诺贝尔物理学奖）、法国的玛丽·居里（1903 年诺贝尔物理学奖和 1911 年诺贝尔化学奖）、美国的莱纳斯·鲍林（1954 年诺贝尔化学奖和 1962 年诺贝尔和平奖）、英国的弗雷德里克·桑格（1958 年和 1980 年诺贝尔化学奖）以及美国的卡尔·巴里·夏普利斯（2001 年和 2022 年诺贝尔化学奖）；红十字

---

① https://www.nobelprize.org.

第一章　德雷珀奖简介

国际委员会分别于 1917 年、1944 年和 1963 年三次获得诺贝尔和平奖，联合国难民署分别于 1954 年和 1981 年两次获得诺贝尔和平奖。二是最年轻的获奖者分别是诺贝尔物理学奖得主威廉·劳伦斯·布拉格（1915 年，25 岁）、诺贝尔化学奖得主弗雷德里克·约里奥（1935 年，35 岁）、诺贝尔生理学或医学奖得主弗雷德里克·班廷（1923 年，32 岁）、诺贝尔文学奖得主吉卜林（1907 年，42 岁）、诺贝尔和平奖得主马拉拉·优素福扎伊（2014 年，17 岁）、诺贝尔经济学奖得主埃丝特·迪弗洛（2019 年，46 岁）。三是最年长的获奖者分别是诺贝尔物理学奖得主亚瑟·阿什金（2018 年，96 岁）、诺贝尔化学奖得主约翰·B. 古迪纳夫（2019 年，97 岁）、诺贝尔生理学或医学奖得主佩顿·劳斯（1966 年，87 岁）、诺贝尔文学奖得主多丽丝·莱辛（2007 年，88 岁）、诺贝尔和平奖得主约瑟夫·罗特布拉特（1995 年，87 岁）、诺贝尔经济学奖得主列昂尼德·赫维茨（2007 年，90 岁）。

从诺贝尔奖获得者的国家来看，截至 2022 年，获奖人数排名前十的国家分别是：美国（404 人次）、英国（137 人次）、德国（112 人次）、法国（72 人次）、瑞典（33 人次）、俄罗斯（32 人次）、日本（29 人次）、加拿大（28 人次）、瑞士（27 人次）和澳大利亚（22 人次）。2022 年为止，共有 11 位华人获得诺贝尔奖的科学奖项和文学奖项，他们分别是：李政道和杨振宁（1957 年诺贝尔物理学奖）、丁肇中（1976 年诺贝尔物理学奖）、李远哲（1986 年诺贝尔化学奖）、朱棣文（1997 年诺贝尔物理学奖）、崔琦（1998 年诺贝尔物理学奖）、高行健（2000 年诺贝尔文学奖）、钱永健（2008 年诺贝尔化学奖）、高锟（2009 年诺贝尔物理学奖）、莫言（2012 年诺贝尔文学奖）和屠呦呦（2015 年诺贝尔生理学或医学奖，图 1.10）。

图 1.10　屠呦呦在诺贝尔奖颁奖典礼的获奖时刻（2015 年）①

---

① https://www.nobelprize.org.

第 2 章

德雷珀生平

当诺贝尔在意大利去世时，德雷珀（图2.1）还没有出生。不仅如此，德雷珀一生也没有积累到像诺贝尔那样多的财富。他的一生，从求学到留校任教再到当教授，从教书到做研究再到组建自己的实验室，与我们这个时代的大多数大学教师非常类似。也正因为如此，德雷珀让我们感到更加亲近、更有可借鉴性。他的教学，从来不是照本宣科，而是溯本求源、见解独到；从来不是平铺直叙，而是跌宕起伏、引人入胜；他的研究，始终是问题导向的，其成果不仅原创性强，而且有引领性并得到应用，带动了相关工程的实施和行业的发展与进步。他既是一位有着远见卓识、凝聚力、感召力的战略科学家，又是一位平易近人、和蔼可亲的良师益友。本章一方面简单介绍了德雷珀的求学和成长经历，另一方面重点概括了德雷珀的科研成就及其影响。相信读者在了解他伟大贡献的同时，也一定会理解为什么值得以他的名字设奖。值得一提的是，本书介绍的德雷珀奖获得者的成就大多与电子信息领域有关，而德雷珀本人的工作，特别是他的代表性工作——惯性制导系统中的陀螺仪，在某种程度上则与力学有关。

图 2.1　德雷珀

第一节
从 MIT 启航

德雷珀1901年出生在美国密苏里州的温莎小镇（Windsor，Missouri）。他的家族靠种植苹果为生，在美国中西部地区有着良好的声誉，其中一位表弟在 1937 年还成为密苏里州的州长。他的父亲是一名牙医，母亲是一位老师，他是家里唯一的孩子，从小就倍受父母的疼爱，并得到了良好的教育。德雷珀于 1916 年离开他的家乡温莎小镇，进入密苏里大学（University of Missouri）学习，那一年他 15 岁。两年后，转学到斯坦福大学，并在 1922 年获得艺术心理学学士学位，这与我们认为的他应该是理工科出身的惯性思维大相径庭。

大学毕业后，德雷珀没有立刻找工作就业，而是与几位多年的好友相约一起进入位于美国东部的马萨诸塞州的波士顿市（Boston，Massachusetts）的哈佛大学（Harvard University）深造。当他们在前往哈佛大学的路上，路过流经波士顿市的查尔斯河（Charles River）上的哈佛桥（图 2.2）时，德雷珀在不经意间看到了位于桥边的 MIT 校区（图 2.3），他被眼前的景象深深吸引了。在眺望了一会儿后，德雷珀随即决定：不去哈佛大学而是进入 MIT 学习。究竟是什么触动了他的心灵并让他在突然之间做出了这样一个简单而又重大的决定，他从未对人谈起，但因此，一位科技工程界的传奇人物开始了新征程。

来到 MIT 求学的德雷珀，求知欲强烈，爱好广泛，所选修的课程数量之多，成为学校当时的一段传奇。4 年后的 1926 年，德雷珀获得了他的第二个学士学位——化学理学学士学位。然而，他没有继续电化学方面的学习，而是选择学习物理学，并在 2 年

图 2.2　位于 MIT 旁边的哈佛桥

图 2.3　MIT 校园一瞥

后的 1928 年获得物理学硕士学位。随后，他成为 MIT 航空工程系的一名助理教授。在晋升为副教授后，他又继续深造，于 1938 年获得 MIT 物理学博士学位。次年，也就是 1939 年，时年 38 岁的德雷珀晋升为 MIT 的教授。

　　37 岁才获得博士学位的德雷珀，相对于今天大多数 30 岁不到的博士学位获得者来说，的确是位"老"博士了。然而，这个"老"，不仅仅是在年龄上，更确切地说是他在科研方面已经是一位经验丰富且拥有不少发明的"老手"了。即便如此，他对待自己的博士学位论文仍然十分认真，一丝不苟。在聊起他的博士论文答辩准备时，德雷珀说，为了顺利通过论文答辩，他虚心征求与他共事十多年的每一位朋友对他论文的建议，并承诺每提出一条建议，就会请对方喝一瓶苏格兰威士忌。他把朋友们的建议和他自己对论文进一步的思考记在纸片和便条上，并几乎贴满了论文的每一页背面。不过，在聊完这段经历后，德雷珀往往会耸耸肩，不好意思地说，喝一瓶苏格兰威士忌的这个承诺他一直没有兑现。

第二节
从发明仪器仪表起家

　　获得物理学硕士学位后的德雷珀选择了在 MIT 担任助理教授。尽管无论是电化学还是物理学，相对来说都是很"理科"的，但不拘一格的德雷珀却在担任助理教授阶段就将其变得很"工科"了。在这期间，他发明了不少有趣的仪器仪表，成为一名仪器仪表发明家。

德雷珀早期的一个代表性的发明是发动机爆缸实时引擎分析仪。发动机爆缸是由气缸温度过高，活塞膨胀被卡住导致喷出火焰而报废的现象，这是非常危险的。在 20 世纪 30 年代前后，当时的飞机燃料使用的是含铅汽油添加剂，很容易引起发动机爆缸。对此，除了有效防范，准确预报发动机的爆缸是当务之急，然而这是极其困难的。德雷珀设计了一个实时引擎分析仪——气缸盖式加速度测量计。这个分析仪可谓是多功能的。一是测量，即可及时全面地反馈与发动机爆缸有关的各项参数；二是判定，即通过测定出的发动机气缸中燃料与空气之比来确定临爆点，实现发动机爆缸的提前预报；三是防范，即帮助工程师通过改变燃料与空气的混合比，使其低于临界点以消除爆缸；四是优化，即通过调节发动机温度来节约燃料。德雷珀设计的这个实时引擎分析仪非常简便有效，不久之后就开始了批量生产，安装在多缸发动机上。不仅如此，他的这个分析仪还被用于水上飞行领域，以确保飞机在海上的安全飞行。

德雷珀早期的另一个代表性的发明是速率陀螺仪。读者也许在小时候玩过或看过"打陀螺"，而理工科专业的大学生可能会在"理论力学"这门基础课的刚体动力学部分了解到陀螺仪（图 2.4）的原理和功能。根据力学原理可知：旋转的物体有保持其旋转轴的方向的惯性。利用这种陀螺效应制成的陀螺仪能为飞机、船舶、导弹等航行体提供准确的方位、水平、位置、速度和加速度等信号，并作为自动控制系统中的一个敏感元件来完成航行体的姿态控制和轨道控制。德雷珀根据牛顿力学中角动量守恒的原理，设计了一套用以感应航行体角度随时间变化的速率陀螺仪。

图 2.4　陀螺仪示意图

德雷珀早期的一个最重要的贡献是提出了"系统工程"这一新概念。这一概念就是把传感单元的信息经过信息计算单元处理，并通过一个比较器进行判定和诊断，以得出需要改变的控制变量的状态，从而能执行一个新的控制功能。事实上，这就是一个简单的自适应控制系统。这个概念的雏形可以追溯到本章前面提及的德雷珀的集测量-判定-防范-优化于一体的发动机爆缸实时引擎分析仪。德雷珀的这个系统工程新概念后来被广泛地应用到系统工程过程中并形成共识，而他自己在当时则把这一概念与他发明的速率陀螺仪结合起来，成功地应用到火炮控制系统和导航系统等领域。

第三节
德雷珀与火炮控制

在德雷珀之前，对快速移动目标的防空火力控制一直是个难题。传统解决办法要求一名技术熟练的炮手通过估计目标移动速度，以及弹药从喷枪到目标的历时，来估计目标与弹药相遇的时间及位置。但该方法基于人为预估，击中目标的概率很低。德雷珀根据美国军方的需要，在自己发明的速率陀螺仪上安装了一个机械式扭矩加法模拟装置。随后，基于对防空火力控制系统所有元件的透彻理解，德雷珀利用现代伺服控制原理和速率陀螺仪技术，建立了一个误差评估系统，用于对火炮火力预测中的主要误差源的识别。他改进后的速率陀螺仪被直接应用于美国海军马克15（Mark 15）舰载防空炮的瞄准系统（图2.5），而他的误差评估系统有效提高了马克15舰炮瞄准快速运动目标的精准率。在此基础上，他又建立了一组有序的器件集，由此可以在二维平面中通过定量估算三维空间范围，实现对快速运动目标动态的跟踪和预测。

德雷珀的瞄准系统仅在第二次世界大战期间就生产了100 000台并为装备部队使用，为第二次世界大战的胜利做出了重要贡献（Duffy，1994）。例如，在圣克鲁斯（Santa Cruz）战役中，参战的美国"企业号"航母（USS Enterprise）和"南达科他级"战舰（South Dakota class battleship），由于在所配置的轻型对空自动炮组上装备了德雷珀的瞄准系统和误差评估系统，仅"南达科他级"战舰就击落了将近30架

图 2.5　美国海军"圣保罗号"（CA-73）重巡洋舰上的 Mark 15 防空炮

来袭的战斗机（Duffy，1994）。圣克鲁斯战役作为美国海军史上一次重要的胜利也因此被载入教科书。

　　随后，德雷珀将他的陀螺仪调整到适用于空间曲线追踪，结合他的误差评估系统，开发了空军火炮控制装置和气动枪的火力控制，并发展了控制追踪对象稳定性的辅助追踪概念。这些都被直接装备在美国空军的战斗机上。在一次装备了德雷珀火力控制仪器的美国"F-86 佩刀式"战斗机（绰号：Sabre，图 2.6）在朝鲜战场与苏联的"米格-15"战斗机的空战中，尽管美军飞行员相对更加年轻且飞行经验更少，但美军飞机被击落的数目远少于对方。对此，有评论认为，德雷珀的仪器是造成这种军事差距的原因之一（Duffy，1994）。

图 2.6　"F-86 佩刀式"战斗机飞行中

第四节
德雷珀与惯性制导系统

　　惯性制导是利用惯性原理控制和导引导弹或运载火箭等飞行器自动飞向目标的技术。它包括利用惯性测量装置测出飞行器的运动参数、形成指令、控制发动机推力的方向和大小以及作用时间等环节。惯性制导系统则包括安装在飞行器上的惯性测量装置、计算机和自动驾驶仪等，是无人驾驶飞行器真正的"驾驶员"，已广泛应用于弹道式导弹工程中。无论是惯性制导技术还是惯性制导系统，惯性测量装置是最为核心和关键的，而这正好是德雷珀的强项，因此，美国的一系列导弹项目的成功都离不开德雷珀的贡献。

　　先来看"雷神"（Thor）弹道导弹（图 2.7）。在 20 世纪 50 年代中后期，美国空军制订了一个中程弹道导弹（IRBM）的计划，代号为"雷神"。这款导弹是美国空军第一代战略弹道导弹，高约 20 m、直径 2.4 m。可携带一枚热核弹头，射程为 1850～3700 km，从英国发射可以直接打到莫斯科[①]。"雷神"计划一启动，德雷珀和他的 MIT 仪器实验室，

图 2.7　美国"雷神"弹道导弹

---

① PGM-17 Thor. https://en.wikipedia.org/wiki/PGM-17_Thor[2022-09-30].

就把工作重心迅速转移到为"雷神"计划开发惯性制导设备上。他们与美国通用汽车公司紧密合作，开发出 Q 矩阵制导系统。22 个月后，安装了德雷珀的 Q 矩阵制导系统的第一代"雷神"导弹测试飞行取得成功。随后，德雷珀领导他的团队又开发完成了舰载弹道导弹制导系统、三款"北极星"（Polaris）导弹制导系统、"波塞冬"（Poseidon）导弹制导系统，以及两版"三叉戟"（Trident）导弹制导系统等。值得一提的是，德雷珀在推进早期制导系统小型化方面的工作，对整个舰载弹道导弹系统的成功起到了至关重要的作用。更为关键的是，在整个系统的原型机向成品转化的设计进程中，德雷珀始终发挥着绝对引领作用，这也是各型导弹项目成功的基础。

再来看德雷珀对洲际弹道导弹（ICBM）的贡献。洲际弹道导弹，顾名思义，其射程远长于中、短程弹道导弹，一般达到 5500～8000 km，而且具有更快的速度。这种导弹主要包括液体或固体推进装置、二级或多级助推火箭、惯性制导系统、载有弹头的飞行器等，现在拥有这种导弹的有俄罗斯、美国、英国、法国和中国。在苏联 1957 年最先试飞成功洲际弹道导弹后，美国即刻部署了相应的研制计划。可是在计划初期，由于惯性制导技术刚刚兴起且处于保密阶段，对地导弹"阿特拉斯"（Atlas，图 2.8）和早期的 II 型洲际导弹"泰坦"（Titan，图 2.9）的制导系统都采用的是美国通用电气公司和贝尔实验室发明的无线电制导系统。这种无线电制导系统易于操作但抗干扰能力差。在发现自己发明的惯性制导与导航系统没有得到洲际弹道导弹计划的重视，自己被一

图 2.8 "阿特拉斯"洲际弹道导弹
发射测试图

图 2.9 "泰坦"II型洲际导弹发射

群所谓的"电子大师"孤立后，德雷珀没有气馁，据理力争，坚持认为自己的系统是最合适的。终于，在无线电制导系统的缺陷被暴露无遗后，德雷珀发明的封闭式惯性制导系统得到了重视。后来事实证明德雷珀是正确的，且之后所有的洲际弹道导弹和舰载弹道导弹又都重新装备了德雷珀的惯性制导系统。

第五节
德雷珀与"阿波罗登月计划"

"阿波罗登月计划"让德雷珀真正走入公众视线。在此之前，虽然他曾在第二次世界大战期间因突出贡献被空军和海军表彰，但他的影响力主要在业务部门。直到"阿波罗登月计划"的实施，他才算真正成为美国家喻户晓的人物。早在约瑟夫·肯尼迪（Joseph Kennedy）总统 1961 年宣布美国将在十年内完成登月计划时，德雷珀就非常敏锐地意识到了他和他的实验室的努力方向。他们迅速为载人登月计划制定出了自己的方案，并通过了 NASA 的仔细评估。紧接着，他们获得了第一份关于登月计划的合同。当时他们面临的最大挑战不是再次去验证德雷珀引以为傲的惯性导航系统性能，而是要确保在登月计划实施后，在遥远的太空上让他们的设备能够严格可靠地运行，从而保障登月计划的顺利完成。他们设计了一个星象跟踪仪，实时接收来自 NASA 的长链路地面跟踪基站发送的无线电定位信号和返回的最新速度数据，保证了长距离下飞船运行的稳定。"阿波罗"惯性系统毫无疑问地成为继"北极星"制导系统后又一次的重要突破。与"北极星"制导系统不同的是"阿波罗"惯性系统采用了一种不同的平衡系统。它不仅具有光学瞄准功能，而且在长期工作环境下可以实现自我调节，"阿波罗登月计划"的圆满成功（图 2.10），已被载入史册，而德雷珀也在这一举世瞩目的工程中再次实现了他的人生超越。

德雷珀在美国的飞越火星计划中也发挥了重要作用。他对火星任务中存在的所有可能的问题都有所考虑，并在惯性设备的计算元件中首创采用了数字化计算机技术。1965 年采用了德雷珀实验室这一先进技术的火星探测器——美国"水手 4 号"（Mariner 4，图 2.11）成功飞越火星。

图 2.10 美国宇航员阿姆斯特朗在月球[①]

图 2.11 美国"水手 4 号"火星探测器[②]

第六节
教书育人，独具魅力

››››

与诺贝尔的另一个显著不同是，德雷珀尽管科学研究硕果累累，但是他最为重视的事情还是人才培养。德雷珀在人才培养方面卓有成效。通过各种学术活动，他总是能独具慧眼地发现那些具有发展潜力的学生，然后为其尽可能地提供良好的学习环境。在他的领导和培养下，他以及他的实验室和航天航空系的学生中涌现出众多杰出人才。不仅如此，据估计（Duffy，1994），还有近五百名现役军官在接受 MIT 的专业教育中深受德雷珀的影响。他们的军衔大小不等，但都在其之后的军队生涯中成为关键任务或战役的决策者。同时，从 MIT 航天航空系毕业的本科生和研究生，以及与德雷珀的实验室有过科研合作的人，大都任职于美国主要的航天航空集团或电子公司，其中很多都成了高级管理人员。当美国政府机构有技术方面的任务需求时，这些毕业生都发挥了重要作用。

德雷珀的教学生涯（图 2.12）十分成功。1951～1966 年，在德雷珀担任 MIT 航天航空系主任的 15 年内，他一共被授予 1642 项教学荣誉，这显示了德雷珀对教学的高度

---

① Sample Return Firsts. https://mars.nasa.gov/resources/24596/sample-return-firsts/[2022-10-03].
② Mariner 4. https://www.jpl.nasa.gov/missions/mariner-4/[2022-10-03].

重视（Duffy，1994）。他不仅身先士卒地把 MIT 的校训——"手脑并用"（Mens et Manus，即"理论与实践并重"）的理念体现得淋漓尽致，而且还将这一理念贯穿在他的教学上。德雷珀青年时期没能通过空军飞行员的选拔，但他很快参加并通过了民用飞行执照的课程和考试。他争取到了一架飞机和一名驾驶助手，多次的飞行经历使他注意到飞机设备上有诸多需要改进的问题。受此启发，他还开设并讲授了一门飞机仪器课程。为了使自己对飞行器改进的观点受到重视，他把后来成为 MIT 院长的杰伊·斯特拉顿（Jay Stratton）教授请上了他驾驶的飞机，向斯特拉顿展示了如何操纵飞机上的诸多设备，并向斯特拉顿教授暗示他所发现的飞机缺陷。他甚至故意让飞机在波士顿外港失速（熄火）和旋转，这确实让斯特拉顿教授深刻地体会到了对飞行器进行改进的必要性，尽管斯特拉顿教授自此再也不敢坐德雷珀的飞机了。正是由于德雷珀这种独具创造力的生动教学，他培养的那些优秀的人才将德雷珀的课堂精神和 MIT"手脑并用"的理念带到了实践中并推广延续。

图 2.12　讲授惯性导航原理的德雷珀[①]

德雷珀对课程主题也有着十分透彻的了解，并注重细节。在课堂上，他非常善于通过举例来解释他的一些观点，他还特别喜欢讲他驾驶寇蒂斯-罗伯逊（Curtiss Robin）飞

---

① Charles Stark Draper. https://ethw.org/Charles_Stark_Draper[2022-10-03].

机（图 2.13）的精彩故事。在他的课堂上没人分得清谁是学生谁是老师，他总是如此认真、如此执着、如此严谨地对待工作上的每一个问题。通常情况下，他向授课教授提出的对于某个问题的见解和疑问往往都超出他们的知识范围，这成为德雷珀身上被公认的特点。他了解事物的细节并知道哪些才是重点。他强调理解每一个过程物理意义的重要性，认为一旦一个人熟悉并掌握了一个事物的物理原理，将大大简化该问题所对应的数学模型。

图 2.13　寇蒂斯-罗伯逊飞机：1928 年推出的高单翼飞机

　　德雷珀还是一位优秀的演讲者。他总是能调动起听众的兴趣，并在阐述有关仪器问题的过程中向大家深入浅出地揭示出其中的数学奥妙和很多神秘新鲜的事物。他能很快抓住一件事情的关键点，并能考虑到常人经常会忽略的问题。在一次伦敦英国皇家航空协会上，他应邀做了一次关于莱特兄弟的演讲。他开门见山地指出：莱特兄弟最大的成就是飞行控制，而不是发明了飞机！这一想法让听众无不惊讶，好奇心倍增。他随后指出，莱特兄弟对飞行控制有独到之处，其控制方式不像其他人所设计的那样——当飞机向下俯冲时，机身就会变得不稳定，只有当操作员将操纵杆向后拉时，飞机才可以恢复正常飞行。由此他引出结论，在对待飞机飞来飞去这件事上，惯性导航是一种独特的控制方式。从中可以看出，德雷珀在演讲中与众不同的轻松诙谐和举重若轻！

　　德雷珀还是一位非常亲和的管理者。他有能让许多激烈的讨论气氛变得轻松自如的热情与幽默（图 2.14），有能很快抓住某件事情关键点的睿智与视野，有能考虑到常人

经常会忽略的一些问题的细致和洞察力。他所在团队的一个显著特点是各项决策的制定主要来自团队例行的傍晚报告会。报告会由各项目负责人参与，他们围坐在德雷珀的会议桌边，从下午 4 点开始讨论。会议的气氛经常很紧张，尤其是在争论某个问题的时候。当争执看上去激烈得马上要失控时，德雷珀会钻到桌子底下按动一个按钮，通过激活继电器来将墙上的时钟拨快一个小时。随后，他的秘书将宣布鸡尾酒会的时间到了，从而争论被打断，会议室也会逐渐趋于安静。德雷珀几乎知道全部实验室技术人员的名字。如果他没有记住他们的名字，也不会忘打招呼，以"亲爱的"称呼对方。他是大家的朋友，也是个美食家，经常邀请一群工作人员和秘书到餐厅吃午饭。当他们在雅典奥林匹亚餐馆或波士顿唐人街上的一家美味的中国餐馆吃晚饭时，经常会有更多的人加入。每次吃饭的时候，他都会很认真地遵守重要的礼节，餐厅老板对他大加赞赏，实验室的工作人员和他相处得也如同家人一样。他把实验室内的人际问题处理得恰到好处（Duffy，1994）。

图 2.14　幽默风趣的德雷珀（左）

第七节
尾　声

1987 年 7 月 25 日夜晚，德雷珀在马萨诸塞州剑桥市的奥本山医院去世，享年 85 岁。

在随后的秋季学期，MIT 的理工社团（连同德雷珀实验室）在学术会议期间为他举办了追悼会，许多好朋友和曾经的同事们都回到学校参加。MIT 航天航空系为该系的助理教授设置了以他名字命名的两个荣誉席位，德雷珀实验室成立了以他的名字命名的 MIT 研究生奖学金，并且以他的名义支持军官攻读 MIT 的研究生学位。

在德雷珀去世后，MIT 德雷珀实验室全体董事会通过决议，在美国国家工程院设立德雷珀奖，用来奖励那些在大力增进人类福祉、显著改善人类生存质量与自由程度方面做出重要贡献的工程师。该奖自 1989 年开始到 2001 年，每两年颁布一次；2001 年以后改为每年颁布一次；2016 年开始，该奖又改为每两年颁发一次。该奖奖金由德雷珀实验室提供。

德雷珀博士有许多学术荣誉学位和职位。他生前被选为美国国家科学院院士、美国国家工程院院士及法国科学院外籍院士。他是冯·卡门基金会主席、国际宇航科学院院长，还是全美发明家学会会长。

德雷珀以一个有创新思维、有洞见、富有成效、具有十分可贵品德的形象永远留在了人们心中。

第 3 章

集成电路
——微电子技术发展的里程碑

首届德雷珀奖于 1989 年颁发给了美国物理学家杰克·S. 基尔比（Jack S. Kilby）和罗伯特·N. 诺伊斯（Robert N. Noyce）（图 3.1），其颁奖词为："以表彰其对单片集成电路的独立开发。"①

（a）杰克·S. 基尔比（1923～2005）　　（b）罗伯特·N. 诺伊斯（1927～1990）

图 3.1　首届德雷珀奖获奖者

第一节
集成电路简介

> > >

集成电路（图 3.2）是一种半导体微型电子器件。它通过氧化、光刻、扩散、外延、蒸铝等制造工艺，把所需的晶体管、电阻、电容和电感等元件，以及它们之间的连接导线全部集成在一小块或几小块半导体晶片或介质基片上，并用不同的外壳，如圆壳式、扁平式或双列直插式等焊接封装，构成一个整体，以具有所需的电路功能。

集成电路有多种分类方式：按其功能、结构的不同可分为模拟型、数字型及数模混合型，按其制作工艺又可分为半导体型和膜型，按导电类型可分为双极型和单极型，按其集

---

① 颁奖词原文：For their independent development of the monolithic integrated circuit.

图 3.2　集成电路——包含电子器件的微型电路

成度高低的不同可分为小规模型、中规模型、大规模型和超大规模型等。集成电路技术包括芯片制造技术与设计技术，主要体现在加工设备、加工工艺、封装测试、批量生产及设计创新的能力上。

集成电路使电子元件朝着微小型化、低功耗、智能化和高可靠性方向迈进了一大步。集成电路制作成本低，便于大规模生产，采用集成电路来装配电子设备，其装配密度比晶体管可提高几十倍甚至几千倍，极大地提高了设备的稳定工作时间。集成电路被广泛应用于工业和民用电子设备中，如收录机、电视机、计算机等，以及军事、通信、遥控等领域。集成电路的问世，改变了此前计算机各部件分散、庞大、运行速度低下的缺陷，克服了由组件之间采用手工焊接而造成的造价高昂和性能不可靠的弊端，将计算机技术的发展带入了一个全新的阶段，并使得之后每一代计算机变得体积更小、速度更快、价格更便宜和更加普及。不仅如此，集成电路的革命性创新和发展还有力地改变了整个世界，也改变了今天我们的生活模式。

第二节

集成电路的发明过程

自 1947 年半导体晶体管问世以来，整个电子行业一直致力于解决普遍面临的"数

字暴政"难题，即如何将大量的微型晶体管和其他电路元件装配在陶瓷衬底上。当时设计的计算机需要组装和焊接大量在一起的电子器件，单个器件或焊点出现问题将导致整个模块无法正常工作。集成电路的出现使得这一难题得以解决，成为 20 世纪最有影响力与深远意义的发明之一。因此，集成电路首当其冲地被列入德雷珀奖榜单，而基尔比和诺伊斯在各自不同的岗位上分别为集成电路做出了从无到有和从少到多的不同贡献，两人同为首届德雷珀奖的获奖者也是当之无愧的。

一、杰克·S. 基尔比的贡献——从无到有

1958 年，已经 35 岁的基尔比离开了他工作多年的位于威斯康星州密尔沃基市（Milwaukee，Wisconsin）的全球联盟有限公司（Globe-Union Inc.）的中心实验室，来到位于得克萨斯州达拉斯市（Dallas，Texas）的德州仪器（Texas Instruments，TI）公司（图3.3）工作。德州仪器公司是全球领先的半导体公司，早在 1954 年就生产出首枚商用晶体管。基尔比一上任，上司就让他完成一项由美军资助的微型机器人项目。这个项目的目的是希望通过解决电路的小型化问题，使得装配组件变得更容易。由于这些装配组件是采用厚膜混合电路技术来组装的，而这一技术是基尔比在中心实验室时就掌握了的，因此他有足够的经验来应对在单衬底上装配几个组件时所需解决的技术难题。然而，他认为仅仅是电路的小型化并不能真正解决这一技术中存在的最基本问题——"数字暴政"，只有对电路构造进行革命性的改变才能在根本上解决问题。1958 年 7 月，当德州仪器公司的大部分员工休假两周时，由于基尔比是新员工，还不能休假，他不但没有抱怨，反而庆幸这正好可以让自己借此机会安静地思考"数字暴政"的解决办法。

图 3.3　位于达拉斯市郊区的德州仪器公司半导体工厂

经过几天的冥思苦想，基尔比终于决定采用相同的半导体材料来制造一个非常紧凑的电路组件，并把这个电路的草图画在他的实验笔记本中（图 3.4）。当他的上司度假回来后，基尔比向上司汇报了自己的想法。上司听了他的想法后很激动，虽仍存疑虑，但还是鼓励他继续进行研究并先构建出一个概念验证原型。于是，基尔比决定首先通过组合分立元件的方式建立一个基于半导体的原型，其中包括一个双极性晶体管、三个电阻和一个电容器。1958 年 8 月 28 日，基尔比的电路设计成功证明了所有组件都可以在一块半导体板上制成。紧接着，基尔比又开始了单片集成电路的生产实验。他选择由一个晶体管、一个振荡器电路来证明他的想法，并采用黑蜡选择性地掩盖锗衬底从而产生不同的组件区域。1958 年 9 月 12 日，基尔比成功制成 3 个长 7/16 in[①]、宽 1/16 in 的芯片，见图 3.5。通电后，电路很快就振荡输出 1.3 MHz 的正弦波，由此证明了他所研制芯片的成功。这是世界上最早发明的电子集成电路芯片，在现代科技发展史中具有划时代的意义。来不及高兴的基尔比继续奋战，一周后，也就是 1958 年 9 月 19 日，他又成功地演示了自己研制的数字触发电路。1959 年 2 月 6 日，德州仪器公司提交了微型电子电路的专利。这也是德州仪器公司继商用晶体管后的第二项具有重要里程碑式的发明。

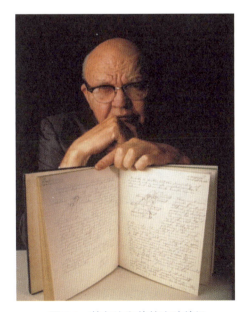

图 3.4　基尔比和他的实验笔记

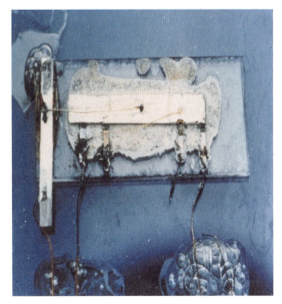

图 3.5　基尔比的第一个集成电路芯片

①　1 in=2.54 cm。

二、罗伯特·N. 诺伊斯的贡献——从少到多

1957 年诺伊斯和他的 7 位朋友（图 3.6）从位于加州芒廷维尤（Mountain View，California）的肖克利半导体实验室（Shockley Semiconductor Laboratory）集体辞职，共同创办了仙童半导体公司（Fairchild Semiconductor International, Inc.）。此时，美军方也急于解决"数字暴政"的问题，空军也有相应的资助计划，希望通过操纵原子的方式来合成一片单一的固体金属从而实现整个电路的功能。军方的另一项计划则是在分散组件内部直接嵌入线路，然后像孩子玩弄的塑料珠一样可以快速组装组件。在当时，不仅这些想法在商业上行不通，而且那些制造微电子管或者发展用极少布线甚至无布线连接组件的完整电路的努力也都无一成功。20 世纪50 年代末期，众多公司，无论是小组件的制造商还是大型设备的生产商，都非常急于解决组件连接的问题。

图 3.6　诺伊斯（前）和他的 7 位朋友

尽管基尔比提出并制造出了几种集成电路，但是仙童半导体公司包括诺伊斯在内的所有人并不太清楚基尔比所发明的集成电路的具体过程。诺伊斯解决"数字暴政"的想法是：应用平面工艺在硅片上制作集成电路芯片。然而，当他知道基尔比已经提出了集成电路的概念并申请了专利后，为避免侵犯基尔比的专利权，1959 年 7 月诺伊斯写了一份非常详细的有关集成电路的专利申请书。当时，基尔比是把金属触点分布在锗芯片

的正反面，这使得芯片无法向大量晶体管扩展，而诺伊斯采用的是平面工艺方法，即所有金属触点只在芯片同一面，并用一层二氧化硅绝缘体进行隔离，这是与基尔比的集成电路最重要的而且是非常关键的不同之处。自诺伊斯的平面工艺集成电路发明以来，包括德州仪器公司在内的几乎所有的半导体芯片制造商都一直在使用平面工艺，见图 3.7。诺伊斯的发明使得在集成电路芯片上集成更多电子器件成为可能。也正是因为如此，基尔比和诺伊斯被认为是单片集成电路芯片的共同发明人。

图 3.7　诺伊斯和他的集成电路

有意思的是，诺伊斯的"半导体器件和引线结构"专利在 1961 年就被授权（Noyce，1961），而基尔比的"微型电子电路"专利直到 1964 年才被授权（Kilby，1964）。德州仪器公司与仙童半导体公司为集成电路芯片的归属权还打了很长一段时间的官司，好在两家公司最终握手言和并做出了一个英明的决定：互相许可对方的专利，承认并尊重两项发明的重要性。

随着互补金属氧化物半导体器件（CMOS）的批量生产技术的问世和发展，芯片的发展也变得更快和更强大，电子领域已经从微电子时代迈向纳米电子时代，见图 3.8。从基尔比最初发明的简单的每个芯片上的一个晶体管开始，现在已经能制造出超过 10 亿个晶体管集成在一小片硅片上的芯片，全世界的电子工业收益更是已突破了上万亿美元。除可以在芯片上制造各种电子器件外，人们已经开始在芯片上制造传感器和驱动，并有可能实现数万亿的晶体管集成在一个芯片上。未来的电子领域充满了机遇。借用基尔比的话说："早日进入这个令人兴奋的领域，开始干吧！"（Navakanta，2012）

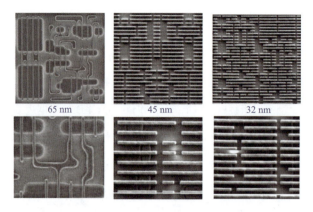

图 3.8　从 65 nm 到 32 nm 半导体制造工艺

第三节

矢志不渝的杰克·S. 基尔比

1923 年 11 月 8 日,基尔比出生在美国中西部的密苏里州杰弗逊城(Jefferson City,Missouri)。他的父亲休伯特·基尔比(Hubert Kilby)是堪萨斯电力公司(Kansas Power Company)的一名电气工程师,毕业于伊利诺伊大学厄巴纳-香槟分校(University of Illinois at Urbana-Champaign,UIUC,图 3.9)。

图 3.9　伊利诺伊大学厄巴纳-香槟分校校区冬景

1934 年，小基尔比上小学六年级时，因父亲荣升为电力公司的总裁，他随父母举家搬迁到堪萨斯州大本德市（Big Bend，Kansas）。1938 年，一场巨大的暴风雪袭击了堪萨斯州西部地区，导致电话通信网和电力网全面瘫痪，维修技术人员无法到达事故地点，也无法通过电话与电力公司联系，整个地区陷入了一片黑暗。基尔比的父亲作为电力公司的总裁，找到了当地的一位天才物理学家罗伊·埃文斯（Roy Evans），通过埃文斯自己创建的业余无线通信网，电力公司得以与遭受暴雪区域的其他无线电操作员取得了联系，并顺利解决了电力恢复的问题。在这一事件中，年少的基尔比始终怀着一颗好奇的心陪同父亲出现在所有与无线电有关的场合，并亲身体验了电子设备是如何帮助人们在困境中实现通信的全过程的。这是他初次接触无线电和迷人的电子产品世界，也在他的内心留下了非常深刻的印象。也正是这场突如其来的暴风雪，促使基尔比下决心要学习电气工程并且以此为职业。之后不久，在父亲的支持下，基尔比成为一名业余无线电操作员，那一年，他年仅 15 岁。不仅如此，他还很荣幸地拥有了自己的呼叫代号W9GTY，这在当时是非常少有的，为此他感到非常高兴和自豪。

尽管基尔比少年立志，但命运似乎总喜欢对他进行考验。高中毕业，他本想去 MIT 学习电气工程，但却因未通过入学考试的数学科目而不得不放弃。1940 年，他考入伊利诺伊大学厄巴纳-香槟分校的电力工程专业学习，虽然专业不够理想，所幸他还可以选修自己喜欢的工程物理和真空电子管等课程。随后，第二次世界大战的爆发导致他的学业被迫中断，他不仅离开了校园，而且应征入伍并被派遣到印度东北部去和日本军队作战。他所在部队的指挥官分配给他的任务恰恰是管理部队中的无线电设备（图 3.10），

图 3.10　服役于陆军通信兵团的基尔比

他顺理成章地在战争中出色地完成了任务。1946 年，基尔比退役后回到了他日思夜想的学校，并于 1947 年取得了理学学士学位。然而，命运对基尔比的考验还远未结束。取得学位之后，正当他信心百倍地开启全新职业生涯的时候，电子学领域却已悄悄发生了一场新的变革。1947 年底，贝尔实验室第一次提出了晶体管的概念，这意味着基尔比学习阶段最喜欢的真空管将会被晶体管完全取代并退出历史舞台。这时，基尔比刚刚加入位于威斯康星州密尔沃基市的全球联盟有限公司中心实验室，并主要负责助听器放大装置等产品工程。

在全球联盟有限公司中心实验室的最初几年，基尔比一直从事由真空管和其他组件构成的厚膜混合电路（图 3.11）方面的工作。厚膜混合电路以陶瓷板作为衬底，用银膏沉积形成导电轨道，再采用诸如碳膏（厚膜电阻）、陶瓷电容器和真空管等电子器件构建出完整的电路，这在当时是最好的小型化电路。那时，基尔比就已经体会到在衬底上组装大量不同组件从而构建出一个完整电路的复杂程度。在此期间，基尔比还获得了他在该实验室总共获得的 12 项专利中的 2 项，即钛酸电容器和电阻微调喷砂。工作之余，他还获得了位于威斯康星大学密尔沃基分校（University of Wisconsin-Milwaukee）的理学硕士学位。随着半导体晶体管逐渐被广泛接受，真空管慢慢被弃用。1951 年，贝尔实验室开始对外授权晶体管技术，全球联盟有限公司中心实验室也取得了生产晶体管的许可证，基尔比也因此被派遣到纽约市默里希尔街区（Murray Hill）参加首个晶体管研讨会，并被指定领导一个三人团队来专门生产锗晶体管和销售一些基于晶体管电路的产品。从那时起，基尔比就认定，为生产出更复杂的电路，就必须进行更高规模

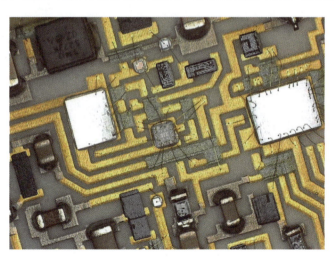

图 3.11　厚膜混合电路图

集成的研究。同时，他也相信电路小型化是未来半导体和电子工业的一个重要走向。

然而，密尔沃基中心实验室太小，并不能承担这样的研究工作。于是，他开始寻找一份新工作，因此拜访了一些半导体公司，包括国际商用机器（International Business Machines，IBM）公司、摩托罗拉公司和德州仪器公司，并于 1958 年最终决定去达拉斯的德州仪器公司工作。在那里，他可以全心投入电路小型化的研究。终于，在进入新公司仅 4 个月后，即 1958 年 9 月 12 日，基尔比展示了他的第一个集成芯片。那时的大多数研究人员仍然处于摸索阶段，但基尔比凭借其自身非凡的创新能力完成了这一人类历史上最具革命性的发明之一。

2000 年，基尔比因发明世界上最早的电子集成电路芯片，获得了诺贝尔物理学奖，见图 3.12。诺贝尔奖评审委员评价他的工作"为现代信息技术奠定了基础"。

图 3.12　2000 年基尔比（左）荣获诺贝尔物理学奖①

基尔比为人非常幽默、温文尔雅并且脚踏实地，他从不盛气凌人。当有人问及他是否领导了信息技术革命时，他就讲了海狸和兔子的故事。当兔子问海狸是不是他建造了胡佛水坝，海狸凝视着水坝回答："不，那不是我建造的，但那是基于我的主意。"他的发明产生了巨大的影响，当他的朋友们赞誉他并认为他理应获得诺贝尔奖时，他幽默地

① https://www.nobelprize.org.

第3章　集成电路

说道："诺贝尔奖是给那些追求纯粹知识的科学家的，而我只是一个渴望通过解决问题使事情变得完美的工程师。"当被问及他是否会载入世界科学技术史册时，他说自己只是占据了一个小小的脚注（Rose，2000）!

基尔比还非常善解人意。1993年，基尔比获得了日本价值五十万美元的京都奖。在去日本领奖后，他接受了当地一位记者的采访。这位记者的女儿凯蒂就读的学校当得知凯蒂的父亲要去采访大名鼎鼎的基尔比，就给凯蒂留了一份作业：写一篇关于基尔比的随笔。当这位记者带着女儿来采访基尔比并告诉他女儿需要完成的作业后，基尔比非常乐意地开始帮助凯蒂写这篇文章。当授奖委员会工作人员多次提醒他去参加媒体的集体采访，并提醒他包括朝日电视台在内的多家电视和报纸的记者都在等待他时，他很执着地回应道："等我和凯蒂谈完了，我们再进行朝日电视台的采访。"（Reid，2005）

其实，日常生活中的基尔比就是一位热衷于与孩子们进行交流的长者。他不仅自己挤出许多时间和学校的孩子们交流，而且还非常耐心地给孩子们提一些对他们有着长远影响的建议，因为他相信孩子是我们的未来。基尔比一直鼓励年轻学生要富有想象力，他坚信开放的想象力是重大发明和发现的必备要求。当一位母亲问基尔比应该如何教育自己的孩子成为一个伟大的发明家时，他建议让孩子多读一些童话故事并且鼓励他们发挥各种想象力。基尔比也为自己的家庭感到非常骄傲。他有两个女儿和五个外孙女，他曾开玩笑地说，基尔比家对女孩情有独钟（Engibous，2007）。

第四节
"硅谷市长"罗伯特·N. 诺伊斯

1927年12月12日，诺伊斯出生于美国艾奥瓦州（Iowa）的一个普通的宗教家庭，排行老三，父亲是一名牧师。从小到大，诺伊斯的世界总是充满了大胆的冒险，这也让他的成长之路展示出了更加鲜明的个人色彩。也许正是这种大胆的冒险精神，才成就了诺伊斯人生当中的诸多辉煌。1940年夏天，12岁的诺伊斯和哥哥一起，共同制造了一架小飞机，并且在格林内尔学院（Grinnell College，图3.13）的马厩顶棚试飞

图 3.13　格林内尔学院校园

成功。后来，他又自己制造了一台收音机和一台带有发动机的电动雪橇。值得一提的是，这台雪橇的后部焊接着螺旋桨，而发动机则来自一台老式洗衣机。升入高中后，诺伊斯表现出了异于常人的数学天赋，高二就完成了格林内尔学院的大一物理课程。可能中国的读者不太熟悉格林内尔学院，其实它在 2021 年《美国新闻与世界报道》（*U.S. News & World Report*）年度排名中，位居"最佳本科教学"第七和"最佳价值"第七。1945 年，诺伊斯高中毕业并顺利升入了格林内尔学院。大学期间，他唱歌、演奏双簧管，并在当地电台参演连续剧，甚至在 1947 年拿到了美国中西部地区游泳锦标赛的冠军。与此同时，诺伊斯并没有荒废自己的学业，1949 年，他拿到了格林内尔学院的物理学和数学学士学位，并以优等生的身份毕业。正如他的同学们所评价的，诺伊斯总是能以最少的工作量获得最好的成绩。诺伊斯不仅擅长数学，而且对物理非常热爱。在大学的物理课上，他第一次见到了晶体管。这只晶体管尽管只是贝尔实验室的一个初期产品，但也足以让诺伊斯深深着迷。后来，教授这门课程的教授建议诺伊斯去 MIT 深造。随后，这位因为思维敏捷而被称为"飞速的罗伯特"（rapid Robert）的年轻人毫无悬念地于 1953 年获得了 MIT 的物理学博士学位。

　　诺伊斯博士毕业后的第一份工作是在宾夕法尼亚州费城（Philadelphia,

Pennsylvania）的飞歌公司（Philco Corporation）担任研究工程师，随后加入了贝克曼库尔特公司（Beckman Coulter Inc.）的肖克利半导体实验室。肖克利半导体实验室是由晶体管的共同发明人，也是诺贝尔奖得主威廉·肖克利（William Shockley）创立的。然而，诺伊斯很快就发现，他在肖克利半导体实验室的工作仅仅是一种对已有方法没有太多改进的系统化劳作，远不及大胆有挑战的创新带给他的刺激。尽管循序递进式的工作方法也可以产出创造性的成果，譬如，当肖克利想要发明创造的时候，他会找出相关领域的所有出版物，把这些专利说明和论文散布在他的书桌上，并努力找出它们之间一些新的联系，或找出没有被其他研究者研究过但很有潜力的多产领域，但是这种发明创造的"流水线"却不是诺伊斯的风格。托马斯·爱迪生有一句名言——"天才是百分之九十九的汗水加上百分之一的灵感"（Genius is one percent inspiration and ninety-nine percent perspiration），而诺伊斯却愿意在灵感方面付诸更多的时间。他不会苦苦搜寻新的想法，因为想法自然而然地就会进入他的脑袋。一次，当诺伊斯听到毕加索关于艺术创造的名言"我不寻求，但我能发现"（I do not seek，I find）时，他表示他的发明之路就是这样的。

纵观诺伊斯的发明创造，其过程中往往需要有个动力，这个动力一般都是来自某个实际问题。一旦诺伊斯被这个实际问题吸引，他不是从小的方面着手的，也不是从学术期刊或专利文献中寻找出路的，更不是根据其领域内的最新研究来考虑一个想法是否有效的。相反，他是从更高的层面来思考问题，厘清问题的基本原理的。在他看来，在科学创新的起步阶段只有两个问题——"为什么这个不能成立？"和"这违反了什么基本规律？"如果一个想法看上去是物理可实现的，那么诺伊斯就认为它有探讨的价值，这一点也彻底打破了人们传统的思维模式。

在肖克利半导体实验室工作三年后，诺伊斯因为不喜欢安排给他的按部就班的工作，觉得自己没做出什么成就，加上不满肖克利在实验室的家长式作风，他与他的 7 位朋友（图 3.14）于 1957 年集体辞职，共同创办了被认为开启了美国硅谷发展的仙童半导体公司，见图 3.15。因为诺伊斯集成电路的发明，该公司后来成为世界上最大、最富创新精神和最令人振奋的半导体生产企业。更重要的是，这家公司是名副其实的"人才摇篮"，为硅谷孕育了成千上万的技术人才和管理人才，一批又一批精英人才从这里走出和创业，书写了硅谷的一段辉煌的历史，因此享有电子、电子计算机业界"西点军校"的美誉。

图 3.14　众人焦点的诺伊斯（右一）

图 3.15　现在位于美国缅因州南波特兰西部大道的仙童半导体公司

1968 年，诺伊斯离开仙童半导体公司，他和著名的摩尔定律提出者戈登·E. 摩尔（Gordon E. Moore，图 3.16，2023 年 3 月 24 日去世，享年 94 岁）成立了英特尔公司（Intel Corporation）。由于诺伊斯对该行业的重要贡献——发明了集成电路的平面工艺和创立了两家主要的半导体公司，他被称为"硅谷市长"。在英特尔公司任职期间，他还指导特德·霍夫（Marcian Edward "Ted" Hoff）发明了微处理器，这是他为计算机技术带来的第二次革命。

图 3.16 摩尔（左）和诺伊斯（右）

英特尔公司董事会主席阿瑟·罗克（Arthur Rock）说："英特尔公司取得成功是靠诺伊斯、摩尔和安德鲁·格鲁夫（Andrew Grove），他们都发挥了各自的优势。诺伊斯具有远见、擅长激励，摩尔是技术大师，格鲁夫则是管理学家。"[①]诺伊斯给英特尔公司带来的轻松文化氛围，是从原来仙童半导体公司沿袭下来的。他对待员工像家人，在公司中鼓励团队合作。他这种以员工幸福为本的管理风格为今后硅谷许多成功的故事奠定了一个基调。诺伊斯的管理风格可以说是"卷起袖子，时刻准备大干一场"。他避开了豪华的公务车、预留的停车位、私人飞机、办公室和家具，转而选择宽松的工作环境，在这种环境中每个人都做出了自己的贡献，人人平等，不会有额外丰厚的奖金。通过降低高管津贴，他成为英特尔公司后来几代首席执行官（CEO）的典范（Berlin，2005）。

第五节
尾　声

1970～1978 年，基尔比在德州仪器公司停薪留职并以一个独立发明人的身份

---

① Intel CEOs: A Look Back. https://newsroom.intel.com/editorials/intel-ceos-a-look-back/#gs.o65b1e [2023-02-01].

工作，他认为大公司并不能提供充分自由的探索环境。在这一期间诞生了他的另一个重要贡献——硅太阳能光伏发电技术。从德州仪器公司退休后，他仍继续保持与该公司的合作。1978 年，他以特聘教授的身份加入得克萨斯农工大学（Texas A&M University）电子工程系，他非常享受这段与学生共同开展课题研究的时光，并在这个岗位上一直工作到 1984 年。在与癌症进行了短暂的抗争后，2005 年 6 月 20 日，基尔比逝世于达拉斯市，享年 82 岁。为纪念他所做出的巨大贡献，德州仪器公司创立了基尔比研究中心，见图 3.17，用于研究硅制造技术。

图 3.17　德州仪器公司基尔比研究中心

　　除获得 1989 年德雷珀奖外，诺伊斯还分别获得了富兰克林研究所（Franklin Institute）斯图尔特·巴兰坦奖章（Stuart Ballantine Medal，1966 年）、IEEE 荣誉勋章（Medal of Honor，1978 年）、美国国家科学奖章（National Medal of Science，1979 年）、英国工程与技术学会（The Institution of Engineering and Technology，IET）法拉第奖章（Faraday Medal，1979 年）、美国国家技术奖章（National Medal of Technology，1987 年）[①]等，并于 1980 年当选为美国艺术与科学院院士。1990 年 6 月 3 日因心脏病发作，诺伊斯在得克萨斯州奥斯汀市（Austin，Texas）的西东医疗中心去世。为了纪念他，他的母校格林内尔学院以他的名字命名了该校的科学大楼，见图 3.18。

---

① 该奖于 2007 年更名为国家技术与创新奖章（National Medal of Technology and Innovation）。

图 3.18　格林内尔学院的罗伯特·N. 诺伊斯科学中心大楼

第 4 章

涡轮喷气发动机
——开创喷气时代的发明

第二届德雷珀奖于 1991 年颁发给了英国航空工程师弗兰克·惠特尔（Frank Whittle）和德国物理学家汉斯·冯·奥海恩（Hans von Ohain）（图 4.1），其颁奖词为："以表彰其对涡轮喷气发动机的独立开发。"[①]

（a）弗兰克·惠特尔（1907～1996）　　（b）汉斯·冯·奥海恩（1911～1998）

图 4.1　第二届德雷珀奖获奖者

第一节
涡轮喷气发动机简介

›››

涡轮喷气发动机（turbojet engine）是一种完全依赖燃气流产生推力的涡轮发动机（turbine engine），其本质也是一种内燃机。内燃机，比如汽车引擎，通过让燃料在机器内部燃烧并将其放出的热能直接转换为动力，而涡轮发动机则是利用旋转的机件从穿过它的流体中汲取动能。通常，涡轮发动机主要由压缩室、燃烧室和涡轮机三大部分组成，其工作原理见图 4.2。进入涡轮发动机的气流在压缩室被压缩成高密度、高压、低速的气流以提高发动机的效率，然后在燃烧室与由供油喷嘴喷射出的燃料混合后进行燃烧，

---

① 颁奖词原文：For their independent development of the turbojet engine.

最后形成高热气流来推动涡轮机旋转产生动力，剩余气体经尾管喷出。尽管涡轮喷气发动机也经历压缩空气和加热这一过程，但在高速喷出气流形成推力的同时带动涡轮驱动的压缩机继续旋转，实现"工作循环"，这样在气体被压缩的低速阶段，发动机也有足够的压力来产生强大的推力。

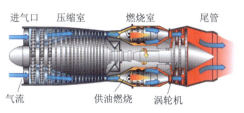

图 4.2　涡轮发动机基本原理和构造示意图[①]

　　涡轮喷气发动机通常用于高速飞行器，其推进效率与飞行器速度相关。当马赫数（Ma）[②]在 2.5～3.0 的超音速范围时，涡轮喷气发动机的推进效率可以达到 90%，而在亚音速（$Ma<1.0$）条件下，其推进效率最低。涡轮喷气发动机分为离心式与轴流式两种（图 4.3），分别由英国人惠特尔和德国人奥海恩完全独立发明。惠特尔的离心式涡轮喷气发动机诞生在英国，结构相对简单，于 1930 年取得发明专利，但直到 1941 年装有这种发动机的飞机才第一次上天，且没有参加第二次世界大战。于 1944 年夏末参加了第二次世界大战的是人类航空史上第一种投入实战的喷气式战斗机 Me-262，它装有的正是奥海恩在德国发明的轴流式涡轮喷气发动机。这种发动机具有横截面小、压缩比大及效率高的优点，目前推力稍大的涡轮喷气发动机均采用轴流式。

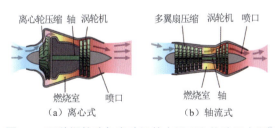

（a）离心式　　　　　（b）轴流式

图 4.3　两种涡轮喷气发动机基本原理和构造示意图[③]

① 维基百科。
② 马赫数：广泛应用于空气动力学，衡量空气压缩性的最重要的参数，定义为速度与音速的比值。
③ 维基百科。

第二节
涡轮喷气发动机的发明过程

> > >

在涡轮喷气发动机的发明和改进过程中，惠特尔和奥海恩分属英国和德国这两个第二次世界大战时期的不同阵营，彼此独立工作。从涡轮喷气发动机的工作原理来看，其概念是顺理成章的，而最具挑战性的是工程难度，其次是主管部门对涡轮喷气发动机开发前景半信半疑的态度。工程难度的关键是没有承受发动机内部高温的材料，这在当时被认为是不可逾越的。主管部门的半信半疑导致惠特尔没能及时制造出涡轮喷气发动机；海恩在没有资金来源的情况下自掏腰包，制造出涡轮喷气发动机的模型机。但是他们的共同点是：坚定地相信困难可以在开发的过程中得以解决，确信重大科技和工程的一些瓶颈难关需要在开发的过程中进行攻克。正是这种理念，使得他们通过涡轮喷气发动机的研发创造了工程奇迹，诠释了在物理和理论可行下如何跨越工程技术的鸿沟，他们的这种理念值得我们学习和借鉴。

一、弗兰克·惠特尔的贡献

惠特尔关于涡轮喷气发动机的构想源于 1928 年正值 21 岁时他在伦敦克伦威尔皇家空军学院（Royal Air Force College，Cranwell）学习时撰写的论文《飞机设计的未来发展》（*Future Developments in Aircraft Design*）。在这篇论文中，他预测：由于螺旋桨飞机的速度有限，而涡轮机是将燃料转换成动力的最有效的方法之一，因此，总有一天会出现适用于飞机的涡轮机。不久，惠特尔提出了一种发动机设计的新方案。该方案由涡轮机为旋转轴提供动力，并将空气从发动机后部喷出，由此提供一种直接向前的推力。当时，惠特尔非常想实现自己的这个新方案，于是跑了多家厂商，但均被婉言谢绝。由于无人采用，他只得先申请专利。1930 年，年仅 23 岁的惠特尔取得了涡轮喷气发动机设计的专利"飞机推进系统和动力装置"，见图 4.4（Frank，1946）。

那时很多厂商不愿意采纳惠特尔的涡轮喷气发动机方案的一个主要原因是能够承受发动机内部高温的材料还不存在，但惠特尔并没有放弃。他一边坚持致力于发动机的研发工作，一边苦苦寻求资金支持。直到 1935 年 5 月，他终于找到了一家愿意提供资金支持的公司。令人意想不到的是，这家公司并不属于航空部门，也不属于国防部门，

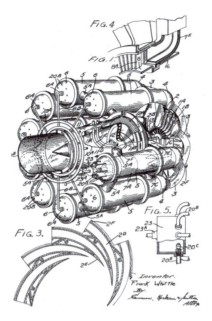

图 4.4 惠特尔的涡轮喷气发动机的设计专利手稿

而是一家制造投币式卷烟机的公司。当时，卷烟机公司敏锐地感觉到一场战争即将到来，飞机在其中一定会发挥重要作用，而高功率的发动机则是当代战争的必要元素，因此该公司决定改变公司经营的策略和工作方向。他们为新成立的动力喷气有限公司（Power Jets Limited）提供了试制惠特尔发明的喷气发动机的资助金，惠特尔也随后进入了这家公司担任名誉主任工程师。1936 年 3 月，惠特尔与他的同事们终于开发出了发动机原型——WU 试验机（图 4.5）。

图 4.5 惠特尔和早期的发动机

次年 4 月，惠特尔和同事们开始对 WU 试验机进行测试。当发动机转速达到 2000 r/s 时，燃料被点燃并送进主燃烧室，随着空气的受热和膨胀，很快发动机提速了，发出可怕的刺耳声，瞬间变得炽热；当发动机转速达到 8000 r/s 时，试验人员发现没有燃料了，原来是发生了燃料泄漏，第一次试验就这样结束了。在改进设计的过程中，惠特尔又发现燃料喷射器往往在燃烧室里易熔化或变形，这将导致发动机无法正常工作。于是，他们又对这一问题提出了新的解决方案，使燃烧室熔化或变形的问题得到改善。接着，他们又解决了发动机部分元器件在高压下因磨损导致发动机速度下降的问题。在这个过程中，惠特尔提出：从燃烧室排出的空气在作用于涡轮机的同时还可以为压缩机提供所需的动力，而这一设想的实现需要对涡轮机叶片进行优化设计。当时的涡轮机叶片是基于从燃烧室出来的高温气体直接流入涡轮机的思路设计的，但惠特尔发现，实际上这些气体遵循涡流的路径。这个发现从根本上改变了涡轮机叶片在气流中的旋转运动，相应的设计使发动机的性能得到了很大的提升。

经过重新设计，改进后的发动机试验机于 1938 年 4 月开始测试。当发动机连续运行了 1 h 后，转速只有 8000 r/s，远低于 18 000 r/s 的设计目标。正在惠特尔和同事们寻找原因时，一块抹布被吸入发动机，造成发动机的轻微损坏，试验不得不又停了下来。他们连续作战，修复好后又继续试验。这一次，发动机转速达到了 13 000 r/s，但经过 1 h 左右的运行，风扇叶片在新的速度和载荷下破碎了，崩出的碎片还对发动机内部造成了非常严重的损坏，试验再次被迫终止。

此时的惠特尔已没有足够资金来重新制造一台试验机了，但他不愿放弃，决定再次对发动机进行改进。在这次改进中，他用 10 个小的燃烧室取代原先单一的大燃烧室，并将小燃烧室设置于发动机的外侧周围。在获得少量资金资助后，1938 年 10 月惠特尔制造出了一台新的发动机试验机。此时英国皇家空军终于愿意提供一部分的资金支持，但直到 1939 年 2 月，惠特尔的发动机仍然没有达到 18 000 r/s 的预期目标。这时，英国皇家空军给惠特尔施压了：让他尽快取得更多实质性的结果，否则将终止资金支持。这种无形的压力对惠特尔造成了不小的影响，使他出现了耳痛、头痛及消化不良的症状，经常不得不忍受着由这些症状所带来的痛苦。幸运的是，这年 6 月，新设计的发动机的运行速度可以达到 16 000 r/s 了，英国皇家空军对此增加了对惠特尔的资助，并制定了同时进行动力喷气机 W.1 和 W.2（Power Jets W.1 and W.2）两种发动机的研制方案。前者由水进行冷却，设计推力是 1200 lb[①]，而后者由空气进行冷却，设计推力是 1600 lb。然而，由于 1940 年 5 月英国空战的爆发，空军方面撤销了对惠特尔的资助，把资金用于制造"飓风"（Hurricane）式战斗机和"喷火"（Spitfire）式战斗机，见图 4.6 和图 4.7，而这两款战斗机飞行的最大设计时速只有 510 km 左右，马赫数约 0.4。

图 4.6 "飓风"式战斗机

图 4.7 "喷火"式战斗机

1940 年 9 月，惠特尔终于又得到了资金支持，他的工作也回到了正轨。1941 年 5 月 15 日，由飞机制造商格洛斯特飞机公司（Gloster Aircraft Company）利用试用型的 W.1 发动机制造的 E28/39 战斗机进行了首次飞行。飞机时速曾一度达到 592 km——比当时任何战斗机都要快。这时英国空军部门在后悔不已的同时，立即签订了 500 架装有 W.1 引擎的战斗机和 1200 台装有更高动力的 W.2 引擎战斗机的生产合同。很快，美国军方也

第 4 章　涡轮喷气发动机

---

① 1 lb = 0.453 592 kg。

注意到惠特尔的这一发明，并希望将其应用到了第二次世界大战中。1942 年 10 月，美国的第一架由涡轮喷气发动机驱动的战斗机 XP-59A "空中彗星号"（Airacomet）被制造出来。1944 年，英国 "流星号"（Shooting Star，图 4.8）飞机制造完成，其采用了惠特尔发明的涡轮喷气发动机，设计最大时速达 965 km，马赫数约为 0.9（Jones，1989）。

图 4.8　英国 "流星号" 战斗机

二、汉斯·冯·奥海恩的贡献

在飞机的研制方面，德国容克斯飞机公司和容克斯发动机公司做出了非常重要的贡献。作为这两家公司的创始人，胡戈·容克斯（Hugo Junkers，1859～1935）是德国著名的飞机设计师、热动力学专家和航空工业企业家。他从 1908 年开始从事飞机的设计研制工作，并于 1909 年研制了一种全金属张臂式单翼机，1915 年又成功研制出世界上第一种全金属无支架、无张线的单翼张臂式飞机——容克斯 J1（Junkers J1）。他还于 1913 年在德国亚琛建造了一座风洞，并率先在飞机研制过程中进行飞机静力试验（风洞测试见图 4.9）。

图 4.9　可进行飞机静力试验的大型风洞（德国 1940 年）

1932 年，容克斯飞机公司改装的容克斯 Ju 52/3m 飞机（图 4.10）问世了。它的模样看上去相当怪异，这是由于除在机翼上安装了两台发动机外，在机鼻上还装着一台发动机。尽管这款飞机的时速是 275 km，但马力大，可作为客机和运输机，因此被容克斯飞机公司引以为傲。正是这架装有三个发动机的飞机发出的隆隆轰鸣声，引发了正在乔治-奥古斯都-哥廷根大学（Georg-August-Universität Göttingen）攻读物理学和空气动力学博士学位的奥海恩对航空发动机的兴趣。

图 4.10   德国容克斯 Ju 52/3m 飞机

奥海恩被发动机所产生的巨大噪声和振动所震惊，他本能地感觉到，从美学的角度来看，同为流体动力学范畴的飞机动力学和发动机动力学应该具有共同点，如果在发动机的持续热气流流动中借鉴飞机设计的空气动力学应该会降低噪声和振动。于是，他开始思考如何改进涡轮发动机。很快，在博士毕业前的 1934 年，奥海恩就完成了改进方案的初步设计计算。他的计算表明：在压力比为 3∶1 和涡轮机进口温度为 648.89～760.00℃的基础上，飞行时速达到 800 km 还是有可能的。尽管耗油量很大，但奥海恩的计算表明这种涡轮机的重量只是活塞式发动机的 1/4。他在将自己的这台发动机方案申请专利的同时，决定自己掏钱造出模型机。他找到当时哥廷根汽车修配车间的首席技工马克斯·哈恩（Max Hahn），向他虚心征求意见并请求得到帮助。哈恩提出了一些简单的建议，并答应奥海恩帮他建造模型机。不久，奥海恩利用大约 1000 马克资金设计的涡轮发动机（图 4.11）被造出来了。接下来的一个挑战就是涡轮机实际运行中的燃料燃烧问题，即如何控制液体燃料在涡轮机燃烧室中的燃烧以确保发动机功能的自我维持。但这需要进一步深入的研究和大量的资金投入（Meher-Homji and Prisell，2000）。

图 4.11　奥海恩设计的涡轮机模型机

　　时任哥廷根大学物理研究所主任的罗伯特·W. 波尔（Robert W. Pohl）教授对奥海恩的这一新颖的课外研究非常支持，他同意奥海恩在学院的后院进行试验，还提供给奥海恩一些所需的仪器和一台电动机。波尔教授通过观察，确信奥海恩的理论是正确的，并觉得这个想法具有很大前景，于是，他建议奥海恩为了今后更长远的发展去寻求工业界的资助，并亲自为惠特尔写了一封推荐信。奥海恩带着波尔教授的推荐信找到了著名的德国飞机设计师恩斯特·亨克尔（Ernst Heinkel）。亨克尔从 1912 年至第一次世界大战后期担任欧洲几家公司的工程师和技术顾问，以设计军用飞机闻名。1922年，他组建了著名的亨克尔飞机制造厂（Heinkel Flugzeugwerke，又称亨克尔飞机公司），研制和生产各种轰炸机、客机和水上飞机。在两人的面谈中，亨克尔一边听着奥海恩的设计理念，一边直截了当地询问所设计的发动机问题出在哪里，因为他想知道这位年轻的博士是否只是个理论家。奥海恩向亨克尔说明，问题出在高燃料消耗上，但是预计这个问题可以随着研发工作的开展而改进。第二天，奥海恩在亨克尔飞机公司整整面试了一天。在紧张而疲惫的面试过程中，奥海恩很有技巧地回答了公司工程师们的所有问题，进而成功加入亨克尔飞机公司。不仅如此，在奥海恩的极力举荐下，帮他做出模型机的哈恩也被亨克尔飞机公司雇用。更为幸运的是，同年，也就是 1935 年，奥海恩的喷气发动机专利"可产生推动飞机飞行所需气流的工艺和设备"得到批准（von Ohain，1935）。

　　在进入亨克尔飞机公司后，奥海恩被要求在最短的时间内开发出一款喷气发动机。他很快组建起自己的研发工作团队，除了他和好朋友哈恩，还有亨克尔飞机公司的一位设计师和两位制图人。不久，奥海恩团队制造了第一台以氢气为燃料的 HeS 1 （Heinkel-Strahltriebwerk 1，图 4.12）涡轮喷气发动机。

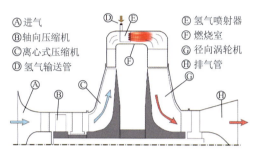

图 4.12　HeS 1 涡轮喷气发动机设计图

1937 年春天的一个早晨，奥海恩为亨克尔演示了团队研制的 HeS 2 涡轮喷气发动机。试验成功后，亨克尔飞机公司给了奥海恩一份永久性的高薪聘用合同，并提升他为亨克尔喷气推进系统研发的总负责人。随即，他们开始研制以汽油为燃料的发动机 HeS 3A 并于 1938 年进行了测试。为了减少正面迎风面积，HeS 3A 使用了较小的压缩机和燃烧器，结果导致发动机没能产生所设计的推力。他们根据问题进行重新设计后，于 1939 年，也就是在第二次世界大战爆发的前几日，研发出了 HeS 3B 发动机（图 4.13），其推力达 4.54 kN。接着，奥海恩又与亨克尔合作，研制出了以 HeS 3B 发动机为动力的世界上第一架涡轮喷气式飞机——亨克尔 He-178，见图 4.14。后来，德国航空部门命令亨克

图 4.13　HeS 3B 发动机剖面图

图 4.14　世界上第一架涡轮喷气式飞机——亨克尔 He-178

尔公司停止所有关于喷气发动机的研究，但是亨克尔看好喷气发动机的前景。于是，要求奥海恩团队继续进行涡轮喷气发动机的研究，随后该团队推出 HeS 6、HeS 8 及 HeS 8A 等一系列新的改进发动机型号。1941 年，德国航空部门认可了以亨克尔 He-178 的研究经验为基础设计的亨克尔 He 280 涡轮喷气式战斗机。这架飞机由两台奥海恩设计的 HeS 8A 发动机提供动力，成为世界上第一架涡轮喷气式战斗机。之后，第二次世界大战结束时奥海恩又与人合作研制出了世界上最强大、最复杂的涡轮喷气发动机（Conner，2002）。

第三节
百折不挠的弗兰克·惠特尔

　　1907 年 6 月 1 日，惠特尔出生于英国考文垂市厄尔斯顿街区（Earlsdon, Coventry），是家中的长子，5 岁开始在当地的公立学校上学。两年后，第一次世界大战爆发了。一天，一架飞机紧急降落在他家附近，惠特尔兴奋得不得了，随即对飞机产生了浓厚的兴趣。9 岁时，惠特尔一家搬到了皇家利明顿温泉（Royal Leamington Spa）附近的城镇，惠特尔的父亲是一位很有经验的工程师和机械师，于是买下了那里的利明顿阀门和活塞环公司。惠特尔利用课余时间接触到了机床并帮父亲做点小零活，这些对惠特尔以后从事工程发明产生了深刻影响。可是好景不长，父亲的公司越来越不景气，以至于都拿不出足够的费用来继续支付惠特尔的学费。因为买不起新衣服，他的同学经常嘲笑他的寒酸模样，他对学校的很多课程也不感兴趣，总是去当地的图书馆看一些有关飞机的书，追求着自己的飞行梦。生活的艰辛和缺乏兴趣的学校课程，使得惠特尔很不开心。但他深信，有朝一日他一定能够开上当代的飞机。14岁那年，惠特尔打定主意要成为一名飞行员，但空军入学年龄是15岁。看到惠特尔对飞行的痴迷，父母最终同意他在15岁生日后去参加空军的招考。

惠特尔的入学考试成绩非常好，他满心欢喜地在1923年1月来到位于白金汉郡霍尔顿（Halton，Buckinghamshire）的英国皇家空军技术培训学院（School of Technical Training RAF）参加体检测试。然而令人意外的是，由于惠特尔当时身高只有5 ft[①]，胸围也太小，因此没能通过体检测试，结果只待了两天，就灰溜溜地返回家里。回家后，惠特尔不甘心就这样放弃梦想，于是制定了一个6个月的高强度体能训练计划和特殊饮食方案，期待着下一次能通过体检测试。然而，半年后，他还是被拒之门外。惠特尔依旧痴心不改，他一方面坚持不懈地加强体能训练，另一方面给自己换了一个名字再次提出申请。这一次，他没有申请当飞行员，而是选择当地勤员，学习飞机的维修。在又一次顺利通过了笔试后，他终于如愿以偿，进入一个三年制的学校，主修飞机的修理和维护，见图4.15。一年后，他成为一名装配工/钳工，负责安装飞机上的金属框架，这涉及

图 4.15　皇家空军技术培训学院的飞机技术培训

① 1 ft=0.3048 m。

很多金属薄板的切割和成形。这些工作离实现自己的飞行梦实在有点远，惠特尔时常想放弃，但最终还是坚持学完了三年的课程。在这期间，惠特尔加入了航模协会。他曾经制造过一个 10 ft 翼展的带有一台两冲程汽油发动机的飞机模型，这给包括英国皇家空军第 28 中队的巴顿中校在内的其他航模爱好者留下了深刻印象。然而，对于惠特尔，最重要的仍然是实现飞行之梦。

三年的课程学习终于结束了，惠特尔的课程成绩在 600 名学员中排名第六，他既惊讶又兴奋。惊讶的是他在这三年的学习中几次想放弃居然还能取得这样的好成绩，兴奋的是教官曾说过排名前列的学员有机会去皇家空军学院接受飞行员培训。然而，当校方宣布这次只有成绩前五名的学员才有资格时，惠特尔懊恼不已甚至泄气了，以为自己没机会了。凑巧的是，排名前五中的一名候选人在体检中因健康原因被淘汰了，惠特尔得以顺利替补。惠特尔高兴万分，这个阴差阳错来之不易的录取机会令惠特尔十分珍惜。就这样，19 岁的惠特尔终于在 1926 年成为皇家空军学院的空军二等兵。

皇家空军学院（图 4.16）是英国负责空军军官任命前教育的初级院校，是英国空军军官成长的"摇篮"。学院创建于 1922 年，是世界上第一所军事飞行院校。惠特尔在该学院的飞行员的培训中，刻苦学习，勤奋训练，不久就成为一名技术娴熟、艺高胆大的飞行员。一次，他驾驶的飞机的引擎突发故障，他沉着冷静，最终成功驾驶着飞机安全降落。又有一次，他在能见度很低的大雾中驾驶时迷失了航向，为了确定自己的位置，

图 4.16　皇家空军学院

他将飞机降落在一片雾蒙蒙的旷野中，但在再次起飞时，因为能见度太低，他撞到了一棵树上，所幸他没有受伤。此外，他还曾因过度的低空飞行等异常行为受到院方警告。

皇家空军学院的淘汰率是很高的，只有大约 1%的学员能完成课程，而且其中只有极少数人可以被录取成为飞行军官，惠特尔就是这完成课程并被录取为飞行军官的极少数人之一。他不仅在课程学业中排名第二，而且在飞行实践中还成为"超水平"的飞行员。1928 年，年仅 21 岁的惠特尔从皇家空军学院毕业了，同年 8 月就被派往埃塞克斯郡霍恩彻奇（Hornchurch，Essex）的第 111 战斗机中队担任飞行员。在飞行中，他还是像以前一样喜欢冒险演练，这让围观者心惊胆战。在教学实践中，惠特尔总喜欢穿插一些特技飞行表演，这些"疯狂飞行"的表演使其在 1930 年的海登航空大赛上无可匹敌，为英国赢得了比赛。

1934 年，鉴于表现突出，27 岁的空军中尉惠特尔破格获得了前往剑桥大学彼得学院（Peterhouse，Cambridge，图 4.17）学习的机会。他在那里如饥似渴地学习，两年就完成了课程，并在 1936 年以一级荣誉毕业生的身份毕业。惠特尔出色的学习能力，令他的导师十分赞赏，直接请求皇家空军部门让惠特尔留在剑桥大学跟随空气动力学专家梅尔维尔·琼斯（Melvill Jones）再学习一年，这个申请得到了批准。

图 4.17　剑桥大学彼得学院

惠特尔有着机修工、飞行员和大学深造三个不同环节的工作经历，这不仅很难得，而且也为他的理论与实践相结合打下了坚实基础。先是三年的英国皇家空军飞机学徒阶段，让惠特尔受到了一流的工程训练；接着是两年的飞行学员训练和之后四年的飞行经历，让惠特尔熟知了飞行的需求与关键；之后是两年的军官工程学院的学习以及剑桥大学两年的机械学科的学习和一年的空气动力学的学习，又夯实了惠特尔的理论基础。惠特尔常说："我的成功归功于我的多方面经历和我有一个优秀的团队。"（Feilden and Hawthorne，1998）

第四节
师出名门的汉斯·冯·奥海恩

1911 年 12 月 14 日，奥海恩出生在德国德绍（Dessau）。1935 年，他在哥廷根大学获得了物理学和空气动力学博士学位。哥廷根大学于 1734 年由德国汉诺威公爵兼英国国王乔治二世创建，由于有着"数学王子"美誉的高斯在 19 世纪末的加盟，哥廷根学派就此诞生，哥廷根大学也因此迅速发展，为德国成为世界科学中心和数学中心之一创造了条件。哥廷根的应用力学系因著名力学家路德维希·普朗特（Ludwig Prandtl，1875～1953）和"人民科学家"钱学森的老师、著名的力学大师卡门开创了理论联系实际的应用力学学派，成为当时航空研究的主要中心之一。奥海恩在哥廷根大学有幸聆听了普朗特教授的流体力学课，这为奥海恩奠定了坚实的流体力学基础。哥廷根大学的技术物理系也非常有名，有一批著名的物理学家，如诺贝尔奖得主马克斯·普朗克（Max Planck，1858～1947）、海因里希·赫兹（Heinrich Hertz，1857～1894）、恩利科·费米（Enrico Fermi，1901～1954）、沃尔夫冈·泡利（Wolfgang Pauli，1900～1958）、罗伯特·奥本海默（J. Robert Oppenheimer，1904～1967）等，而奥海恩还获得了哥廷根大学物理学博士学位。奥海恩因学习成绩优异，深得物理研究所主任波尔的赏识，因此毕业留校工作后成为波尔的研究助理。

在哥廷根大学工作期间，奥海恩申请了关于喷气发动机的飞机气流形成工艺和仪器专利。当德国著名飞机设计师和制造商亨克尔向哥廷根大学寻求设计帮助时，波尔推荐了奥海恩，奥海恩于 1936 年加入了亨克尔的飞机制造公司。在此期间，奥海恩申请的专利达 50 多项，被认为是德国涡轮喷气发动机领域最杰出的工程师。1947 年，奥海恩被邀请到了美国，在为美国服务的 32 年里，他发表了超过 30 篇的学术论文，并申请了 19 项美国专利。^①

1963 年，奥海恩被任命为美国空军航空航天实验室的首席科学家，引领着美国空军内部几乎所有的关于物理和工程科学的基础研究。在那段时间，奥海恩致力于设计核火箭发动机，这类火箭利用核反应堆产生能量将工作物质以气体形式排出从而获得推力。1975 年，奥海恩成为喷气推进实验室（Jet Propulsion Laboratory，图 4.18）的首席科学家，负责研发空军吸气式推进技术、能源和石化技术。1979 年，奥海恩从政府部门退休并到戴顿大学（University of Dayton）担任空气热力学的研究教授，此外他还同时兼任佛罗里达大学（University of Florida）的客座教授。他是一个非常谦逊的人，在关于早期涡轮喷气发动机历史的演讲和论文中总是更多提到其他人的贡献而很少提及自己的成绩，学生们都非常爱戴这位乐于帮助年轻人的好老师。

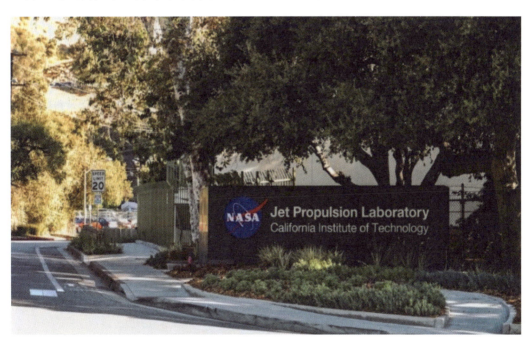

图 4.18 喷气推进实验室

① https://www.centennialofflight.net.

第五节
尾　声

惠特尔依靠着对飞机的痴迷和对自己想法的坚信，通过不屈不挠的努力发明了涡轮喷气发动机，奥海恩依靠着深厚的教育功底和敏锐的研究视野，通过规范的科研流程发明了涡轮喷气发动机，两人分享了"喷气发动机之父"的声誉，并有着多次的友好交流，见图4.19。

图 4.19　惠特尔（左）和奥海恩（右）合影

1948 年，为了表彰惠特尔的贡献，英国国王乔治六世授予惠特尔爵位。同年，他以空军准将的军衔从英国皇家空军退休。1976 年移居美国后，惠特尔在 1977～1979 年接受美国海军学院（United States Naval Academy）的海军航空系统司令部（NAVAIR）研究教授的职位。1996 年 8 月 9 日，惠特尔因肺癌在马里兰州哥伦比亚市（Columbia，Maryland）的家中去世，享年 89 岁。为了纪念惠特尔在涡轮喷气发动机方面的杰出贡献，英国皇家工程院设立了"弗兰克·惠特尔"奖，并在每年对其进行评选和颁发；在惠特尔的出生地考文垂的运输博物馆外建有一个"惠特尔拱"（又称"白拱"）雕像；而在考文垂大学有以他的名字命名的一座大楼；在英格兰新罕布什尔州范保罗机场的北部建有一个全尺寸的模型雕塑，见图4.20；在惠特尔曾经工作过的拉特奥斯外的环形交通枢纽中心也建有一个相似的纪念碑。

由于对航空事业所做出的突出贡献，奥海恩获得了很多的荣誉。他是美国航空航天学会（American Institute of Aeronautics and Astronautics，AIAA）荣誉会士、美国国家工程院院士，入选国际航空航天名人堂（International Air & Space Hall of Fame）。除德雷珀奖外，他还获得了美国航空航天学会戈达德航天奖（Goddard Astronautics Award，1966年），以及美国机械工程师协会（American Society of Mechanical Engineers，ASME）丹尼尔·古根海姆奖章（Daniel Guggenheim Medal，1990年）等。他还获得了戴顿大学、西弗吉尼亚大学（West Virginia University）和佛罗里达大学的名誉博士学位。除在美国获奖外，他还在家乡德国获得了几个很有分量的奖项，其中包括鲁道夫·狄塞尔奖（Rudolf Diesel Award，1992年）、德国航空领域的最高工程奖——普朗特指环（Prandtl Ring，1992年，图 4.21），以奖励他在喷气推进航空领域做出的贡献。奥海恩 86 岁时在佛罗里达州的墨尔本去世，作为涡轮发动机的合作发明者和第一架喷气式战斗机的研发者，他的名字将永远被人们记住。

图 4.20　惠特尔雕像

图 4.21　普朗特指环

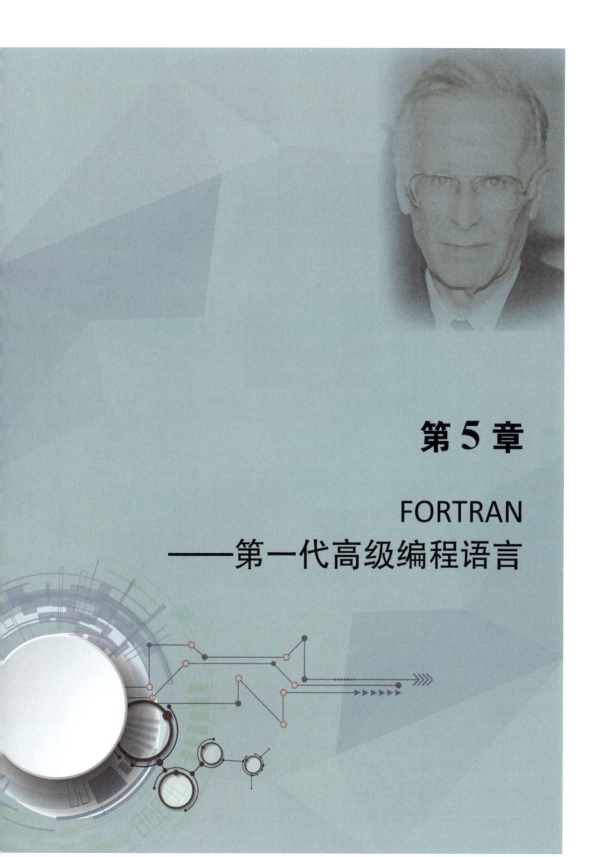

第 5 章

FORTRAN
——第一代高级编程语言

第三届德雷珀奖于 1993 年颁发给了美国计算机科学家约翰·巴克斯（John Backus）（图 5.1），其颁奖词为："以表彰其对第一个广泛使用的通用高级计算机语言 FORTRAN 的开发。"①

图 5.1　约翰·巴克斯（1924～2007）

第一节

FORTRAN 编程语言简介

　　FORTRAN 是英文 Formula Translator 即公式翻译器的缩写，是为科学、工程问题或企事业管理中的那些能够用数学公式表达的问题而设计的，是具有较强数值计算功能的程序语言。它也是世界上第一个被正式推广使用的计算机高级程序设计语言，并且为现代软件开发奠定了基础。FORTRAN 语言不区分字母大小写，有时又被写作 Fortran。

　　我们知道，计算机的控制方式是由人通过计算机语言向计算机发出命令来实现的。计算机语言包括机器语言、汇编语言（assembly language）、高级语言等，而计算机所能识别的语言只有机器语言，即由 0 和 1 构成的代码。机器语言通常直观性差，还容易出错，现在绝大多数程序员已经不再去学习机器语言了。汇编语言是用一些英文缩写的标

---

① 颁奖词原文：For his development of FORTRAN，the first widely used，general purpose，high-level computer language.

识符代替机器语言的二进制码，相比机器语言易于读写、调试和修改，但由于机器不能直接识别，需要借助一种语言处理系统软件——汇编程序，将汇编语言翻译成机器语言，而汇编程序一般比较冗长、复杂、容易出错，而且使用汇编语言编程需要有更多的计算机专业知识。高级语言相比汇编语言而言，一是将许多相关的机器指令合成单条指令，二是去掉了与具体操作有关但与完成工作无关的细节。这样不仅大大简化了程序中的指令，而且编程者不需要有太多的计算机专业知识。高级语言所编制的程序也是需要经过转换才能被计算机识别和执行的，但由于把这种转换放在了源程序执行之前，其目标程序可以脱离其语言环境独立执行，这样使用起来就比较方便，效率也比较高。高级语言语法规则的制定和遵守是十分重要的。FORTRAN 这套规范在设计之初主要是为了实现接近数学公式的自然描述，使计算机在执行科学计算的时候具有尽可能高的效率。

FORTRAN 诞生之初是由 32 种语句组成的一套语法规则，其中有用于判断的 if（如果）语句、用于循环计算的 do（做）语句、用于输入/输出的 read（读）和 write（写）语句等。程序员按照自己的想法将这些语句进行组合，以打孔卡片的形式记录下来，再由编译器（compiler）翻译为机器代码，从而以人熟悉的方式实现对计算机下达"指令"。1966 年，美国国家标准协会（American National Standards Institute，ANSI）的委员们为 FORTRAN 制定了进一步的标准规范，命名为"美国国家标准 FORTRAN"（American Standard FORTRAN），俗称 FORTRAN 66。随后有 FORTRAN 77、FORTRAN 90、FORTRAN 95、FORTRAN 2003 及 FORTRAN 2008 等多个版本出现。从诞生之日起，FORTRAN 就被广泛应用于各个科学和工程领域，可以说从火箭的升空到天气预报，从核能的利用到污染的治理，这一编程语言做出了重大贡献。

第二节
FORTRAN 的发明过程

1950 年 9 月，26 岁的巴克斯进入 IBM 公司并成为一名正式员工。IBM 公司的前身是计算制表记录（Computing Tabulating Recording，CTR）公司，于 1911 年由制表机器公司（Tabulating Machine Company）、国际计时公司（International Time Recording

Company）和计算标尺公司（Computing Scale Company）三个独立公司合并而成，总部设在美国纽约州的恩迪科特（Endicott）。1914 年，出生于美国纽约的托马斯·沃森（Thomas J. Watson）成为 CTR 公司总经理，1915 年担任总裁。1917 年，CTR 公司以 IBM 公司的身份进入加拿大市场，1924 年 CTR 公司更名为 IBM 公司，沃森成为 IBM 公司的实际创始人。IBM 公司在 20 世纪 30 年代初投入 100 万美元巨资建设第一个企业实验室，见图 5.2，这个实验室的研发使得 IBM 公司在技术产品上保持领先地位，1935 年 IBM 公司的卡片统计机产品已经占领美国市场的 85.7%，在发展原子弹的曼哈顿计划中用来计算的就是 IBM 穿孔卡片机，见图 5.3。第二次世界大战期间，IBM 公司与哈佛大学开

图 5.2　IBM 公司沃森科学计算实验室——第一个企业实验室

图 5.3　IBM 80 型电动穿孔卡片机

始合作，先后制成了电子管计算机 MARK-1 和 MARK-2，这是美国的第一台大规模的自动数码电子计算机。有趣的是，MARK-1 的机器有半个足球场大，内含 800 多 km 的电线，见图 5.4，使用电磁信号来触发电子管，速度很慢（3～5 s 一次计算）并且适应性很差，只用于专门领域，但是它既可以执行基本算术运算也可以运算复杂的公式。

图 5.4　第一台电子管计算机 MARK-1

1946～1948 年，IBM 公司设计和建造出了电子管继电器混合大型计算机——选择性序列电子计算器（Selective Sequence Electronic Calculator，SSEC），见图 5.5。这款计算机在当年主要用于极其复杂的科学计算，包括第一个美国氢弹的计算，因此具有独特的地位，而巴克斯在 IBM 公司的第一个任务就是在 SSEC 上计算月球轨道。这在当时是一个非常艰巨的难题，需要计算一个大约 1000 阶的傅里叶级数（Booch，2006）。

图 5.5　电子管继电器混合大型计算机——SSEC

当年完成这一计算所采用的计算机语言是机器语言，需要通过打孔卡片或打孔磁带创建一个由二进制代码表示的机器可理解的程序。为了一遍遍地重复执行一个穿孔纸带上的程序，纸带必须被粘成一个环。这样一来，程序指令的精确性不但取决于编码的正确性，还与纸带的黏结有关。尽管 1953 年之前也可以在原始的汇编程序的帮助下进行计算程序的编写，然而这些所谓的"自动编程"系统通常仍需通过一个模拟相应机器特征的虚拟机，并为其提供一个编译器，才能实现满足特定机器的限制条件下的编程。这个经历令巴克斯十分感慨："在这台机器上进行编程是一件非常枯燥的事情，所有可使用的都是一些粗糙的汇编程序，缺乏逻辑和流畅性，因此我脑中有一个想法，应该设法让编程这件事变得更容易一点。"（Booch，2006）

为了更快、更少出错和更低成本地编写科学计算程序，巴克斯发明了一个取名为 Speedcoding 的系统。在这个系统中，巴克斯添加了一个有着简单的浮点计数功能的编译器，这样，所编写的科学计算程序可以使用这个编译器来直接处理浮点运算。不仅如此，巴克斯还在这个系统中增加了一个错误检查功能，之所以这么设计，是因为他觉得在应用 SSEC 进行计算的过程中经常会出现一些失误或错误，而许多失误都产生于一些惯常模式的疏忽，这些都可以交由系统来进行检查。当巴克斯完成了对 Speedcoding 系统的发明后，恰逢 IBM 公司要对公司生产的 IBM 701 计算机进行改进。于是，巴克斯希望能把他的 Speedcoding 系统列入改进内容中，因为尽管他的系统很成功，但这种系统的编程和编译都是为特定机器，也就是 SSEC 服务的辅助系统，缺乏本身的构架，他希望通过加入对 IBM 701 计算机（图 5.6）的改进，进行更加规范的新系统的设计以便

图 5.6　IBM 701 计算机

推广。然而，IBM 701 计算机改进项目的主设计师对巴克斯的想法持反对意见，巴克斯对此并没有放弃。他一方面设计适用于 IBM 701 计算机的可进行浮点计算的硬件以增加说服力，另一方面找到项目的硬件设计师，向他们介绍了自己的设计。最后，他的想法所显示出的新意和潜力以及他的执着使他成功地说服硬件设计师采纳了他的建议。

在巴克斯看来，新系统中的自动编程系统生成与手工编程同样高效的程序才是可以接受的。他还断定计算机软件的成本一定会比计算机硬件要高，因为计算机肯定会变得更便宜并且运行得更快，而设计软件的程序则会变得更加庞大和复杂，因此软硬件二者成本的差距必然会越来越明显。巴克斯于 1953 年 12 月向 IBM 公司的经理斯伯特·赫德（Cuthbert Hurd）阐述了自动编程的重要性，提议为 IBM 704 设计这样一个自动编程语言。尽管当时包括 20 世纪最重要的数学家之一、被誉为"计算机之父"的冯·诺依曼（图 5.7）在内的很多专家都对巴克斯的提议表示过质疑，但巴克斯的这个提议还是被 IBM 公司批准了。同时，IBM 公司还承诺：在未来数年中将绝对支持巴克斯和他的研究小组在设计自动编程语言方面的工作，不会对他们的进展和细节提出任何异议。IBM 公司对巴克斯自动编程提议的批准和果断承诺再一次显示了 IBM 公司对基础研究和技术创新的重视，这也是 IBM 公司一直在行业中发挥引领作用的关键。

图 5.7　约翰·冯·诺依曼（John von Neumann，1903～1957）

研究计划批准后，巴克斯组织了一支由他担任经理并由经验丰富的程序员和年轻的数学家组成的"程序研究组"。当时，巴克斯了解到已经有人设计出了新的编程语言，不过他认为真正的挑战是设计一个可以有效连接人和计算机的平台或翻译系统，而不是设计新的语言。他们从描述语言开始，并在次年即 1954 年 11 月给出了初步的技术规范，这份规范描述了他们设计的语言。在语言的规范制定完成后，接下来就要开发编译器（当

时叫"翻译器")了。在编写编译器之前，巴克斯的团队首先在初步报告中制定了编译器的结构框架。编译器的工作量超出了预期，尽管团队的人手随着时间的推移在不断增加，但是他们仍然花了两年多的时间才完成了第一个 FORTRAN 编译器。然而，当他们将各部分整合到一起之后，却发现编译器无法工作，于是又进行了为期半年的调试（图5.8）。巴克斯后来回忆起这段日子时说："从 1956 年春末到 1957 年年初调试工作进行得如火如荼，我们经常会在第 56 街的兰登酒店的房间里，白天小睡片刻，然后整夜工作，尽可能多地用计算机对编译器进行调试。"（Backus，1998）

图 5.8　巴克斯调试 FORTRAN 编译器

　　FORTRAN 系统终于在 1957 年初交付使用，编译器包含大约 30 000 条指令，能非常高效率地产生机器代码，其效率之高让它的创造者都感到很惊讶。FORTRAN 系统在形成机器代码上的高效率让研究团队的成员感到了成功的喜悦，他们在编译工作上所花费的长时间的艰苦劳动终于得到丰厚的回报。

　　由于 FORTRAN 从根本上消除了编码和调试过程，因此它在解决一些问题时相比于没有 FORTRAN 系统的机器，成本减少了一半。因为编码和调试通常占所消耗时间的3/4，所以有 FORTRAN 系统的机器解决一个问题所花费的时间不到 FORTRAN 系统的机器所需时间的一半。FORTRAN 不仅大大降低了编写程序的成本，而且由于规范化的提高，还具有了积累性和可移植性，这样就进一步降低了 IBM 公司计算机重新编程（reprogramming）的成本。这意味着只要每一个 IBM 公司计算机都带有一个类似的

FORTRAN 翻译器，那么就可以借用 FORTRAN，在其他计算机上把描述类似问题的语句直接翻译成自己的机器代码。

由于 FORTRAN 编译器是一种全新的模式，其在初步报告中所制定的结构框架和语言规范方面难免存在一些遗漏，因此，在后来实施编译器的过程中，针对所暴露的实际问题，FORTRAN 的规范做了进一步的修改和完善。这些最终被写入了 IBM 704 的 FORTRAN 自动编码系统的程序员参考手册以及后来的 IBM 704 数据处理系统的 FORTRAN 自动编码系统的编程手册，这就形成了我们熟知的 FORTRAN 1。FORTRAN 1 具备了一个现代化的命令式编程语言的基本要素：变量、表达式、赋值语句、控制语句及用户自定义函数。FORTRAN 语言直到现在仍历久不衰，始终是数值计算领域所使用的主要语言之一（Backus，1998）。

第三节
个性鲜明的约翰·巴克斯

1924 年 12 月 3 日，巴克斯出生于美国宾夕法尼亚州的费城。他的父亲原是阿特拉斯火药公司（Atlas Powder Company）的化学工程师，后来成为一名非常富有的股票经纪人，因此巴克斯从小就受到良好的教育并得以就读于久负盛名的宾夕法尼亚州波茨敦高中（Pottstown High School）。然而巴克斯当时不爱读书，没有过人之处，勉强高中毕业。毕业后，他去了美国弗吉尼亚大学（University of Virginia）学习化学——这是他的父亲，一位自学成才的化学家希望他做的事。巴克斯不喜欢做实验，而化学的许多内容都是以实验为基础的，因此他一点也不喜欢学习化学。在缺席了大部分的课程后，他被迫放弃了学业。就在这时，第二次世界大战爆发，他便参加了美国陆军，在佐治亚州服役。在军队中，巴克斯起初被当作一名普通士兵来训练，但军队的能力倾向测验表明他有成为一名工程师和军医的潜力，于是他被送入哈弗福德学院（Haverford College）的医学院预科接受医疗训练。在接受医疗训练期间，他被诊断出脑部长有一个巨大的肿瘤，后来肿瘤被成功地切除，但也使得他的脑部不得不被植入一块金属片来代替被切除的头骨。巴克斯回忆，"他们最初给我看的金属片是三角形的，并且是块软板，这让我感觉

很不安全"（Booch，2006）。于是他自己设计了一块金属片，并让医生将其植入脑内。手术治疗结束后，他来到纽约医学院（New York Medical College）学习，但并不喜欢那里，于是决定退学。然而在当时他还并不知道自己应该要做些什么。他喜欢音乐，想要一个品质好一点的高保真音响系统，却始终没有找到，所以他决定自己做一个。为此，他参加了一个无线电技术培训学校。在培训过程中，他对数学产生了极大兴趣，于是来到哥伦比亚大学（Columbia University，图 5.9）开始研究生阶段的学习。1949 年在获得硕士学位后，他仍然不知道下一步该如何走。一次偶然的机会，他参观了纽约麦迪逊大道上的 IBM 公司计算机中心，向导给他展示了第一台电子管继电器混合大型电子计算机，即 SSEC。参观结束后，这位向导热情建议巴克斯与计算机中心的主任谈谈，申请一份相关的工作。巴克斯接受了向导的建议，在与主任交谈后竟然被当场聘用，这是 IBM 公司对巴克斯的第一次破例（第二次破例是前面提到的支持他的自动编程提议和果断承诺）。这样巴克斯于 1950 年 9 月开始在 IBM 公司工作。

图 5.9　哥伦比亚大学俯视图

　　巴克斯是个特立独行的人，有着鲜明的自信和执着的个性。以着装为例，他偏爱牛仔裤，这与 IBM 公司员工的传统着装风格格不入。巴克斯也非常谦虚和幽默。1979 年，他在接受 IBM 公司员工杂志《思考》（*Think*）采访时曾风趣地说，他大部分的软件开发最初都是因为自己的懒惰。"我不喜欢写程序，所以当时在 IBM 701 工作，为计算导弹弹道编写程序，我就开始琢磨开发一个编程系统，可以让编写程序变得简单些。"[1]于是，FORTRAN 应运而生。

巴克斯又是一个对关键问题敢于无畏争取的人。他的视角总是放在事物本身的客观发展方面，对细节小事不挂在心上，也从不关心别人会怎样看他。1977 年，巴克斯被授予美国计算机协会（Association for Computing Machinery，ACM）图灵奖（奖杯见图 5.10）。在颁奖大会上，他做了著名的题为《"冯·诺依曼语言"的风格：变量、控制语句和冯·诺依曼瓶颈》的演讲。他认为冯·诺依曼语言适用范围有限、无法进行函数编程。真正合理的语言程序应该没有状态转移，只有一些利用整体概念构建的分级结构。这种特性将使得对应的语言程序更适合于数学的和代数的推理。最后，巴克斯得出了这样的结论："如果一般的程序员为了证明自己程序的正确性，就需要通过简单明了的方式而不是那些专家们目前给出的方式来验证他的程序。"（Backus，1978）他还批评了自己以前的工作，并提出了函数性编程的非主流的选择。这反映了巴克斯以尊重实际为重而不是他自己已经取得的结果和声誉，这确实难能可贵。他的 ACM 图灵奖报告很快成为引用率最高的一篇文献，并成为开辟函数式程序设计（functional programming，FP）风格以及反命令式编程的一个代表性文献。可以这样说，他的报告跨时代地开启了功能编程这一领域，使编程从以翻译为主发展到构筑模块化体系（Backus，1978）。

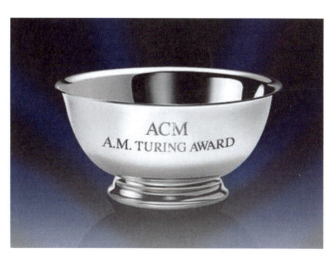

图 5.10　ACM 图灵奖奖杯

---

① https://www.ibm.com.

巴克斯还是反对反弹道导弹系统（anti-ballistic missile system）的计算机专家组织的成员之一。当尼克松总统设立"总统创新奖"时，巴克斯本来是此奖的第一个获得者。可是，因为他秘密计划利用颁奖仪式上的演讲对尼克松和越南战争进行谴责，他的获奖被取消了（Gabriëls et al., 2007）。1972 年美国和苏联签署了《限制反弹道导弹系统条约》，同意不发展全国范围内的反弹道导弹防御系统，巴克斯仍继续反对类似的项目。20 世纪 80 年代初提出的"战略防御倡议"（SDI，俗称"星球大战"计划），也遭受到以巴克斯为代表的计算机科学家的强烈反对。他们坚持不为该计划研发可靠的软件系统（Gabriëls et al., 2007）。

第四节
尾　声

　　　　　　　　　　　　　　　　　　　　　　　　　　　　　　> > >

20 世纪 80 年代初期，巴克斯开始了在函数式程序设计方面的工作，并给出了一些函数式程序设计的代数规则，展示了如何将这些规则应用到他经常使用的内积和矩阵相乘的例子中。这些规则可以用来自动转换为函数式程序设计程序，通过这些规则产生的代码与手工编写的代码几乎一样，但规则的使用却增加了程序的整体性特征。到 20 世纪 80 年代末，巴克斯与约翰·威廉姆斯（John Williams）和爱德华·威廉姆斯（Edward Williams）一起，在 IBM 公司的阿尔马登研究中心（Almaden Research Center）研究如何将函数式程序设计语言转化为实际可用的编程系统，最终成功开发函数级编程（function level programming，FL）语言。FL 的主要定义在 1986 年完成，并于 1989 年完成了最终的语言手册。在完成了 FL 语言的最终定义后，巴克斯一直指导和支持 FL 语言编译器的完成，直到 1991 年退休。

巴克斯一生获得了很多荣誉，除德雷珀奖和 ACM 图灵奖外，他还在 1975 年被授予美国国家科学奖章。2007 年 3 月 17 日，巴克斯在位于俄勒冈州的家中去世，享年 82 岁。美国国家工程院前院长罗伯特·M. 怀特（Robert M. White）这样评价道："在约翰·巴克斯之前，只有极少数的专家可以使用电子计算机，今天从学龄前儿童到研究生都可以使用电子计算机。"[1]他被后人誉为"FORTRAN 语言之父"（图 5.11）。

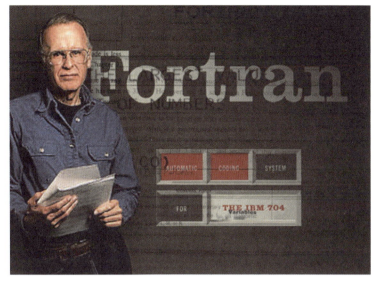

图 5.11　"FORTRAN 语言之父"

① https://www.nae.edu.

第 5 章　FORTRAN

第 6 章

通信卫星
——太空中的"信使"

　　第四届德雷珀奖于 1995 年颁发给了美国通信工程师约翰·R. 皮尔斯（John R. Pierce）和电气工程师哈罗德·A. 罗森（Harold A. Rosen）（图 6.1），其颁奖词为："以表彰其对通信卫星技术的开发。"①

（a）约翰·R. 皮尔斯（1910～2002）　（b）哈罗德·A. 罗森（1926～2017）

图 6.1　第四届德雷珀奖获奖者

第一节
通信卫星简介

>>>

　　通信卫星，见图 6.2，是一种人造地球卫星，一般由卫星本体、电源系统、温控系统、姿控系统、天线系统、转发器系统等组成。

　　通信卫星在信号发射端与接收端之间的无线电通信过程中起着中继站的关键作用，即由它转发包括手机终端在内的地面站点间以及地面站点与航天飞行器间的无线电信号，见图 6.3。在通信卫星出现之前，地球上远距离的两地间的信号通信主要有用电缆和用地面无线电设备这两种方法。之所以使用通信卫星从空中传递信号，是因为地球表面的曲率导致按直线传播的信号无法在地面上进行远距离传输，而运

---

① 颁奖词原文：For their development of communication satellite technology.

行在空中的通信卫星则可以覆盖较大的地表面积。

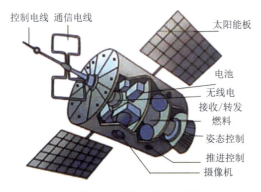

图 6.2　通信卫星示意图

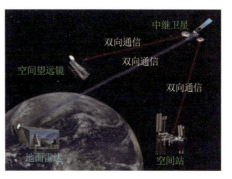

图 6.3　地面和空间的中继卫星通信[①]

　　按照运行轨道的不同，通信卫星可分为近地轨道通信卫星、大椭圆轨道通信卫星、中地球轨道通信卫星和地球静止轨道通信卫星等，见图 6.4。最初发射的近地轨道通信卫星，由于离地面的高度只有几千千米，卫星在地面通信站上空的时间很短，一昼夜里可通信时间总共只有几十分钟。后来发射的大椭圆轨道通信卫星，可以把卫星从绕地球运行的近地点拉到离地面 30 000 多 km 的高空。这种卫星保持在地面通信站上空的时间一昼夜可以达到十几个小时，但是还不能达到全天通信。地球静止轨道通信卫星位于地球赤道上空 35 786 km 处，其运行方向与地球自转方向相同，绕地球旋转的速度为每秒 3075 m，绕地球一周的时间为 23:56′4″，恰与地球自转一周的时间相等，与地面的位置保持相对不变。地球静止轨道通信卫星能覆盖大约 40% 的地球表面，使得覆盖区内的任何地面、海上、空中的通信站都能连续 24 h 同时相互通信。

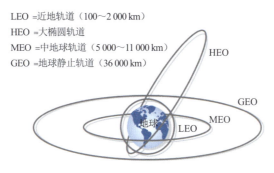

图 6.4　卫星运行轨道

---

　① The Space Network: Cell Towers for Astronauts. https://www.nasa.gov/audience/foreducators/stem-on-station/downlinks-scan.html[2022-10-03].

由于地球静止轨道只有一条，在这一条轨道上不可能放置太多的卫星，否则它们之间会产生无线电干扰，因此其轨道资源十分紧张。世界上越来越多的国家为建立自己独立的卫星通信系统竞相向地球上空的静止轨道发射自己的通信卫星。目前有限的地球静止轨道上挤满了通信卫星，特别是在欧洲、印度洋和美洲的三个静止轨道弧段内，轨道不足的矛盾日益尖锐。按照以往的卫星技术，两颗静止卫星间隔在1°以上，信号干扰强度才不至于影响通信质量。后来随着卫星技术的提高，特别是抗干扰能力的增强，两颗相邻卫星的间隔可以缩短，但是不能无限靠近。因此，静止轨道所能容纳的通信卫星数量仍然是有限的。

通信卫星除可以按轨道划分外，还可以按服务区域的不同分为国际通信卫星、区域通信卫星和国内通信卫星，按用途的不同分为专用通信卫星和多用途通信卫星。专用通信卫星有电视广播卫星、军用通信卫星、海事通信卫星、跟踪和数据中继卫星等，而多用途通信卫星有军民合用的通信卫星，兼有通信、气象和广播功能的卫星等。随着通信技术的不断发展，通信卫星的研发可能会考虑采用频率复用技术，引入更高频段和发展星上信息处理技术，以增大通信容量和简化通信终端设备，开辟新的通信业务和降低费用，同时也会进一步探索提高保密性、抗干扰性、灵活性和生存能力等内容。

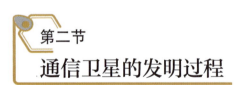

第二节
通信卫星的发明过程

地球与太空间通信联系的设想源于被誉为"科学幻想之父"的19世纪法国科幻小说大师儒勒·加布里埃尔·凡尔纳（Jules Gabriel Verne）的名著《从地球到月球》，见图6.5。该书讲述的是，美国南北战争结束后一些退伍军人在巴尔的摩（Baltimore）成立了一个大炮俱乐部，俱乐部主席巴比康大胆设想倡议用大炮把人送上月球，并建立地球与月球之间联系的故事。此书一经出版，很快就成为当时最受关注和最畅销的科幻作品之一，而书中所展现的神奇故事则伴随一代又一代人的成长，其中就包括德国火箭专家赫尔曼·奥伯特（Hermann Oberth）。奥伯特利用自己的业余时间开展关于宇宙航行的研究，在他26岁的时候，他将自己的研究成果写成一本论文，希望以此获得德国鲁普莱希

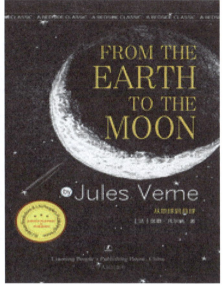

图 6.5　凡尔纳和他的名著《从地球到月球》

特-卡尔斯-海德堡大学（Ruprecht-Karls-Universität Heidelberg）的博士学位，但没有获得批准。之后，他将论文改写成一本题为《飞向行星际空间的火箭》（*The Rocket into Planetary Space*）的专著并于 1923 年出版。在这本后来被称为宇宙航行学经典的著作中，奥伯特建立的空间火箭点火的数学公式阐明了火箭如何获得脱离地球引力的速度，同时也提出了进入太空后的空间站与地面人员或海上行驶的船舶间进行通信的设想。在那时，他认为无线电无法在太空传播，于是书中描述的通信方式是空间站通过夜间的蜡烛和白天的镜子与地面联系。

　　首次提出地球静止轨道通信卫星想法的是奥地利工程师赫尔曼·诺丁（Hermann Noordung）。他在 1929 年的一篇论文中提出并证明：“如果卫星进入 36 000 km 高度的圆形赤道轨道，那么其轨道周期为 24 h，由于与地球的自转周期相同，会与地球保持相对静止。”（Noordung，1929）首次描述通信卫星系统的是英国科幻小说家兼科学家阿瑟·C. 克拉克（Arthur C. Clarke）。他在 1945 年 2 月写给《无线世界》（*Wireless World*）期刊编辑的信中指出：“如果将合适的无线电设备放置在地球同步轨道上，就可以提供连续覆盖世界范围的无线电。”（Clarke，1945）同年 10 月，在题为《地外中继:卫星能否提供全球无线电覆盖》（*Extra-Terrestrial Relays: Can rocket stations give world-wide radio coverage*）的论文里，他又进一步阐述了通过地球同步轨道空间站实现全球通信的想法。他不仅意识到卫星通信的可能性，还预测到卫星通信对世界的重要性，建议发展

这样的系统（Clarke，1945）。尽管科幻小说很有启发性、研究论文的理论证明也很有说服力，但是要真正得以实现卫星通信还有很多技术层面的挑战。在这个过程中，约翰·R. 皮尔斯和哈罗德·A. 罗森分别为此做出了卓越的贡献。

一、约翰·R. 皮尔斯的贡献

皮尔斯于 1936 年以优异的成绩从加州理工学院（California Institute of Technology，Caltech）毕业后，就前往位于纽约市西街一座雄伟大楼内的贝尔实验室（图 6.6），在那里开始从事真空管的研究工作。1954 年，皮尔斯开始研究使用通信卫星从地球上来回传播信号的可行性，次年，他就发表了描述基于不同类型和轨道的无线电中继站实现长距离通信的论文。该文描述了通信卫星的诸多配置，包括英国作家兼科学家阿瑟·C. 克拉克设想的地球同步轨道卫星系统，并指出了该系统的优缺点。1958 年，皮尔斯和同事鲁道夫·康夫纳（Rudolph Kompfner）在参加由美国空军资助的一个研究计划中提出了一个用气球卫星实现地空通信的想法，并验证了通过将信号发送到气球卫星上然后被反弹回地球的可行性。也就是在这一年的 12 月 18 日，NASA 发射了第一代通信卫星"斯科尔号"（Score）（图 6.7），进行磁带录音信号的传输。由于没有解决卫星的电源供给问题，"斯科尔号"卫星只运行了 13 天。随后，美国陆军研制的名为"信使号"（Courier）的卫星发射成功，但也是由于电池寿命的限制，该卫星只运行了 17 天。

图 6.6　纽约西街贝尔实验室（20 世纪 30 年代）

（a）"斯科尔号"　　　　　　　　　　　　　（b）火箭

图 6.7　第一颗通信卫星"斯科尔号"及其发射的火箭

　　面对通信卫星能源供给这一"瓶颈"问题，皮尔斯提出了一个大胆设想，即对通信卫星接收到的无线电波采用反射的办法让它们返回地面，这样通信卫星就不再需要用能源来维持，称为无源通信卫星。这对改进通信卫星供给能源是一个具有颠覆性意义的方案、一个另辟蹊径的方案。为了能使自己的方案得以实现，皮尔斯找到 NASA 的主管官员们，反复耐心地讲解他的方案，终于说服他们同意按他的方案建造一颗取名为"回声号"（Echo）的轨道通信卫星。皮尔斯被指定担任"回声号"通信卫星项目的负责人。1960 年 8 月 12 日，"回声号"通信卫星成功发射。"回声号"是一个直径约 100 ft 的大铝球，如图 6.8 所示。在太空，它就像一面镜子，将来自一个地面站的无线电波反射到另一个地面站。由于反射功能不需要能源来维持，它可以长期运转。

　　尽管"回声号"通信卫星发射成功了，但其反射的无线电信号十分微弱，导致通信质量不佳。如果将信号通过一个转发器进行放大和变频，接收端收到的无线电信号的效果就要好得多，这也就是有源通信卫星的原理。有源通信卫星需要能源供给因而过于笨重，当时没有火箭可以胜任发射，皮尔斯就着手研究对有源通信卫星的改进。他在通信接收端使用固态接收器，在发射端使用行波管放大器，实现了有源通信卫星的减重。这颗有源通信卫星就是"电星 1 号"（Telstar I，图 6.9），它于 1962 年 7 月 10 日被成功发

射。这颗通信卫星上由于装有无线电收发设备和电源，可对信号进行接收、处理、放大后再发射，因此通信质量大大提高（Lyle，1979）。

图 6.8　皮尔斯负责的"回声号"通信卫星

图 6.9　有源通信卫星"电星 1 号"

二、哈罗德·A. 罗森的贡献

1959 年，罗森刚进入著名的美国休斯飞机（Hughes Aircraft）公司不到三年，从事机载雷达的开发工作。正当皮尔斯针对第一代有源通信卫星"斯科尔号"由于电源问题影响其在轨服役寿命转而提出无源通信卫星方案的时候，一个非常偶然的机会罗森看到了皮尔斯有关地球同步轨道通信卫星的文章。地球同步轨道通信卫星由于仅用单一卫星就能够实现在较为广阔的区域上连续通信且相关的地球终端不需要特别强的跟踪能力，因此可以大大降低通信卫星系统设施的成本，然而，这种卫星在当时存在的最主要的问题是卫星内部结构较为复杂且尺寸较大。内部结构的过于复杂会使得卫星达不到期望的寿命，而较大的设计尺寸会使得当时没有可用的运载火箭来发射。为了解决有源通信卫星的这两个致命问题，罗森凭借自己在制导导弹设计方面的经验，提出了一个概念性的解决方案。

在罗森的方案中，卫星的外形是像陀螺仪一样旋转的一个轻量级圆柱体，见图 6.10。为了增强卫星的转发信号，罗森将具有放大和变频功能的转发器放在圆柱体内，而供给转发器所需的电源则由包裹在圆柱体周边的太阳能板提供，这样，就使得卫星的尺寸大大减小，重量也得以减轻。不仅如此，罗森还大胆地将有源通信卫星上的复杂控制系统替换成一个轻型电子设备，由此在自旋稳定的卫星上施加产生的自旋相位脉冲，用这个小脉冲推力来保障卫星运行过程中的轨道保持。这是一个与皮尔斯对有源卫星改进的方案完全不同的方案，它使得卫星不仅拥有了一个结构简单的长寿命控制系统，还使得卫星重量大大减轻。于是，在 1959 年的秋天，罗森组建了一支由他挑选出的由富有才华

图 6.10　"辛康 1 号"（Syncom）卫星

的同事组成的小组，开始将他的概念性方案转化为一个实实在在的模型机。1960 年，地球同步轨道通信卫星的模型机建造出来了，它自身仅重 55 lb[①]，测试的效果也非常好。于是，罗森希望制造出能用于发射的样机，但他的上级拒绝为他提供资金和支持。不得已，罗森决定转身求助于他在读研究生期间兼职过的雷神公司（Raytheon Company）。当知道罗森打算求助于与雷神公司后，不知什么原因，休斯飞机公司的管理者改变了主意，愿意为罗森提供资金支持了。

在罗森完成了他的地球同步轨道有源通信卫星样机后，他说服美国政府采用他的样机启动一个发射地球同步轨道卫星的计划，取名为"辛康计划"（Syncom Project）。正在这时，也就是 1962 年的夏天，传来了由美国电话电报（American Telephone and Telegraph，AT&T）公司的贝尔实验室建造的通信卫星"电星 1 号"发射成功的消息，罗森小组没有放弃，他们坚信自己的方案比"电星 1 号"更有优势。然而，不幸的事情发生了，他们的"辛康 1 号"卫星在 1963 年 2 月发射时失败了。其实，在发射过程的前期，一切似乎还是比较顺利的，火箭在指定时间升空、助推器表现完美，卫星也被推进到能接收正常遥测信号的轨道上。但是，就在火箭固体燃料燃尽的前一秒钟，所有信号消失了，"辛康 1 号"卫星永远沉默了。这时，皮尔斯在 NASA 支持下发射的地球同步轨道有源通信卫星"电星 1 号"因为电源寿命于 1963 年 2 月 12 日失效。"电星 1 号"的失效激发了罗森小组的斗志，也从某种程度上促使了美国政府继续支持"辛康 2 号"（Syncom Ⅱ）的发射。

罗森小组（图 6.11）立即开始查找"辛康 1 号"卫星发射失败的原因，迅速锁定了三种可能性：火箭在轨道远地点爆炸、火箭上的氮气罐爆炸、接线故障。为安全起见，他们对这三个可能性都采取了防范措施。不仅如此，他们还仔细考虑了一切可能出现的问题，因为他们深知：如果第二次发射再失败，"辛康计划"就有可能流产。五个月后，当罗森小组处理了他们所能想到的各种问题，第二次发射的准备工作就绪时，一个意想不到的新问题出现了——通信卫星在发射架上发生了剧烈振荡。这时，发射火箭已经加满了燃料并已经安装在发射架了，将其从发射架上放下来进行故障排除几乎是不可能的。罗森小组只好将一台重型频谱分析仪拖到了发射架的顶层进行故障的原位排除。1963 年 7 月 26 日，搭载了罗森的地球同步轨道有源通信卫星 "辛康 2 号"的航天器

---

① 1 lb = 0.453 592 kg。

图 6.11　罗森（右）和辛康卫星小组其他成员

成功发射了！该卫星不仅准确到达同步轨道，运行一切正常，而且信号接收清晰，时任美国总统肯尼迪在白宫利用"辛康 2 号"与尼日利亚首相巴勒瓦进行了通话。

尽管"辛康 2 号"证明了同步通信的可行性，但由于轨道相对于赤道倾斜，它还不是真正意义上的地球静止轨道卫星。事实上，真正意义上的第一颗地球静止轨道通信卫星是拥有更大带宽、能够转播实时信号的"辛康 3 号"（Syncom Ⅲ）通信卫星。这颗卫星于 1964 年被送入赤道同步轨道后，成功横跨太平洋进行了东京奥运会的电视转播。这是人类有史以来第一次通过电视屏幕，同时观看异国他乡发生的事。很多年后，罗森在回忆起这件往事时颇为感慨，"那时是 1964 年，当时的电视还是黑白的呢，但卫星转播的图像质量很好"，而如今，你只要打开家里的高清电视，就可以用遥控器选择无数个电视频道，收看新闻、访谈、政治、科学、自然和体育节目（Rosen，1976）。

第三节
喜欢写作的约翰·R. 皮尔斯

1910 年 3 月 27 日，皮尔斯出生在美国艾奥瓦州的得梅因（Des Moines，Iowa），是

家中的独生子。他的大部分童年是在明尼苏达州的圣保罗（Saint Paul，Minnesota）度过的，由于父亲是一位产品推销员，经常外出，所以他们不得不到处搬家。由于父亲经常不在家，皮尔斯时常和母亲一起处理家中各种家用电器的故障。他的母亲经常鼓励他玩各种机械游戏，这使得皮尔斯从小就对机械产生了浓厚的兴趣。尽管皮尔斯的父母都没有上过高中，但他们坚信自己的儿子具有出众的才能，于是尽一切努力供儿子上学。1927 年，皮尔斯全家搬到加州长滩，他的父母在那里从事房地产销售工作。后来，为了方便皮尔斯在加州理工学院（图 6.12）学习，他的父母又搬到加州理工学院所在的帕萨迪纳市。作为独生子女，皮尔斯始终过着被庇护的生活，这使得他有点儿无所畏惧。他甚至自行建造并操纵了一架滑翔机，直到有一次他亲眼看到自己的一个朋友从滑翔机上摔下来去世，他才停止了驾驶自制飞行器的活动。

图 6.12　加州理工学院

在加州理工学院，皮尔斯学习电气工程和物理学，于 1936 年获得博士学位。随即，他来到位于纽约的贝尔实验室工作，直到退休。在贝尔实验室的三十多年的职业生涯中，皮尔斯的工作主要集中在电子装置上，特别是在行波管和微波技术方面。他始终相信，任何课题，无论多么复杂，都可以变得简单明了和通俗易懂。皮尔斯正是具备了这种去伪存真、把握核心的能力和敢于创新、准确提出有效方案并加以实现的能力，才创造了日后通信卫星领域的成就。他还有句名言：意识到无知才使我们充满活力。这句名言被命名为皮尔斯定理，并列入 50 个著名的效能定律。这句话旨在告诉人们，做人贵有自知之明，能看到自己的不足才能有效弥补；我们只有意识到自己的无知，才能进步。皮尔斯是这么说的，也是这么做的。在公司里，皮尔斯就像一个"电子"，思维敏捷，总是能迅速掌握各种概念，似乎他的言语永远无法跟上他心中的想法。他又像一个似乎无处不在但又无法定义的能量包，跑上跑下，总是很匆忙且充满活力和激情，有着用之不竭的能量。也正因为他的永不满足和刻苦勤奋，他除了对无源和有源地球同步轨道通信卫星的贡献，著名的"回声号"就是在他的领导下诞生的，他因此被称为"卫星通信之父"，他还发明了一种传输电子的真空管。该真空管可被用于卫星，同时可为斯坦福直线加速器提供动力。同时，他还协助贝尔实验室的同事开发了一种用于改进雷达接收机的反射速调管。

　　皮尔斯对贝尔实验室的最大贡献是他与生俱来的启发力和领导力。这是身为贝尔实验室前总裁，也是皮尔斯的同事比尔·贝克（Bill Baker）对皮尔斯的评价。1952 年，皮尔斯被任命为贝尔实验室的电子研究室主任，后被提升为贝尔实验室的执行董事，分管数学、统计学、语音、听力、行为科学、电子、无线电波和导波方面的工作（图 6.13），并直接向研究部副总裁报告。贝尔实验室的环境和使命，即提高全世界的电信性能，深深地影响着他，使他对贝尔实验室有着浓厚的感情，他不仅强烈认同实验室的研究目标和能力，而且非常赞赏与之合作的同事。然而，对于那些在科学技术的前进道路上磨蹭或拖延的人，他就不是那么和蔼可亲了，而是显得烦躁和恼火，非常不耐烦。他对华盛顿总统府及其行政管理机构更没有什么耐心，也没有为自己创建一个咨询业务机构。当被问及他为什么不这样做时，他回答说："我没有时间宣传自己。"（Goldstein，1992）皮尔斯个性鲜明，在管理中往往是单刀直入地表达自己的观点。例如，在他召开的一次关于计算机使用的部门会议上，皮尔斯对所汇报的项目不满意，他没有半点的迂回，直

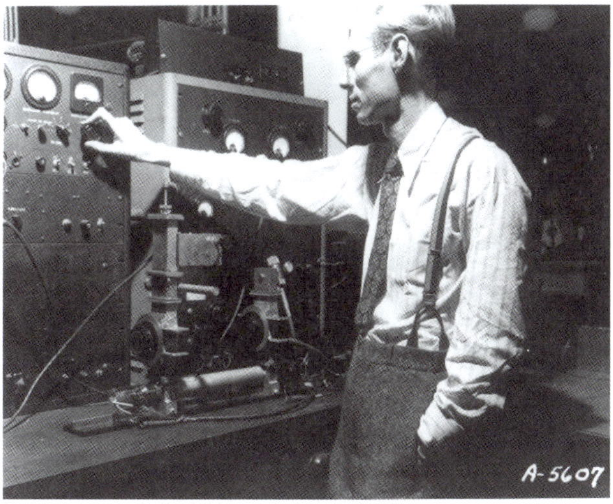

图 6.13　在贝尔实验室测试行波管的皮尔斯

第 6 章　通信卫星

接否定了这个项目，并说："不值得做的事不值得做好。"（Baker et al., 2004）他还有将自己的观点概括为一句话的天赋，例如，对于他不认同的人工智能，他说："人工智能大多是真正的愚蠢。"（Goldstein, 1992）

皮尔斯还是一个兴趣广泛的人。他喜欢阅读，起初是喜欢科幻小说，后来是谋杀推理小说，阅读常常令他感到兴奋。他还喜欢写作，他曾以 J. J. Coupling 的笔名写科幻小说，他曾说："我喜欢写作，喜欢被称为作者。"（Goldstein, 1992）不过在被称为"卫星通信之父"后，他不无幽默地调侃道"我希望自己能成为一名作家，但看来我成为一名工程师会更实际。"（Goldstein, 1992）他还喜欢声学。1983 年，皮尔斯担任了斯坦福大学音乐和声学计算机研究中心的客座教授，从事心理声学领域的研究。他对声音是如何产生的，又是如何在空气中传播的，如何被耳朵和大脑处理，以及人们是如何感知的等问题饶有兴趣。皮尔斯还是计算机音乐最重要的赞助人。在 1970～1985 年的计算机音乐发展初期，皮尔斯积极推动人们关注这个新生事物，并积极吸引资金给予支持，进而促进了计算机音乐的发展。他还是一个善于房屋改造的实干家。皮尔斯晚年住在帕萨迪纳的一个日本风格的小别墅里。他的别墅布局非常优雅，有自然的游泳池和小瀑布，有日本的屏风和滑动板，但它缺乏一个私人客房。为了弥补这个不足，皮尔斯亲自动手，在小别墅下面挖出了一个房间。

从贝尔实验室退休后，皮尔斯在加州理工学院的工程系担任教授，继续从事自己所喜爱的科研工作。不过，在贝尔实验室工作了几十年的他，发现自己不太适应大学里的科研模式，因为需要自行筹集研究经费；但他喜欢教学，尤其喜欢与加州理工学院的学生交流（David, 2010）。

第四节
迷恋无线电的哈罗德·A. 罗森

1926 年 3 月 20 日，罗森出生在美国路易斯安那州的新奥尔良市（New Orleans, Louisiana），父亲是一位牙医，母亲是加拿大移民。童年的罗森对科学和工程表现出相当的迷恋，尤其喜欢数学。后来，他的父亲送给他一个水晶收音机套件，他把套件组装起来。当他通过收音机神奇地听到当地电台的声音时，他感到非常惊讶，于是开始着迷于无线电。高中毕业时，15岁的罗森就有了自己的小发射机，还成为一名业余无线电操作员。1944年，正在杜兰大学学习电子工程的罗森加入了美国海军，成为一名无线电技术员。第二次世界大战结束后，他继续学业，于1947年完成本科学习。接着，他被加州理工学院录取为研究生，师从火箭遥测先驱比尔·皮克林（Bill Pickering）。罗森精力充沛，边读研，边在雷神公司（图6.14）打工。雷神公司的前身是于1922年在马萨诸塞州的剑桥成立的"美国器械公司"，在第二次世界大战时从制造供雷达使用的磁控管开始，发展出可以生产整个雷达系统。雷神公司在1945年发明了微波炉，在1948年开始制造弹道导弹，第二次世界大战后开始制造无线电和电视信号发送器等。罗森在雷神公司的实习工作是改进防空制导导弹和雷达。1951年，罗森获得博士学位后，开始了在雷神公司的全职工作，从事"麻雀"（SPARROW）火箭的火箭控制研究。

图6.14　位于沃尔瑟姆的雷神公司总部

1956年，罗森来到了位于美国南加州的著名的休斯飞机公司。公司由美国著名企业家兼飞行员和电影制片人霍华德·休斯（Howard Hughes）于1932年创立，包括休斯航天与通讯公司和休斯直升机公司。20世纪40年代末开始，公司为美国空军提供战略轰炸机用的一体化自动导航和轰炸瞄准系统，以及截击机用的空空导弹和火控系统，后来逐步拓展到计算机、雷达设备、光电系统、导弹和卫星等，这些都是罗森感兴趣的。公司支持了罗森的地球同步轨道有源通信卫星的研发方案，而罗森也为公司开辟了新的产

品领域。在"辛康3号"发射成功后，1965年，第一枚商业卫星"晨鸟"（Early Bird）发射成功，地球同步轨道有源通信卫星实现了商业运营。休斯飞机公司此时也成立了专门的事业部，并聘任罗森担任技术总监。罗森先后共指导了150多颗通信卫星的开发，其中有1966年发射的世界第一颗同步气象卫星、1966年发射的为"阿波罗号"飞船登月作准备进行月面软着陆试验的完全可控的"勘测者号"探测器（Surveyor probe）、20世纪80年代生产的美军全球军事通信网络组网卫星，以及"伽利略号"（Galileo）木星探测器（图6.15）等。1995年，休斯航天与通讯公司成为全世界最大的卫星提供商，在2000年的时候全球40%在役的卫星是休斯飞机公司生产的，而罗森为休斯飞机公司建立的世界上最大的通信卫星业务起到了关键作用。

图6.15 "伽利略号"木星探测器（NASA，2011）

1993年，罗森从休斯飞机公司退休，被波音卫星系统公司（Boeing Satellite Systems, Inc.）聘为顾问。他的新工作是创造另外一种高空通信平台，比如，一个能够环绕在城市上空的通信平台，以提供廉价的宽带网接入、电话和当地电视节目服务。最初，他想利用飞艇、气球和有人驾驶的飞机，但看上去没有一个可行，最后他想到了无人驾驶飞行器。他与合作者研究开发了一种靠氢燃料发动机驱动的无人驾驶飞行器，该飞行器可以在距城市18 km的上空飞行，虽然这种高空通信平台覆盖面积比卫星小，但通信密度比卫星高好几千倍。为了回报母校，罗森还定期为加州理工学院的学生做讲座。他还创办了一家汽车公司，开发了一种带有微型涡轮发动机和磁悬浮高速飞轮的混合电动汽车动力系统。后来，罗森还与朋友合作成立了一家专门设计高空混合动力的飞机公司，梦想着有朝一日通过盘旋的无人驾驶飞行器机群为城市提供无线互联网接入。罗森还非常喜爱运动，平常喜欢在家附近的海滩上进行慢跑、潜水、帆板等运动，偶尔也参加 10 km 的跑步比赛（Gregersen，2012a）。

第五节
尾　　声

皮尔斯是贝尔实验室创新研究的代名词，激励并刺激着众多通信科学和技术领域的研究人员，产生大量的发现和创新。除了德雷珀奖，他还获得了许多其他奖项，包括 IEEE 爱迪生奖章（Edison Medal，1963 年）、IEEE 荣誉勋章（Medal of Honor，1975 年）以及日本国际奖（Japan Prize，1985 年）等。2002 年 4 月 2 日，皮尔斯，这位醉心于卫星通信事业的"通信卫星之父"在加州塞涅维尔去世，享年 92 岁。

罗森在大学接受的多学科教育和在著名公司的实践为他在卫星通信领域的变革性思维奠定了基础。除德雷珀奖，罗森还获得了一些其他荣誉和奖项，包括首届美国航空航天学会航天通信奖（Aerospace Communication Award，1968 年）、IEEE 亚历山大·格雷厄姆·贝尔奖章（Alexander Graham Bell Medal，1982 年）、美国国家技术奖章（1985 年，图 6.16）、美国国家航天俱乐部（National Space Club）的罗伯特·H. 戈达德纪念奖杯（Robert H. Goddard Memorial Trophy，2015 年）等。2017 年 1 月 30 日，罗森在他家中因中风去世，享年 90 岁。

图 6.16　美国国家技术与创新奖章（原美国国家技术奖章）

第7章

铂重整工艺
——让石油更洁净

第五届德雷珀奖于 1997 年颁发给了美国化学工程师弗拉基米尔·哈恩赛尔（Vladimir Haensel）（图 7.1），其颁奖词为："以表彰其发明铂重整工艺。"[1]

图 7.1　弗拉基米尔·哈恩赛尔（1914～2002）

第一节
铂重整工艺简介

铂（Pt），俗称白金，是一种色泽银白的贵金属。它具有密度大、延展性好、导电性强、化学性质稳定、在空气中不易氧化等特性。用铂做成的首饰既漂亮又显档次，但这里介绍的铂重整（platforming）可不是首饰的重新修整，而是使用铂作为催化剂对石油原料进行催化重整，提炼出高品质汽油的一种过程，是炼油厂提高汽油辛烷值（即汽油在稀混合气情况下抗爆性的表示单位）以及生产芳烃和副产品氢气的一种重要工艺。铂重整工艺的流程如图 7.2 所示。经过预处理后的精制油（即石脑油）由泵抽出、在与循环氢混合后进入换热器与反应产物换热，再经过加热炉加热后进入反应器进行铂催化反应。由于反应器是近似绝热环境而铂重整反应需要吸收热量，物料经过反应后会降低温度。当温度较低时，催化反应难以为继，因此为了维持足够高的温度条件，一般串联

① 颁奖词原文：For his invention of the platforming™ process.

多个反应器，且在每个反应器前设置加热炉，给反应系统补充热量。从最后一个反应器中出来的物料与原料换热，然后再经过冷却后进入油气分离器。从油气分离器顶部分出的气体含有大量氢气，经循环氢压缩机升压后，大部分循环氢与原料混合后重新进入反应器，其余部分成为预制氢。从油气分离器底部出来的物料液体进入稳定塔，在稳定塔中脱除溶于重整产物中的少量轻组分气体，从稳定塔底部抽出重整油。

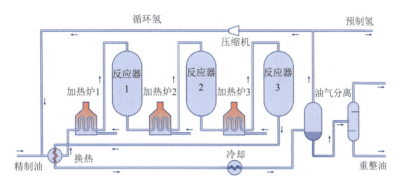

图 7.2　铂重整工艺流程

不同于原油这种黏稠的、深褐色液体，汽油是一种外观透明的液体，是通过对石油的加工得到的（图 7.3）。具体来说，先通过蒸馏分离得到轻重不同的馏分油，然后通过催化重整将轻质馏分油在高温下经过如铂、铼、铱等贵金属催化剂作用使烃类分子结构重排成新的分子结构。按辛烷值的高低，汽油标号分为 90 号、93 号、95 号、97 号等。标号越高的汽油辛烷值越高，其抗爆震燃烧的性能越好，品质也就越好。铂重整工艺正是使用铂作为催化剂对石油原料进行催化重整，进而提炼出高品质汽油的工艺。铂重整

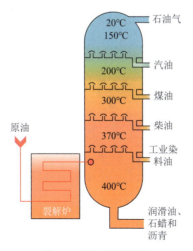

图 7.3　石油裂解产物

工艺可以减少因使用低品质汽油导致的铅和硫等的污染，可以让汽车在消耗等量汽油的情况下多行驶 35% 的里程。此外，铂重整工艺还能产生某些间接碳氢化合物，用于制造塑料、合成纤维等。

第二节
铂重整工艺的发明过程

在铂重整工艺发明之前，提炼高辛烷值汽油是非常困难的，大多数汽车使用低辛烷值的燃料，并添加铅以防止爆燃。这种添加铅的低辛烷值汽油不仅燃烧效能低，且燃烧后所产生的杂质对环境影响非常大，而哈恩赛尔发明的铂重整工艺很好地解决了这一难题。

20 世纪 40 年代中后期，哈恩赛尔被分配做催化剂改进的工作，见图 7.4，其核心目标就是要在 40℃ 或 50～250℃ 的温度下，直接从约 35 辛烷值的原油馏分中产生一种新的汽油，并保证至少 80% 的产率和 80 的辛烷值，即 80/80 汽油。为了实现这个目标，在哈恩赛尔之前，已经有很多人进行了研究，他们大多采用的是载体型铬/氧化铝催化剂和载体型钼/氧化铝催化剂，或者对催化剂进行修饰和改造来进行重整催化。哈恩赛尔没

图 7.4　哈恩赛尔在改进炼制石油的催化剂[①]

---

① The Next Big Thing. https://uop.honeywell.com/en/uop-history/the-next-big-thing[2022-10-03].

有重蹈覆辙，而是独辟蹊径，在环烷烃上寻找突破点。他认为：美国中部的原油大多由45%的环烷烃、35%的链烷烃、10%的芳烃和 10%的其他物质组成。如果将结合后的链烷烃裂解，就会使辛烷值降低。类似地，如果把环烷烃裂解，就会得到 50 或 60 的辛烷值。如果芳香族环烃裂解，辛烷值就能接近 100。所以可以通过分析原油的组分，使用催化剂把原有的组分转换成更合适的成分，从而获得满足要求的汽油。哈恩赛尔使用了前人从未考虑过的催化剂，这使得他有充足的时间研究新的催化剂，不需要担心与别人竞争。

可是，要具体实现自己的想法并不是一帆风顺的。一开始，哈恩赛尔将铂（5%）和碳的混合物作为催化剂，结果很不理想，辛烷值也只是从 35 升高到 45 左右。这时公司有人站出来反对哈恩赛尔使用铂作催化剂，因为铂太贵了。但是，哈恩赛尔坚持了自己的观点，继续在铂催化剂方面开展工作。当几乎所有人都反对他使用铂的时候，他所在的实验室的主任支持了他。经过反复思考，他找到了导致没能获得理想辛烷值的"罪魁祸首"——反应中产生的硫化合物，它使得铂催化剂在反应过程中很容易发生硫污染。于是，哈恩赛尔在实验中增加了脱硫这一处理环节，对材料进行脱硫处理并开始构造新的催化剂。哈恩赛尔和其同事先用硝酸铝作为基材制作氧化铝。由于硝酸铝在加入氨水后会形成沉淀，产生硝酸铵凝块，散发出难闻的臭味，进而危害环境。哈恩赛尔为此又设计了一个小型的制备装置，并且使用氯化铝作为反应材料。在使用氯化铝做出催化剂前，他们已经得到了 65～70 的辛烷值，这次他们获得了更高的辛烷值，而且汽油产率也很高。这样 80/80 汽油的目标就达到了。环球油品公司（Universal Oil Products Company，UOP）公关部门将哈恩赛尔的发明命名为铂重整，并表示："我们使用了铂，并且提高了辛烷的数量。难道我们不是在改良汽油吗？所以将这项技术命名为铂重整。"（Bohning，1994）就这样，铂重整工艺诞生了。在美国西部石油精炼协会的会议上，环球油品公司副总裁艾德华·尼尔森（Edwin Nelson）正式宣布了铂重整工艺（Bohning，1994）。

第三节
淡泊名利的弗拉基米尔·哈恩赛尔

1914 年 9 月 1 日，哈恩赛尔出生于德国的弗赖堡（Freiburg，Germany），当时正逢

第一次世界大战爆发。战争的阴霾使得哈恩赛尔的人生从一开始似乎就注定充满戏剧性的动荡和漂泊。在哈恩赛尔出生不久，他的父亲就因为是俄罗斯人而被捕入狱。获释后，他们一家离开德国回到了莫斯科。可当他们回国不久，十月革命爆发了，哈恩赛尔继续跟随父母辗转到了克里米亚。他的父亲在克里米亚大学（Tauric University）谋得职位，教授公共财政学，他们的生活得以暂时安定。可是 1921 年，俄罗斯的战火在克里米亚地区熊熊燃烧。哈恩赛尔的父亲再次因为不当言论而身陷囹圄，整个家庭又被带回了莫斯科。后来，因为列宁下命令说需要有一些懂经济学的人，哈恩赛尔一家才得以重获自由。1929 年，渴望更多机遇和自由的父亲被准许离开莫斯科，那时哈恩赛尔已经 15 岁了。离开莫斯科后，父亲带着哈恩赛尔的哥哥去了伦敦经济学院任教，而哈恩赛尔由于需要学习德语，则和其他家人留在了德国的杜塞尔多夫。一年后，父亲又收到奥地利格拉茨大学（University of Graz）的教学任命，哈恩赛尔与家人一起来到了奥地利。又过了一年，父亲被邀请到芝加哥大学、美国西北大学和威斯康星大学讲学，且美国西北大学（Northwestern University，图 7.5）给了父亲一个永久职位，于是哈恩赛尔全家移居到美国。

图 7.5　美国西北大学校园景色

到美国后的第二年，哈恩赛尔进入了美国西北大学读书。当时美国西北大学没有化学工程专业，因此哈恩赛尔选择了通用工程专业，同时辅修化学。1935 年，哈恩赛尔以优异的成绩获得了学士学位，并同时收到哥伦比亚大学和 MIT 提供的奖学金。同年秋天，哈恩赛尔来到了 MIT，在化学工程系进行研究生阶段的学习，师从著名化学家埃德温·R. 吉利兰（Ediwin R. Gilliland，1909～1973）。1937 年，哈恩赛尔获得了 MIT 化学工程硕士学位。

硕士毕业后，哈恩赛尔收到了著名的荷兰皇家/壳牌集团公司（Royal Dutch /Shell Group of Companies）报酬丰厚的工作邀请。这是一家总部位于荷兰海牙和英国伦敦、由荷兰皇家石油公司与英国壳牌运输和贸易公司合并组成的世界第一大石油公司，主要经营石油、天然气、化工产品、有色金属、煤炭等。但是，不知道是因为不想再搬迁移居，还是出于对著名化学家弗拉基米尔·尼古拉耶维奇·伊帕蒂夫（Vladimir Nikolayevich Ipatieff，图 7.6、图 7.7）的仰慕，哈恩赛尔最终来到了位于美国芝加哥的环球油品公司，任化学研究员。哈恩赛尔的这次选择与他后来铂重整发明的成功有很大关系，也体现出他崇尚学术的本质。

图 7.6　伊帕蒂夫（1867～1952）

图 7.7　年轻的哈恩赛尔（左）与导师伊帕蒂夫（中）

环球油品公司的主要业务是炼油、石油化工技术开发和转让，也生产和销售催化剂、吸附剂、添加剂、专用化学品和仪器等，而著名化学家伊帕蒂夫，当时正好在环球油品公司和美国西北大学任职。伊帕蒂夫是催化界的超级英雄，他的研究为当今全球化工的基石——催化有机化学和石化精炼奠定了大量的基础。他还是一位有着不凡经历的传奇人物：1867 年出生于莫斯科一个贵族家庭，青少年时在圣彼得堡的军校上学，专注于数学和炮兵课程，毕业后成为沙皇军队的一名军官，自学化学，十次提名诺贝尔化学奖，等等。在随后的 1939～1946 年，哈恩赛尔一边担任伊帕蒂夫的助手，一边在美国西北大学继续着自己的学业。1941 年他获得了美国西北大学化学博士学位，而他的博士论文正是关于环己烷分解的研究。铂重整诞生于 1949 年，那时哈恩赛尔还很年轻，只有 35 岁。除铂重整工艺外，哈恩赛尔一生还取得过许多有益于人类的技术发明。20 世纪 50 年代初，人们发现在洛杉矶盆地等地区明亮的阳光照射下，汽车尾气的反应产生的氮氧化物和未燃烧的或部分燃烧的碳氢化合物燃料经常造成致命的光化学烟雾，见图 7.8。从 1956 年到 1974 年，环球油品公司一直致力于研究和发展汽车催化转换器，而哈恩赛尔自加盟环球油品公司并担任科学技术部门的副总裁以来，在这个研究和发展项目的后续工作中发挥了关键作用。1975 年生产的几乎所有的美国汽车都安装了环球油品公司的汽车催化转换器。哈恩赛尔还是铂纳米催化的发明者，虽然纳米是现在材料科学界的流行语，但是当时很少有人意识到它，而由于哈恩赛尔的工作，纳米颗粒已经在多相催化里被使用了 60 多年。

（a）光化学烟雾污染的城市　　　　　（b）光化学烟雾污染源

图 7.8　光化学烟雾污染的城市和污染源

1980 年，哈恩赛尔从环球油品公司科学技术部门副总裁的位置上退休，但仍然担任环球油品公司的科学顾问，同时他在马萨诸塞大学（University of Massachusetts，图 7.9）

图 7.9　马萨诸塞大学阿默斯特分校校园一角

担任化学工程专业的教授，直到去世。哈恩赛尔在马萨诸塞大学阿默斯特校区是很有影响力的一位教授，他亲自给本科生和研究生教授"催化和能量转换过程"及"工业化学"这两门选修课程。他的风格是苏格拉底式的——在课堂上，经过预热后，学生们就会开始热烈地讨论。在学生讨论时，哈恩赛尔会不时地打断他们，给他们讲些轶事和故事来启发他们，偶尔也会发苹果作为奖励。哈恩赛尔很珍惜与本科生和研究生在一起的机会，和学生们一起探索新的科学，分享他的经验和研究哲学。

　　哈恩赛尔还是一位多才多艺的科学家。他不仅对周围先进的生产工艺充满兴趣，他还喜爱戏剧和音乐，甚至包括写短篇小说。这些小说常常讲述了他从自己的经验和人们推进知识的进程中总结的教训，其中最著名的当属他异想天开的短篇小说《幸运的阿尔瓦》（*Lucky Alva*），书中他对美国一些著名的发明家和企业家生活中的重要经验提出了自己的观点。哈恩赛尔淡泊名利，他认为朋友和同事的感情比那些获得的荣誉更让他珍惜。他的朋友马丁和他一起研究汽车尾气排放，当马丁的第一个孩子出生后，马丁给哈恩赛尔打电话说："我的儿子出生了，我想以你的名字给他取名。"哈恩赛尔不仅没有生气，反而高兴地说："马丁，我得过很多奖，但是从没有一个奖让我像现在这样感动。"哈恩赛尔在一次采访中回忆起此事说："相比于德雷珀奖，来自马丁的电话给他带来了更多的感动和惊喜。"（Bohning，1994）哈恩赛尔去世之前正在研究氢燃料，他说过：

第 7 章　铂重整工艺

很多化学家不重视化学工程的重要性，化学工程师不知道化学技术是什么。他认为他的成果主要归功于他对化学工程和化学技术的了解（Gembicki，2006）。

第四节 "中国催化剂之父"闵恩泽

在这里，本书介绍一位与铂重整技术的研发相关的中国石油化工催化专家、2007年度国家最高科学技术奖获得者、《感动中国》2007年度人物之一的闵恩泽（图7.10）。他是中国炼油催化应用科学的奠基者、石油化工技术自主创新的先行者、绿色化学的开拓者。他还是中国科学院院士、中国工程院院士、第三世界科学院院士、英国皇家化学会会士。

图 7.10　闵恩泽 （1924～2016）

1946年，闵恩泽毕业于国立中央大学[①]，1951年，获美国俄亥俄州立大学博士（Ohio State University）学位。1951年起，闵恩泽进入美国芝加哥纳尔科化学公司工作，担任

---

① 成立于南京，民国时期（1929~1949年）中国最重要的高等学府之一。

高级工程师，负责研发燃煤锅炉中的结垢和腐蚀预防、氨水灌溉农田管道防堵和柴油稳定性等课题。1955年，闵恩泽和他夫人陆婉珍女士（分析化学与石油化学家，中国科学院院士，中国石油化工股份有限公司石油化工科学研究院总工程师，图7.11）一起回国，在北京石油炼制研究所工作并担任中国石油化工股份有限公司石油化工科学研究院高级顾问。

图 7.11　闵恩泽与夫人陆婉珍一起工作

1956～1966年的十年间，闵恩泽历尽艰辛，在国外封锁的情况下，成功研发了铂重整催化剂、磷酸硅藻土叠合催化剂、小球硅铝裂化催化剂和微球硅铝裂化催化剂的生产技术，解了国防之急、炼油之急；建成了兰州、长岭、抚顺、锦州等催化剂厂和车间，被誉为中国炼油催化应用科学的奠基人。20世纪70年代，在闵恩泽的指导下，Y-7型低成本半合成分子筛催化剂、渣油催化裂化催化剂及其重要活性组分超稳Y型分子筛、稀土Y型分子筛，以及钼镍磷加氢精制催化剂等被成功开发，使中国炼油催化剂迎头赶上世界先进水平，并在多套工业装置中推广应用，实现了中国炼油催化剂的跨越式发展。20世纪80年代后，闵恩泽（图7.12）从战略高度出发，重视基础研究，亲自组织指导了多项催化新材料、新反应工程和新反应的导向性基础研究工作，是中国石油化工技术创新的先行者。经过多年努力，他的工作在一些领域已取得了重大突破。其中，他指导开发成功的ZRP分子筛支撑了"重油裂解制取低碳烯烃（深度催化裂化，Deep Catalytic Cracking，DCC）新工艺"，满足了中国炼油工业的发展和油品升级换代的需要。1995年，闵恩泽进入绿色化学的研究领域，策划并指导开发成功了化纤单体己内酰胺生产的成套绿色技术和生物柴油制造新技术（谢文华，2014）。

图 7.12 《感动中国》2007 年度人物——闵恩泽

第五节
尾　声

　　哈恩赛尔一生发表了 120 多篇学术论文，获得了超过 145 项美国专利和 450 项外国专利（Gembicki，2006）。1971 年，他当选为美国国家科学院院士，并于 1974 年当选为美国国家工程院院士。1973 年 10 月 10 日，尼克松总统授予他美国国家科学奖章。1991 年，他成为美国国家科学院化学服务社会奖（Award for Chemistry in Service to Society）的首个获得者，1994 年获得马萨诸塞大学阿默斯特校区杰出教师校长奖。

　　在哈恩赛尔与工业相关的职业生涯的最后几年以及在马萨诸塞大学任教期间，他感到自己有义务将自己的人生体验分享给青年科学家，培养和塑造他们的职业生涯，而最让他感到快乐的是看到年轻科学家发展成为研究员，去做一些与众不同的事情。2002 年 12 月 15 日，哈恩赛尔去世，讣告援引了他在 1995 年一次采访中所说的话："去做些重要的事情，去做些新的事情，去做些有趣的事情，去做些当你做的时候想要大声宣布的事情。生命太神奇了，生命也太短了。"（Gembicki，2006）

第8章

光纤
——引发电信革命的发明

第六届德雷珀奖于 1999 年颁发给了华裔美籍物理学家高锟（Charles K. Kao），以及美国材料工程师约翰·B. 麦克彻斯尼（John B. MacChesney）和物理学家罗伯特·D. 毛雷尔（Robert D. Maurer）（图 8.1），其颁奖词为："以表彰对光纤通信的构想和发明以及对制造工艺的开发，使电信革命成为可能。"[①]

（a）高锟（1933～2018）　　（b）约翰·B. 麦克彻斯尼（1929～2021）　　（c）罗伯特·D. 毛雷尔（1924～）

图 8.1　第六届德雷珀奖获奖者

第一节
光通信与光纤通信简介

人们很早就会使用光通信。常见的目视形式的光通信有打手势、旗语、烽火台和信号灯等。但是打手势和旗语在黑暗中不行，它们是利用太阳辐射携带发送者的信息传给接受者，太阳是光源，手和旗子调节光波，眼睛充当检测器。1880 年，著名的美国发明家、贝尔实验室的创始人亚历山大·格雷厄姆·贝尔（Alexander Graham Bell，图 8.2）发明了一种利用光来通信的"光电话"。它利用太阳光或弧光灯作为光源，通过透镜把

[①] 颁奖词原文：For the conception and invention of optical fiber for communications and for the development of manufacturing processes that made the telecommunications revolution possible.

光束聚焦在送话器前的振动镜片上，使光的强度随话音的变化而变化，进而实现话音对光强度的调制。在接收端，用抛物面反射镜将从大气传来的光束反射到硅光电池上，使光信号变换为电流传送到受话器。然而，这类光通信的最显著的缺点是能够传输的容量和距离非常有限。

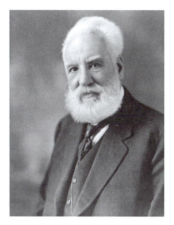

图 8.2　亚历山大·格拉汉姆·贝尔（1847～1922）

　　光纤通信也是一种利用光来传输信息的通信方式，但与传统光通信不同的是，它以光纤（图 8.3）作为传输媒介。这里的光纤是光导纤维的简称，作为一种用来传输光的载体，是用玻璃或塑料制成的直径在几到几十微米的细长纤维。光纤传输具有传输频带宽、通信容量大、损耗低、不受电磁干扰、光缆直径小、重量轻、原材料来源丰富等优点。光通过介质进行传输的原理是基于光的全反射现象，即当光从光密介质射向光疏介质时，如果入射角超过某一临界角度，折射光会完全消失，只剩下反射光。英国物理学家廷德尔在 1870 年的一个著名演示实验中就形象地展示了光的这种全反射性：在装

图 8.3　光纤

满水的木桶上钻个孔，用灯从桶的上方把水照亮，当水桶中的水从小孔里流出来时，水流弯曲，光线也跟着弯曲，就好像光被弯弯曲曲的水"俘获"了。其实这就是由于折射光线消失，全部光线都反射回水中所致。同理，当光以合适的角度射入透明度高的玻璃或塑料纤维时，光也会沿着弯弯曲曲的玻璃纤维前行，这样就实现了光的传输。光纤的制备是光纤通信得以实现的一个关键环节。作为传输光的载体，现在通常使用的光纤的内部结构大致分为三层：中心层为高折射率且又细又脆容易断裂的玻璃内芯（单模光纤芯径一般为 8～10 μm，多模光纤芯径一般为 50～62.5 μm），中间层为低折射率的硅玻璃包层（直径一般为 125 μm），最外层是保护细长纤维不至于断裂的树脂涂层，如图 8.4 所示。光在光纤的中心层不断进行全反射，沿"之"字形向前传输，如图 8.5 所示。为避免周围环境，如水、火、电击等对光纤的伤害，光纤在使用前必须由几层保护结构和绝缘层包覆，包覆后的光纤缆线被称为光缆。连接光纤两端的分别是发射装置和接收装置，前者通常用发光二极管（light emitting diode，LED）或一束激光将光脉冲传送至光纤，后者用光敏元件检测脉冲。

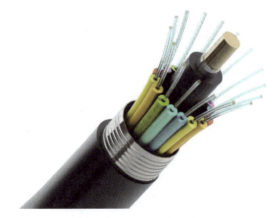

图 8.4　光纤结构图

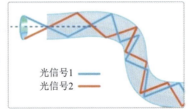

光信号1
光信号2

（a）光纤中的光传播　　　　　　　　（b）光信号的全反射

图 8.5　包含信息的光信号在光纤中进行全反射从而实现传输

光纤的品质，即光在每千米光纤中的损耗（即光衰减、光损耗），是评判光纤通信能否实现和能否具有优势的一个非常关键的指标。目前比较好的光纤的光损耗只有 0.2 dB/km，即每传输 1 km 只损失 4.5%。正是由于光在光纤中的传导损耗比电在电线中的传导损耗低得多，加之光波频率要比电波频率高得多，光纤通信相对于电缆通信或微波通信在长距离通信中独具优势。除此之外，光纤通信的优势还在于它的效率高和成本低。一对金属电话线仅能同时传送一千多路电话，而一对细如蛛丝的光纤可以同时传送一百亿路电话。铺设 1000 km 的同轴电缆约需要 500 t 铜，而改用光纤通信则仅需几千克石英[①]。沙石含有石英，在自然界几乎是取之不尽的。正因为如此，光纤通信自 20 世纪 70 年代中后期被广为普及。例如：1976 年，美国在亚特兰大（Atlanta）的贝尔实验室地下管道开通了世界上首条光纤通信系统的试验线路，该线路采用一条拥有 144 根光纤的光缆以 44.736 Mb/s 的速率传输信号，中继距离为 10 km。又如：1979 年 9 月，一条 3.3 km 的 120 路光缆通信系统在北京市建成。几年后，上海市、天津市、武汉市等地也相继铺设了光缆线路来进行光纤通信。

第二节
光纤的发明过程

贝尔的"光电话"未能得到实际应用的原因，除它是采用方向性不好且不易调制和传输的自然光作为光源之外，它所采用的传输介质是一个关键因素。"光电话"以空气作为传输介质，不仅损耗大，不易远距离传输，且易受天气影响，通信不稳定可靠。制约"光电话"的这些"瓶颈"直到 20 世纪 70 年代的光纤通信出现才得以彻底解决，由此高效的信号传输才得以实现，其中高锟、麦克彻斯尼和毛雷尔分别在光导纤维的理论基础、制备加工和工业生产方面做出了杰出贡献。

[①] 二氧化硅（石英）的非晶态（玻璃态）。

一、高锟的贡献

在 20 世纪 60 年代，由于电信业务的增加，工程师们不得不寻求各种方法来增加电话系统的容量。当时的主流技术之一是采用截面为矩形或圆形的金属管道，如铜管，进行微波的馈送，而高锟是首个认真思考用玻璃代替铜管作为通信载体的人。在"玻璃中的光损耗不会低到使其可以用来作为实际的信号传输介质"似乎已经成为定论的背景下，高锟第一个提出了实用的光纤通信系统，并证明了使用玻璃纤维进行通信的可能性。他分析得到了用玻璃纤维代替铜管所需的光源和光损耗的最低值，计算了实现光在中继器之间传输所能达到的最大值等技术参数。1965 年，高锟与同事乔治·霍克汉姆（George Hockham，图 8.6）得出结论，当光纤维的光损耗低于 20 dB/km 时，光纤通信就有优势。这一研究结果由高锟于 1966 年 1 月在伦敦的国际电气工程师学会（IEE）的会议上报告，并于 7 月与霍克汉姆共同发表。霍克汉姆论述光纤的理论问题，高锟讨论光损失。这篇文章奠定了光纤通信的基础，其中包括光纤结构的想法，用有较低折射率的玻璃的护套包裹传输光的核心部分——玻璃纤维从而把光的传输限制在核心部分，以及预期光在光纤中的损失和"单模纤维"的使用基础等。

图 8.6　年轻的高锟（左）与同事霍克汉姆（右）[1]

二、约翰·B. 麦克彻斯尼的贡献

高锟和他的同事早在 1963 年就研究发现，物质中的杂质是导致玻璃纤维有较高光

---

[1] https://www.bl.uk.

损耗的主要原因，这意味着制备出纯净的光纤是实现光纤通信的关键。1972 年，麦克彻斯尼将注意力集中到生产出能达到光纤所需的纯度和结构的玻璃状的二氧化硅上。麦克彻斯尼是无机材料研究的"老手"了（图 8.7），他在贝尔实验室工作的 48 年中，大部分时间都是在制备材料，先是寻找具有理想的电子性能和磁性能的晶体氧化物，后是研究便于拉制成细长纤维的玻璃。早期关于玻璃的制备研究大多集中在普通玻璃上，工艺粗糙，只是通过架设在露天的坩埚熔炉中熔化相应的材料来制成玻璃，其纯度显然不高。麦克彻斯尼放弃了这种传统的制备工艺，发明了一种改进的化学气相沉积（modified chemical vapor deposition，MCVD）技术。在制备光纤时，他把四氯化硅（$SiCl_4$）和四氯化锗（$GeCl_4$）等气态原料导入旋转的石英玻璃管中，然后在玻璃管的外侧进行加热使管内物质进行氧化反应，由此产生的二氧化硅（SiO_2）和二氧化锗（GeO_2）在石英管内壁沉积形成最终作为光纤内芯的具有高折射率的超透明玻璃；随后再将石英玻璃管压缩成实心玻璃棒，也称预制棒；再将预制棒加热到 2000℃以上，由此清除预制棒表面的杂质和灰尘以及释放预制棒内原本分布不均匀的内应力，使预制棒表面的细微裂纹愈合，避免在拉丝过程中出现断纤；最后将预制棒抽拉成丝。后来，麦克彻斯尼又通过在

图 8.7　拉制光纤中的麦克彻斯尼[①]

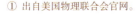

① 出自美国物理联合会官网。

石英玻璃管中掺杂其他稀土材料制造出能放大光波信号的光纤，他与同事还发明了一种用于制造大型二氧化硅圆柱体的溶胶-凝胶工艺，该工艺也被用于商业光纤的生产。

三、罗伯特·D. 毛雷尔的贡献

高锟和霍克汉姆理论分析得到的结果要求光损耗低于 20 dB/km，而当时光纤通常表现出高达 1000 dB/km 甚至更多的光损耗。因此，制备出较低光损耗的光纤成为光纤通信的关键。1966 年，毛雷尔了解到高锟在英国标准电话与电缆有限公司（Standard Telephones and Cables Ltd.）的光纤方面的开创性工作，于是在康宁公司（图 8.8）发起了一个开发这种光纤的项目，并成立了研发团队。康宁公司于 1851 年在美国纽约州的康宁市成立，是特殊玻璃和陶瓷材料的全球领导厂商，创造并生产出了众多被用于高科技消费的电子、电信和生命科学领域产品的关键原料。1970 年，毛雷尔和团队同事采用了一种火焰水解工艺，制备出了第一根光损耗足够低的光纤。他们将二氧化硅母体的蒸汽、可燃气体和含氧气体的混合物在冷却的燃烧室中燃烧，通过改变二氧化硅母体的浓度、火焰温度、可燃气体/空气比率，以及在火焰和燃烧室里的停留时间来调节二氧化硅的粒子大小、粒径分布以及性能。然后再将其熔融抽拉成丝。他们证明了光损耗可以低至 20 dB/km，打破了光损耗壁垒，并首次表明光纤是可行的技术。毛雷尔领导的团队在康宁公司的发现被认为是一个突破，为光纤的商业化铺平了道路，并创造了一场电信业的革命。

图 8.8　康宁公司

第三节
既是科学家又是教育家的高锟

> > >

1933 年，高锟出生在中国江苏金山，祖父是一位以书法和诗歌闻名的文学家，父亲毕业于美国密歇根大学（University of Michigan）法学院，回国后任国际法庭的中国法官，母亲是位诗人。小时候的高锟和弟弟（图 8.9）有家庭教师来家上课，还有一位家教教英语。10 岁时高锟被送到学校学习，可能是家教的原因，也可能是正规的学校教育起步较晚，又或者是成长于过于谨慎和受保护的环境，高锟总是在社交聚会中感觉不太舒适。1948 年，他们一家去了香港，高锟和弟弟入读圣若瑟书院（Saint Joseph's College）。在五年的学习中，高锟成绩优异，但体育活动参加得不多，是一个很文静的人。他以几乎每门功课都是 A 的成绩进入香港大学，但是当时的香港大学还没有完全从第二次世界大战的混乱中恢复过来，于是高锟通过英国文化教育协会的帮助，于 1953 年前往英国，就读于伦敦的伍尔维奇理工学院（Woolwich Polytechnic），并在 1957 年获得了电子工程学学士学位。

图 8.9　高锟（前排中间）与家人（1942 年）[①]

---

① Charles K. Kao Biographical. https://www.nobelprize.org/prizes/physics/2009/kao/biographical/[2022-10-03].

1957 年，高锟进入国际电话电报（ITT）公司的英国子公司——标准电话与电缆有限公司任工程师。其间高锟申请到了拉夫堡大学理工学院（Loughborough College of Technology）的讲师职位，于是向公司递交了辞呈。公司高级管理层注意到高锟的潜力，挽留他并为他的妻子提供了工作岗位。1960 年，高锟进入 ITT 公司设于英国的欧洲中央研究机构——标准电信实验室做研究（图 8.10），在那里工作了十年，其职位从研究科学家升至研究经理。

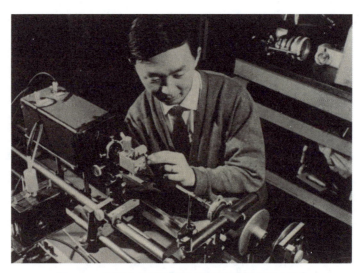

图 8.10 高锟在英国标准电信实验室做光纤实验①

在从理论上解决了光纤通信的可行性后，高锟开始推动高品质光纤的研发。1969 年，高锟测量出熔融二氧化硅的固有损耗为 4 dB/km，这是超透明玻璃在传输信号有效性方面的第一个证据，由此说服美国贝尔实验室开始考虑研发光纤。在此期间，高锟指出高纯度的熔融二氧化硅是光通信的理想候选材料，玻璃材料中的杂质是导致玻璃纤维内部光传输剧烈衰减的主要原因，进而推动了高纯度玻璃纤维的全球研究和生产。对高锟来说，另一个主要任务就是让电信行业相信他的想法并非遥不可及。高锟四处游说，与任何愿意给他时间的人讨论他的想法。一些实验室礼貌性地听了高锟的介绍，却没有进行任何实质性工作。但是高锟非常坚持，而且他的热忱是带有"传染性的"，慢慢地就让其他人相信了。

1970 年，香港中文大学（图 8.11）聘请高锟去任教并创立电子系。标准电信实验室

---

① Charles K. Kao Biographical. https://www.nobelprize.org/prizes/physics/2009/kao/biographical/[2022-10-03].

一开始同意给高锟两年的假期，后来变为四年。在 1970～1974 年的这四年中，高锟每年夏天都会回到标准电信实验室，使自己跟上光纤研究领域的最新进展。1974 年，高锟从香港中文大学返回 ITT 工作。这时，光纤通信已经进入生产前的开发阶段，国际电话电报公司成立了一个团队投入到这一种新的产业中，他们聘请高锟为国际电话电报公司首席执行科学家、副总裁兼工程总监，负责公司的电光产品部门的研发及管理。在此期间，高锟还对玻璃纤维的疲劳强度进行了开创性的研究，并参与了各种光纤类型和系统设备的开发，以满足民用和军用需求，以及光纤通信的外围支撑系统。同时，高锟还启动了"Terabit 技术"（兆兆位技术）计划，以解决信号处理的高频限制。这个项目由十所大学和研究所共同承担，目标比当时最先进的技术要好上三个数量级。因此高锟也被称为"Terabit 技术理念之父"。

图 8.11　香港中文大学

　　1986 年，香港中文大学邀请高锟担任大学校长，这一当就是九年。在这一段时间，香港的高等教育界既充满乐趣又充满挑战，香港的高等教育不仅得到大规模的扩张，其教育质量也得到显著改善。在这段时期，作为校长的高锟，一方面倡导大学教师应该将科研工作作为日常工作中的一部分，另一方面加强香港中文大学与英国、美国两国中处于领先位置的研究机构的联系和交流，带领学校走上了建成世界知名高校之路。在大学里，高锟致力于为人才成长创造良好的空间。他认为，自己工作的本质是培养人们愿意承担责任的担当。在他看来，大学作为一个整体，其发展壮大需要大学中的每个人都愿意做出他们的贡献，让他们感受到这是他们应尽的责任，同时大学的整体环境也允许他

们这样做。高锟为学校的人才发展创造了适宜的环境，特别是校园里充满了学术氛围，学校的发展也因此进入了一个新的阶段。在此期间，香港中文大学成立了工程学院，还成立了教育学院，一些科研院所也应运而生。短短几年间，整个学校的规模扩大了近一倍，还成立了第四个本科学院（Kao，2009）。

第四节
不惧危险的约翰·B. 麦克彻斯尼

1929 年，麦克彻斯尼出生于美国新泽西州（New Jersey）。1951 年获得鲍登学院（Bowdoin College）化学学士学位后，麦克彻斯尼进入美国军队服役。退役后，他曾边工作边游学于纽约市立大学-城市学院（The City College of New York）和纽约大学（New York University）。后来，麦克彻斯尼进入美国宾夕法尼亚州立大学（The Pennsylvania State University，图 8.12），并在 1959 年获得地球化学博士学位。之后他加入了贝尔实验室，并一直在那里工作。

图 8.12 宾夕法尼亚州立大学一角

1972 年,高锟拿着熔融二氧化硅的固有光损耗仅为 4 dB/km 的测量结果说服美国贝尔实验室研发光纤后,麦克彻斯尼在贝尔实验室开始了光纤制备工艺的研究。为了测试化学气相沉积法是否有效,麦克彻斯尼将四氯化硅、四氯化锗气体和氧气流经一个热玻璃管。当这些气体发生反应后,在玻璃管内沉积出玻璃状的微粒。当麦克彻斯尼再将这些微粒熔化并拉成纤维后,光纤制成了。此时麦克彻斯尼并不满足,他说:"尽管制造纤维第一次实验就成功了,但这并不重要,重要的是要制造出可以减少光损耗的纤维。"(Hecht,1999)

然而,为了进一步降低光损耗,麦克彻斯尼花费了大量时间,并做了无数次的实验。有时他需要让沉积物在无人看管的情况下过夜,尽管加快了研究速度,但对于挥发性的化学品来说,这样做是有风险的。一个星期六的晚上,氧气管线突然断裂,引发了一场大火,熔化了窗户玻璃,并将实验室的门封死,完全摧毁了麦克彻斯尼辛苦建立的实验室,幸好他当时不在现场。后来,他的同事建议,加入少量的硼可能会降低二氧化硅的折射率,如果将掺硼玻璃用作纯二氧化硅芯的低折射率包层,则可避免向载光芯子中添加掺杂剂。麦克彻斯尼采纳了这个建议,终于制造出了只有 5.5 dB/km 损耗的光纤。

麦克彻斯尼针对光纤制备发明的这项化学气相沉积技术,即利用含有薄膜元素的一种或几种气相化合物或单质,在衬底表面上进行化学反应生成薄膜,由于所制备的材料的物理性能可以通过气相掺杂的沉积过程精确控制,不仅在全世界范围内被用于光纤生产,而且目前已经被广泛用于提纯物质、研制新晶体、沉积各种无机薄膜材料,成为无机合成化学的重要工艺(Hecht,1999)。

第五节

独具慧眼的罗伯特·D. 毛雷尔

1924 年,毛雷尔出生于美国阿肯色州阿卡德尔菲亚(Arkadelphia, Arkansas)。1943 年,他在美国陆军预备役登记,并同时开始在美国阿肯色大学(University of Arkansas)做研究。不久,他应召入伍,并在萨姆休斯敦州立大学(Sam Houston State University)进行了为期一年的工程预科学习。1944 年,当他作为步兵第 99 师的一员在法国和比利

时与德国的边境作战时，不幸被地雷炸伤，在医院接受了 20 个月的治疗后才出院。1946 年，毛雷尔回到了阿肯色大学继续学习物理学，并于 1948 年获得了美国阿肯色大学物理学学士学位。随后就读于 MIT，在那里他测量了液氦中的第二声速，于 1951 年获得 MIT 低温物理学的博士学位。1952 年，毛雷尔进入了美国康宁公司从事物理学研究，之后组建了实验室的物理部，并担任物理部的主任。

1966 年，毛雷尔了解到高锟在光纤领域的开创性工作，他敏锐地意识到这是一个很有前景的领域，于是便在康宁公司里组建了一个由他领导的小组来开发这种纤维（图 8.13）。当时制造玻璃纤维的流程是：首先需要净化原材料，然后去除吸收光线的杂质。这看上去似乎非常合理，以至于每个人都在尝试，包括那些资源远远超过康宁公司的公司。毛雷尔领导的小组如果也重复这些流程，肯定很难在竞争中取得胜利。毛雷尔从来不是一个喜欢走寻常路的人，他要利用康宁公司在玻璃技术制造方面的专业优势寻找其他方法。他想到了熔融石英，这个想法令他兴奋。很多同行对熔融石英这个材料嗤之以鼻，原因是这种材料的折射率对于纤维芯来说太低了，而且它的熔化温度对于现有的熔炉来说又太高了。尽管毛雷尔也在担心这些困难，但他知道熔融石英是世界上最纯净的玻璃，而且康宁公司有着三十年的熔融石英使用经验，公司前期正好开发了一种被称为火焰水解的工艺，该工艺可获得纯度极高的石英材料。

图 8.13　毛雷尔（右 1）与光纤团队成员

毛雷尔开始领导团队开展实验，他们发现光纤的损失主要来自纤维制造过程中形成的缺陷，那么减小缺陷应该可以减少光损失。他们利用康宁公司生产的石英材料，在光纤的核心部分使用更加纯净的材料。然而，选择纯净二氧化硅有很多缺点，此外，还需要考虑抽拉二氧化硅纤维所需的高温。毛雷尔无愧为一个优秀的战略家，他调动并筹集人力和物力资源。经过多次失败，并从失败中学习，他们一点一点地解决了制造单模光纤的细节问题。到 1970 年初，他们已经找到了一个在二氧化硅中掺杂钛的最优方案，并掌握了如何制造良好的石英预制棒。1970 年 7 月 22 日，该团队从六根钛掺杂预制石英棒中拉出光纤，经热处理后，光损耗仅为 17 dB/km。他们再接再厉，最终制造出的光损耗仅 16 dB/km，进而使得光纤通信成为实际意义上的可能（Hecht，1999）。

第六节
尾　声

> > >

在获得德雷珀奖后的第十年，高锟与博伊尔、史密斯共享了 2009 年的诺贝尔物理学奖，这是对这位电气工程师所做贡献的最高褒奖（图 8.14）。诺贝尔物理学奖很少颁

图 8.14　从瑞典国王卡尔十六世·古斯塔夫手中接过诺贝尔物理学奖的高锟[①]

[①] Professor Sir Charles K. Kao. https://charleskkao-memorial.erg.cuhk.edu.hk/[2022-10-03].

给那些改变了工艺技术而非科学研究领域的人，也很少颁给产生于公司实验室的成果，能获得这两个奖项的青睐显示出高锟做出了令人瞩目的非凡工作。由于他的杰出贡献，1996 年，中国科学院紫金山天文台将一颗于 1981 年 12 月 3 日发现的国际编号为 "3463" 的小行星命名为 "高锟星"（图 8.15），同年高锟被选为中国科学院外籍院士。2002 年他完成英文自传 "A Time a Tide"，中文译名《潮平岸阔——高锟自述》（于 2005 年出版）。2003 年初，高锟被确诊罹患早期阿尔茨海默病。2018 年 9 月 23 日下午，高锟病逝于香港，享年 84 岁。

图 8.15　高锟星及证书

麦克彻斯尼一直从事玻璃的发展和处理工作，力求以低成本生产出下一代光学设备。他拥有一百多项国内外专利，包括光子元件加工的关键专利，并有近似数量的技术文章发表。麦克彻斯尼于 1985 年入选美国国家工程院，这是授予工程师的最高专业荣誉之一。他还获得了美国陶瓷协会（American Ceramic Society，ACerS）、IEEE、美国物理学会（American Physical Society，APS）和新泽西州研究与发展委员会（Research & Development Council of New Jersey）等机构的奖励。他是贝尔实验室成员和 ACerS 会士，也是 IEEE 激光和电光协会会士和其他科学组织的成员。2021 年 9 月 30 日，麦克彻斯尼在宾夕法尼亚州立大学的退休社区去世，享年 92 岁。

毛雷尔是美国国家科学院院士、美国国家工程院院士、IEEE 会士、ACerS 会士、美国物理学会会士。他还获得了很多荣誉，包括美国物理联合会（American Institute of Physics，AIP）工业物理奖（Industrial Physics Prize，1978 年）、IEEE 莫里斯·N. 利布曼纪念奖（Morris N. Liebmann Memorial Award，1979 年）和美国物理学会詹姆斯·C. 麦格罗迪新材料奖（James C. McGroddy Prize for New Materials，1989 年）等。

第9章

因特网
——开启互联网时代的发明

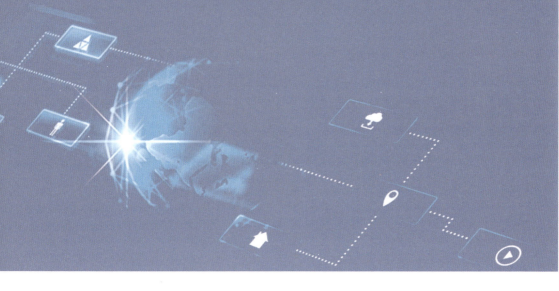

第七届德雷珀奖于 2001 年颁发给了美国通信工程师温顿·G. 瑟夫（Vinton G. Cerf）、电气工程师罗伯特·E. 卡恩（Robert E. Kahn）、计算机科学家伦纳德·克莱因罗克（Leonard Kleinrock）和通信工程师劳伦斯·G. 罗伯茨（Lawrence G. Roberts）（图 9.1），其颁奖词为："以表彰对因特网的开发。"[①]

   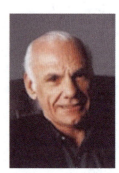

（a）温顿·G. 瑟夫（1943～）　（b）罗伯特·E. 卡恩（1938～）　（c）伦纳德·克莱因罗克（1934～）　（d）劳伦斯·G. 罗伯茨（1937～2018）

图 9.1　第七届德雷珀获奖者

第一节
因特网简介

　　本章所指的因特网（Internet）不是通常人们所说的互联网（internet），尽管二者的英文表述只是第一个字母的大小写差异而已，但是前者是一个专用名词。为了避免中文翻译的混淆，经过全国科学技术名词审定委员会审议，1997 年 7 月正式将 Internet 规范的译名定为"国际互联网"或"因特网"。现在，人们一般是这样来区分"互联网"和"因特网"，即凡是由能彼此通信的设备组成的网络就叫"互联网"，即使仅有两台机器，如计算机、手机等，不论用何种技术使其彼此通信，都叫"互联网"。"互联网"有广域

---

① 颁奖词原文：For the development of the Internet.

网（wide area network, WAN）、城域网（metropolitan area network, MAN）及局域网（local area network, LAN）之分，万维网是其中的一种基于超文本相互链接而成的全球性系统，是"互联网"提供的服务之一。"因特网"也是"互联网"的一种，特指使用特定通信协议（TCP/IP 协议）构建的"互联网"。"因特网"把全球数百万个计算机网络，数亿台计算机主机连接起来，形成一个全球性的巨大的计算机网络体系。"因特网"使用 TCP/IP 协议让不同的设备可以彼此通信，但使用 TCP/IP 协议的网络并不一定是"因特网"，还要看是否拥有一个公网地址。

信息传输在因特网上是分层进行的，见图 9.2。最底下的一层叫做"物理层"，最上面的一层叫作"应用层"，中间的三层（自下而上）分别是"链接层""网络层""传输层"。越向下，越靠近硬件；反之，则越靠近用户。为了实现每一层应该完成的某种特定功能，需要大家遵守共同的规则，这些规则称为"协议"（protocol）。最底层的是互联网协议（internet protocol, IP），比如常见的 IPv4 协议。它是一套由软件、程序组成的协议软件，它把格式不同的所需传送的数据基本单元统一转换成"网协数据包"格式，使所有各种计算机都能在因特网上实现互通，即具有"开放性"的特点。再上一层是用户数据报协议（user datagram protocol, UDP）和传输控制协议（transmission control protocol, TCP）。它们主要是把应用层发送的用于网间传输的 8 位字节的数据流分割成适当长度的结果包传给 IP 层，其中 TCP 在高可靠性的应用上更具优势，UDP 更适用于需要优先考虑性能的应用，如流媒体等。最顶层是一些定义运行在不同端系统上的应用程序进程如何相互传递报文的应用层协议（application layer protocol），如用于实现网络设备名字到 IP 地址映射的网络服务的域名系统（domain name system, DNS, 图 9.3）、用于实现交互式文件传输功能的文件传输协议（file transfer protocol, FTP）和超文本传输协议（hyper text transfer protocol, HTTP），以及用于实现远程登录功能的远程上机协

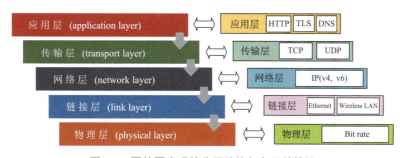

图 9.2　因特网实现的分层结构与各层的协议

图 9.3　DNS 域名解析

议（telnet protocol）和传输层安全协议（transport layer security，TLS）等。无论何种协议，其目的都是对电子计算机如何连接和组网做出详尽的规定，其关键是标准的统一和便于开放包容（谢希仁，2003）。

今天人们遨游网络，已经无法想象没有网络的生活该如何进行，因特网提供了比以往任何一种方式都更快、更经济、更直观、更有效的途径。它已连接 60 000 多个网络，正式连接 86 个国家，电子信箱能通达 150 多个国家，有 480 多万台主机通过它连接在一起，用户有 2500 多万个，每天的信息流量达到万亿比特以上，每月的电子信件突破 10 亿封（Zhang，2019）。同时，它的应用已渗透到了各个领域，从学术研究到股票交易、从学校教育到娱乐游戏、从联机信息检索到在线居家购物等，都有长足的进步。

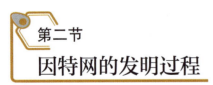

第二节
因特网的发明过程

1957 年 10 月 4 日，苏联发射了人类第一颗人造卫星，见图 9.4，这让当时的美国政府震惊不已，唯恐全面落后于苏联。

图 9.4　苏联发射的人类第一颗人造卫星"斯普特尼克 1 号"

为此，美国国防部于 1958 年 2 月组建了一个神秘的科研部门——高级研究计划局（Advanced Research Projects Agency，ARPA）①，其主要工作就是研究如何将那些具有潜在军事价值、风险大、投资大的"黑科技"应用于军事领域。随着美苏双方核武器的不断增加，为了保证能在苏联的第一轮核打击下美国能具备一定的生存和反击能力，美国国防部决定研究一种分散的指挥系统。它由无数的节点组成，当若干节点被摧毁后，其他节点仍能相互通信。最早接到该任务的是 ARPA 的信息处理技术办公室（Information Processing Techniques Office，IPTO），其首要目标是建立一个计算机兼容的协议以实现所有终端之间的互相通信。为此，当时 IPTO 的负责人到处搜罗科技精英（图 9.5），分别请来了 MIT 林肯实验室的计算机天才罗伯茨、美国加州大学洛杉矶分校（University of California，Los Angeles，UCLA）的分组交换理论专家克莱因罗克等。罗伯茨被任命为新通信网络项目的项目经理和首席架构师，该项目在 1966 年被命名为阿帕网。1968 年阿帕网项目成立了一个编写主机与主机之间通信软件的专门研究小组，将其命名为网络工作组（Network Working Group），并于 1970 年完成了最初的阿帕网通信协议，将其称为网络控制协议（network control protocol，NCP）。1969 年，美国加州大学洛杉矶分校、

——————————

　① ARPA 隶属于美国国防研究与工程署，负责研发军事用途的高新科技，1972 年 3 月改名为美国国防部高级研究计划局（Defense Advanced Research Projects Agency，DARPA），1993 年 2 月改回原名 ARPA，至 1996 年 3 月再次改名为 DARPA，其总部位于弗吉尼亚州阿灵顿县（Arlington County，Virginia）。

加州大学圣塔芭芭拉分校（University of California，Santa Barbara）、斯坦福研究学院（Stanford Research Institute，SRI）和犹他大学（University of Utah）四所大学的四台计算机通过阿帕网连接起来，这标志着阿帕网的启用。从 1970 年开始，加入阿帕网的节点数不断增加。到 1972 年时，节点数达到 40 个；电子邮件（E-mail）、FTP 和远程上机（telnet）是阿帕网上最主要的应用，尤其是 E-mail 占据了 75%的流量。[①]

图 9.5　参与因特网发明的主要学者

前排从左至右：大卫·C. 沃尔登、巴里·D. 韦斯勒、特鲁特·萨奇、劳伦斯·G. 罗伯茨、伦纳德·克莱因罗克、罗伯特·W. 泰勒、罗兰·F. 布莱恩、罗伯特·E. 卡恩。

后排从左至右：马蒂·索普、W. 本·巴克、温顿·G. 瑟夫、塞韦罗·M. 奥恩斯坦、弗兰克·E. 哈特、乔恩·B. 波斯特尔、道格拉斯·恩格尔巴特、史蒂夫·D. 克罗克

　　网络节点的不断增加，给 NCP 带来很大的压力。这种协议对节点及用户机数量存在限制，因此无法满足需求。1972 年，来自博尔特·贝拉尼克-纽曼（Bolt Beranek and

---

① https://www.zakon.org.

Newman，BBN）公司的卡恩加入了 ARPA。1973 年，针对 NCP 的问题，卡恩提出了"开放的网络架构"思想。同年，来自斯坦福研究学院的瑟夫加入 ARPA，很快，卡恩和瑟夫共同提出了新的传输控制协议——TCP。在这期间，阿帕网仍在不断扩张。1973 年，阿帕网通过卫星通信实现了与英国伦敦大学（University College London，图 9.6）和挪威皇家雷达研究所（Royal Radar Establishment of Norway）的联网，变成了一张国际互联网络。1976 年，阿帕网已经发展到 60 多个节点，连接了 100 多台主机，跨越整个美国大陆。20 世纪 70 年代末，微型计算机问世，更是加速了网络的发展。1980 年左右，阿帕网开始研究如何将不同的网络连接起来，提出了互联网技术（The Interneting Project）项目。这个项目的研究成果被简称为 Internet，也就是因特网。1983 年 1 月 1 日，阿帕网正式将其网络核心协议由 NCP 替换为 TCP/IP 协议。1984 年，美国国家科学基金会建立了 NSFnet，作为超级计算机研究中心之间的连接，成为因特网的主干网。1990 年 6 月 1 日，阿帕网被正式"拆除"。1995 年，多种商用网络成功接入因特网，1996 年后，因特网一词开始广泛流传（Leiner et al.，2009）。

图 9.6　英国伦敦大学

在因特网的发展过程中，瑟夫和卡恩发明了 TCP/IP 协议、克莱因罗克提出了分布式网络的理论，罗伯茨提出了建立阿帕网的计划，他们分别为因特网做出了自己重要的贡献（Poole et al.，2005；Gregersen，2012b）。

一、温顿·G. 瑟夫的贡献

大学毕业后，瑟夫受聘担任 IBM 公司系统工程师，主要协助 IBM 公司的首个在线共享编程语言——快传（QUIKTRAN）的开发，不久他又去了美国加州大学洛杉矶分校攻读计算机硕士学位。美国加州大学洛杉矶分校正是最初的阿帕网的四个节点之一，瑟夫的学习研究是开发测试阿帕网性能的软件。1972 年获得计算机博士学位后，瑟夫被阿帕网四个节点之一的斯坦福研究学院聘为助理教授，专注于研究网络连接协议。当时阿帕网采用的协议是由卡恩在 1970 年发明的 NCP，这是网络通信最初的标准，只是适用于将在一个局部地理范围内，如一个学校、工厂和机关内的各种计算机、外部设备和数据库等互相连接起来组成计算机通信局域网的协议。面对计算机网络系统的快速发展，NCP 难以支撑不同网络系统间的通信，亟须一种新的网络通信协议来适应快速发展的因特网。于是，当时正担任 IPTO 项目经理的卡恩找到瑟夫，希望一起开发一种具有足够灵活性和可靠性以应对传输干扰和来源差异的新协议。

1976 年，瑟夫全职加入 ARPA 的卡恩项目组，与卡恩合作开发出 TCP 和 IP（图 9.7），这是 TCP/IP 协议集合中最核心、最基础的两个协议。通过验证，他们的这两个协议被证明有着巨大的优越性。然而，正如任何新技术的出现都会受到旧技术的抵制一样，TCP 和 IP 的诞生也不例外。当时一些该领域的技术专家认为，瑟夫和卡恩开发的新协议逻辑过于简单，不适应现有的网络架构。但是，瑟夫和卡恩没有放弃，他们不断努力，经过多年发展，终于完善了所提协议基础架构的搭建，定义了在电子计算机网络之间传送报文的新方法，由此奠定了国际互联网通信的重要基础。1985 年，TCP/IP 协议成为 UNIX 操作系统的组成部分。之后，几乎所有的操作系统都逐渐支持 TCP/IP 协议，这个协议最终成为主流。

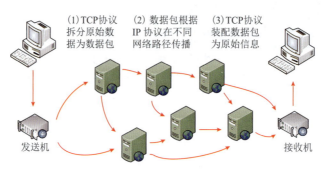

图 9.7　TCP/IP 协议工作内容

二、罗伯特·E. 卡恩的贡献

在获得普林斯顿大学（Princeton University）博士学位后，卡恩先后在贝尔实验室和MIT工作。离开MIT后，卡恩加入BBN公司，在那里参与了第一个分组交换网络——阿帕网的接口消息处理器（interface message processor，IMP，图 9.8）的项目，并负责其中最重要的系统设计任务。起初卡恩只是觉得这个任务仅仅是一个有趣的应用概念，他并没有预料到他会从这个任务的研究设计中获得一些如何构建一个网络的想法，他甚至还没有意识到有构建一个网络的可能，进而会成为一个全球性的网络。在任务完成的过程中，卡恩的上级对一直在忙于解决路由和缓冲、错误控制或者浮点控制问题的卡恩说："你知道吗？我觉得 ARPA 的人会对你正在做的事情特别感兴趣。"（Allison，1995）这句话启发了卡恩，于是他给 ARPA 项目主管写了一封信，介绍了自己。不久，卡恩接到来自 ARPA 项目办公室的电话，被邀请见面聊聊。在这之后，1968 年夏天，ARPA就发布了征集设计网络概念提案的项目，该提案涉及如何用高速电话线连接小型计算机和多台计算机，以及网络中的电子计算机如何将信息传递给其他节点的电子计算机，如果这些信息被分割为多个数据包，每个数据包将在网络中进行路由并最终到达目标节点[1]。显然，提案涉及的内容很多正是卡恩正在研究的问题。1969 年 1 月，BBN 公司赢得了这个价值 100 万美元的合同。1970 年，卡恩设计出第一个 NCP，即网络通信最初的标准。1972 年秋天，在第一届国际计算机通信会议上，卡恩通过连接40 台不同的计算机演示了阿帕网，使人们突然意识到分组交换是一项真正的技术。

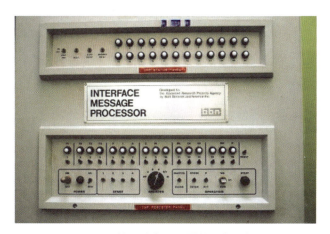

图 9.8　接口消息处理器的设备面板

---

[1] 路由是选择网络路径以将数据包从一台主机移动到另一台主机的过程。

随后卡恩正式加入 ARPA，成为 IPTO 项目经理。任职期间，面对阿帕网使用的 NCP 难以继续支持互联网络发展的需求，卡恩找到了瑟夫并提出开发网络互联系统的想法，随后他们共同设计了 TCP/IP 协议，并完善了因特网的基础体系架构。1986 年卡恩离开了 ARPA，成立了美国全国研究创新联合会（Corporation for National Research Initiatives，CNRI），提供指导和资金用于研究和开发国家资讯通信基本建设（National Information Infrastructure，NII），NII 后来被称为"信息高速公路"，包含了四通八达的通信网络、在网络上各种的应用服务，以及支援各项应用的技术、标准、法规等。

三、伦纳德·克莱因罗克的贡献

1959 年，克莱因罗克选择了当时未知的数据网作为研究方向，1962 年完成名为《大通信网的信息流》（*Information Flow in Large Communication Nets*）的博士论文，由此奠定了分组交换理论的基础。不久，恰逢 ARPA 启动"分布式通信"互联网络——阿帕网项目，由于克莱因罗克的研究成果有关分组交换理论，1968 年，他收到 ARPA 让其参加这一项目组的邀请。1969 年 8 月 30 日，来自 BBN 公司的第一台接口消息处理器终端运抵美国加州大学洛杉矶分校的计算机机房（图 9.9）。克兰罗克教授带着 40 多名工程技术人员和研究生进行安装和调试。1969 年 9 月 2 日，克莱因罗克领导研究小组成功地把一台电子计算机和一台转换装置，即接口消息处理器终端，连接在一起，并在接下来的一个月中使两台电子计算机通过这台转换装置进行了"对话"，为日后互联网的迅猛发展提供了必要条件。

图 9.9 加州大学洛杉矶分校的计算机机房

1969年10月29日晚,克莱因罗克安排他的助理——美国加州大学洛杉矶分校本科生查理·克莱恩(Charley Kline)坐在接口消息处理器终端前,与斯坦福研究学院的终端操作员进行对接。当时,克莱恩戴着头戴式耳机和麦克风,以便通过长途电话随时与对方联系。克莱因罗克让克莱恩首先传输的是"登录"的英文单词 LOGIN,以确认分组交换技术的传输效果。根据事前约定,克莱恩只需要键入前三字母(LOG),将其传送出去,斯坦福研究学院那边的机器就会自动产生后两个字母(IN),合成为完整的登录命令。22 点 30 分,克莱恩带着激动不安的心情,在键盘上敲入第一个字母 L,然后对着麦克风喊:"你收到 L 了吗?"耳机里传来对方的回答"是的,我收到了 L。"接着克莱恩输入 O 又问,"你收到 O 了吗?"对方回答"是的,我收到了 O,请再传下一个。"(Beranek,2000)然而,就在克莱恩输入第三个字母 G 时,接口消息处理器终端仪表显示传输系统崩溃,通信中断。世界上第一次互联网络的通信试验,仅仅传送了两个字母——LO! 数小时后,工作人员修复了系统,克莱恩不仅传出了完整的 LOGIN,而且传送了其他资料和数据(Beranek,2000)。1969 年 12 月 5 日,克莱因罗克所在的美国加州大学洛杉矶分校成为阿帕网的第一个节点,网络在四台位于不同大学或研究机构的接口消息处理器之间建立起来。随后克莱因罗克负责领导阿帕网的测试中心的运行维护。克莱因罗克自己最欣赏的是他在 1961~1962 年建立的一套关于数据包网络(packet networks)的数学理论,其所设计的分布式网络克服了中央控制式网络的缺点,奠定了后来的阿帕网的基础。

四、劳伦斯·G. 罗伯茨的贡献

在 ARPA 的研究通信网络项目开始之初,在 MIT 林肯实验室(图 9.10)担任工程师的罗伯茨就被抽调去参加该项目,并被任命为新通信网络项目的项目经理和首席架构师。1966 年,新型通信网络项目完成内部立项,命名为阿帕网。1967 年 4 月,在美国密歇根州安娜堡(Ann Arbor,Michigan)召开的 ARPA 的 IPTO 首席科学家会议上,罗伯茨组织了有关阿帕网设计方案的讨论。在此方案中,他提出了阿帕网的构想,最初的目标主要有两个:一是建立参与进行研究的 16 个工作小组都能接受的电子计算机接口协议;二是设计一项新的通信技术,使当时的 16 个网站上的 35 台电子计算机相互之间可以每天传输 50 万份信件。不久后,罗伯茨发表了第一篇关于阿帕网设计的论文:《多计算机网络和计算机之间的通信》(*Multiple Computer Networks and Intercomputer*

Communication)。1968 年 6 月 3 日，他向国防计划署正式递交了"资源共享的电子计算机网络"研究计划，也就是"国防高级研究计划网"——阿帕网。在项目的第一阶段，作为项目经理和首席架构师的罗伯茨提出了在美国西南部建立一个四节点的网络的计划，采用分组交换技术，通过由美国电话电报公司（徽标见图 9.11）提供的速率为 50 kbps 的接口消息处理器设备，也就是路由器的雏形，和通信线路进行连接。1968 年阿帕网项目刚启动的时候，罗伯茨又成立了一个专门的研究小组来编写主机与主机之间的通信软件。

图 9.10　MIT 林肯实验室

图 9.11　美国电话电报公司的徽标（1939～1964 年）

在罗伯茨的带领下，包括瑟夫和卡恩、克莱因罗克等一大批精英人才艰苦奋斗。随着整个计划的不断改进和完善，罗伯茨在描图纸上陆续绘制了数以百计的网络连接设计图，使其结构日益成熟。作为阿帕网项目的首席科学家，率先将克莱因罗克的分组交换创新理论变为现实。起初，美国电话电报公司和 IBM 公司的专家都警告罗伯茨不要将联邦研究基金浪费在不可能实现的事情上，分组交换不可能做到构建网络，然而罗伯茨领导的研究小组和负责装配与安装硬件的合作商 BBN 公司证明了传统观念的错误，阿帕网取得了巨大的成功，这项研究成果使网络演变成了现代国际互联网。作为五角大楼 ARPA 的一名经理，罗伯茨设计了大部分的阿帕网，并在 1969 年监督了它的实施，堪称"阿帕网之父"。正是因为罗伯茨在 ARPA 的领导工作，人们逐渐意识到计算机联网的可能性。

第三节
令人着迷的温顿·G. 瑟夫

1943 年 6 月 23 日，瑟夫出生于美国康涅狄格州纽黑文市（New Haven，Connecticut）。他从小就对数学感兴趣，中学时就曾在洛克达因（Rocketdyne）公司从事与"阿波罗登月计划"有关的兼职工作，并帮助编写了用于 F-1 发动机无损检测的统计分析软件。1965 年，瑟夫在斯坦福大学获得数学学士学位，随后担任 IBM 公司系统工程师，两年后就去了加州大学洛杉矶分校深造，分别于 1970 年和 1972 年获得计算机硕士学位和博士学位。1973～1982 年，瑟夫和卡恩合作开发了因特网上最为著名的 TCP/IP 协议。之后，瑟夫担任过微波通信公司（Microwave Communications, Inc.，MCI）数字信息服务的副总裁，领导开发了第一个连接到因特网的商业电子邮件服务——MCI 邮件工程；他加入美国全国研究创新联合会，担任副总裁，与卡恩一起研究数字图书馆、知识机器人和千兆速度网络；他资助建立了互联网名称与数字地址分配机构（ICANN）并担任董事会主席；他与 NASA 喷气推进实验室一起从事星际互联网的工作并于 2016 年 6 月在国际空间站上安装了耐延迟网络，旨在建立星际互联网等。2005 年 10 月开始，瑟夫担任谷歌（Google）公司副总裁和首席互联网顾问。瑟夫是美国工程师和科学家协会的顾问委员会成员，2012 年 5 月当选为计算机协会主席，并于 2013 年 1 月 16 日被美国总统奥巴马任命为国家科学委员会成员，任期六年。瑟夫还获得了十多个著名学府授予的荣誉博士学位，其中还包括北京邮电大学。

瑟夫始终保持着不断创新、敢于创新的激情。对此，他解释道："我认为科幻作品可以给我灵感，激发我的想象力，让我知道未来有什么可能性。"[①]他一直对科幻小说和电影非常着迷，《X 战警》《指环王》《哈利波特》的原著和数字通用光盘（DVD）他都

---

① 温顿·瑟夫–人物简介. https://www.gerenjianli.com/Mingren/01/kce30opcg9nck19.html[2023-02-01].

喜欢收藏，他甚至把《哈利波特》看过两遍，而把《指环王》看了不下十遍。他还在电影院连续包场《星际迷航》的放映，邀请微软（Microsoft）公司的朋友和谷歌公司的同事一起反复观看。不仅如此，他和《星际迷航》的一些演员私底下都是好朋友，他和著名电影导演史蒂文·斯皮尔伯格（Steven Spielberg）还经常写信交流电影构思。瑟夫认为兴趣是创新的前提。他看上去总是神清气爽、思维敏捷，并时刻给人一种与众不同的风格（图9.12）。他说："我是故意的!上中学时别人都穿 T 恤和夹克，我总是穿西装打领带。记得第一天去谷歌上班，我为了穿着与众不同特意借了一套学士服。"他还说："与众不同没什么不好，特别是当你面对一份需要创新的工作时。在传统理论证明这可以做之前，我们应该质疑:为什么我不能先去尝试着做呢？"瑟夫有两个嗜好，阅读和收集酒瓶。他说："我喜欢小说，科幻，人物传记，历史读物。"他的书房旁边就有一个储酒室，他在看书、写E-mail 的时候，经常喝点葡萄酒。不过，对中国的白酒，瑟夫觉得好喝但不敢喝太多。他回忆道："有一次十个人轮流和我干杯，干到第十杯的时候，我差点把酒杯子塞到耳朵里去了。"[1] 1994 年 12 月，《人物》杂志将瑟夫选为当年"25 个最令人着迷的人"之一。

图 9.12　不同寻常的瑟夫

第四节
谦虚执着的罗伯特·E. 卡恩

1938 年 12 月 23 日，卡恩出生于纽约州布鲁克林（Brooklyn）。孩提时代，卡恩就

① 温顿·瑟夫–人物简介. https://www.gerenjianli.com/Mingren/01/kce30opcg9nck19.html[2023-02-01].

对科学和技术问题很感兴趣，并一直觉得学校课程对他没有足够的挑战性，而家庭作业对卡恩来说就是一种机械运动，他通常会拖到最后一分钟以闪电般的速度做完。卡恩起初对化学感兴趣，他用零花钱买了一堆化学的瓶瓶罐罐在家里做实验，但后来他对技术发明更感兴趣了，于是又动手用一些小零件来搭建一些小装置。上大学后，卡恩先是在纽约市立大学-女王学院（Queens College of the City University of New York，图 9.13）学习化学专业，但渐渐地，卡恩对电气工程越来越感兴趣，因此第二年后他去了纽约城市学院。在纽约城市学院，卡恩认识了一位叫做布伦纳（Brenner）的教授，他教会了卡恩很多东西并鼓励卡恩去研究院深造。1960 年，卡恩获得纽约城市学院的电气工程学士学位。大学毕业后，卡恩就去了贝尔实验室，希望获得一些研究经验。在贝尔实验室，卡恩加入了一个研究贝尔通信系统的全球规划问题的数学小组，在和几位数学家共事的日子里，卡恩了解了很多关于数学实际应用方面的问题。不久，他获得了美国国家科学基金会奖学金的资助，去普林斯顿大学读研。他分别于 1962 年和 1964 年获得普林斯顿大学硕士学位和博士学位。普林斯顿电气工程系当时在很多方面都崭露头角，选择去那儿深造对卡恩来说是一个重要的转折点。

图 9.13　纽约市立大学-女王学院景色

虽然卡恩在普林斯顿大学学习电气工程专业，但他花了很多的时间学习一切自己感兴趣的课程。他选修了物理学、数学以及工程方面的核心课程，这与他在贝尔实验室数

学小组的经历很有关系，但直到来到普林斯顿大学，卡恩觉得自己才真正受到系统的数学训练。当他 1964 年完成博士毕业论文时，卡恩觉得自己相比于电气工程师更像是一位应用数学家。获得博士学位后的卡恩去了 MIT 任教，当时他注意到自己的很多同事在实际应用方面很有经验，对实际问题有一种特别的工程直觉，而自己在这方面有所欠缺，需要一些工程实践经验，因此他加入了 BBN 公司。20 世纪 60 年代，BBN 公司逐渐进入计算机行业，通信还不是该公司计算机业务的一部分，至少在这方面还没有任何实质性的业务。卡恩在 1966 年加入该公司的时候就萌发了发展计算机网络的想法，并从计算机业务经费中得到了一些用来研究分时系统的资金支持。1969 年，卡恩参加阿帕网——接口消息处理器项目，负责最重要的系统设计。1970 年，卡恩设计出第一个 NCP，即网络通信最初的标准，随后不久就开始了与瑟夫的合作。1997 年，卡恩和瑟夫由于对互联网发展的巨大贡献，被克林顿总统授予国家最高科技奖项——美国国家技术奖章（图 9.14）。

图 9.14   瑟夫和卡恩被授予美国国家技术奖章

卡恩为人谦虚，善于合作。2004 年卡恩获得 ACM 图灵奖后对记者说："我只是一个科学家，一个喜欢与别人分享技术的人，我希望别人更加关注我所做的事情。"他自认为："如果要说我有什么特别的技能，有一点就是，如果你在纸上写 100 个单词，给我看一眼，我很快能够记住它们。"他接着说："我有很多东西不擅长的，而我的妻子擅长烹饪，布置家居，我们配合得很好。"[①]他的很多同事都有这样一种感觉：在与他谈话

① 罗伯特·卡恩–简介. https://www.gerenjianli.com/Mingren/03/t3dbsm610nastd8.html[2023-02-01].

时，他总是认真听完你说的，有时沉思一下，再快速地表达，思路很清晰，说话时，他微笑地用浅灰蓝色的眼睛看着你，专注而热情。在他看来，创新就是认真做好你自己应该做的事情，去创造更多实际价值，能够解决实际问题。2017～2019 年，卡恩共三次访问了中国信息通信研究院（简称中国信通院）（图 9.15）（中国信通院，2019），加强了中国信息通信研究院工业互联网标识团队与美国全国研究创新联合会技术团队的密切沟通，并推动了数字对象架构（DOA）技术及其核心 Handle 系统的发展及在工业互联网标识体系中的应用。当记者邀请卡恩对青年人提一些建议时，他语重心长地说："最重要的是尽力去尝试，尝试任何你喜欢的事情，没有事情是不可能的，正如中国的一句名言——'有志者，事竟成'。在坚持的过程中，很多人可能会说，'你做的事情无意义'，年轻人要尝试着相信自己的直觉，认清自己所做的事情，忠于自己的想法，并且坚持下去。"[1]

图 9.15 2018 年卡恩访问中国信息通信研究院[2]

---

[1] 罗伯特·卡恩–简介. https://www.gerenjianli.com/Mingren/03/t3dbsm610nastd8.html[2023-02-01].
[2] Dr. Robert Kahn, the "Father of the Internet" Visited CAICT. http://www.caict.ac.cn/english/news/201811/t20181123_271375.html[2022-09-13].

奋发图强的伦纳德·克莱因罗克

1934 年 6 月 13 日，克莱因罗克出生于纽约一个贫困的乌克兰犹太移民家庭，从小聪慧，六岁时就按漫画书上的指示广告用家用物品和其他小玩意制作出一台收音机。克莱因罗克对这个可以在空中接收和传送信息的东西有着特别的痴迷，从此对电子工程和通信技术产生了终生的热情。1951 年，克莱因罗克高中毕业，父亲要求他留在纽约打工补贴家用。克莱因罗克不愿放弃学习的机会，就给很多商会写信寻求提供城镇奖学金的机会，但没有收到任何消息。由于无力支付纽约城市学院每学期 12 美元的学费，克莱因罗克只能白天在表兄的商店担任技术员，晚上到纽约城市学院上夜校。就这样，克莱因罗克花了 5 年半的时间，终于在 1957 年获得纽约城市学院电气工程学士学位。随后，克莱因罗克去了 MIT。一进入 MIT，克莱因罗克就想在最好的教授门下学习，并做出一些开创性的论文工作。因此，他选择在爱德华·亚瑟斯（Edward Arthurs）的指导下研究通信网络中的信息延迟。此时，"信息论之父"克劳德·香农（Claude Shannon，1916～2001）正在亚瑟斯的学术委员会中担任委员。

20 世纪 50 年代末的 MIT 有着大量的计算机，但它们之间无法进行相互通信。克莱因罗克在 MIT 的研究工作就是试图解决这个问题。1961 年，克莱因罗克发表了第一篇关于数字网络通信的论文《大型通信网中的信息流》（*Information Flow in Large Communication Nets*），他预想如果将信息切成固定长度的块，然后独立发送，这些块排队使用通信资源，这样每个块的大小相同，小信息块就不会卡在大信息块的后面。为建立所设想的系统，克莱因罗克蜷缩在 MIT 林肯实验室里，在一台巨大的计算机 TX-2（图 9.16）的前面度过了无数个夜晚，终于设计出这种在 TX-2 和其他计算机之间发送信息的新方法。随后，他又从数学上证明了这个概念是可行的，1962 年 4 月，克莱因罗克发表了一篇论文，详细介绍了这项研究工作。简而言之，他发明了网络数据包的概念，尽管当时他并没有这样称呼它们。基于研究工作，克莱因罗克在 1963 年以《存储通信网中的信息延迟》（*Message Delay in Communication Nets with Storage*）获得计算机科学博士学位。在博士论文中，克莱因罗克进一步拓展了他的想法，并建立了分组网络（分组交换）的数学理论。随后，在 1964 年的《通信网：随机信息流和延迟》（*Communication*

Nets: Stochastic Message Flow and Delay）一书中，克莱因罗克发表了对数字网络的全面分析处理工作。

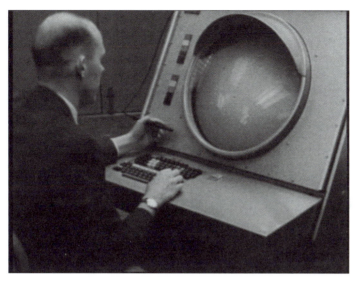

图 9.16　MIT 林肯实验室计算机 TX-2

获得博士学位后，克莱因罗克加入了美国加州大学洛杉矶分校。尽管电信行业在 20 世纪 60 年代对克莱因罗克的网络发展工作不感兴趣，但他仍在继续他的研究。1969 年，美国国防部 ARPA 开始资助分组交换网络阿帕网的早期开发。克莱因罗克的工作开始得到重视。阿帕网最后融合了克莱因罗克的分组交换网络想法，是第一个实施互联网协议套件的网络。1969 年 10 月 29 日 22:30，克莱因罗克指导他的团队利用阿帕网从美国加州大学洛杉矶分校向斯坦福研究学院成功发送出了一条消息。

第六节
"阿帕网之父"劳伦斯·G. 罗伯茨

1937 年，罗伯茨出生于康涅狄格州的韦斯特波特（Westport，Connecticut），父母都是耶鲁大学（Yale University）的化学博士，可以说罗伯茨是在对科学的耳濡目染下长大的。据说他能在 10 min 内把一本精装书通读并且说出书中要点，而且小时候就表现出对电

子科学的兴趣（Hafner and Lyon，1998）。年轻时，他建造过特斯拉线圈，设计了电磁炉，并在电视开始流行的时候建造了自己的电视。大学时，他用在废品站捡到的零件，为女童子军营地建了一台晶体管电话交换机。罗伯茨分别于 1959 年、1960 年和 1963 年获得 MIT 的电气工程学士学位、硕士学位和博士学位，毕业后又继续在 MIT 的林肯实验室工作。

1964 年 9 月，在美国第二届信息系统科学大会上，科学家们确认了这样一个基本原则："我们目前在电子计算机领域面临的最重要的问题是网络，这也就是指能够方便地、经济地从一台电子计算机连接到另一台电子计算机上，实现资源共享。"科学家们有的在问："这是不是很难？"有的在回答："我们已经知道该怎么做了。"（Hauben，1995）要干，钱不是主要问题，但要找到一个能够完全契合互联网公认的开山领袖之一约瑟夫·利克莱德（Joseph Licklider）建立网络的思想，并且能够实现这一思想的优秀的、有远见的电子计算机工程师却是一个大问题（Hauben，1995）。这时，曾在 MIT 摆弄电子计算机 TX-0，后来又去林肯实验室为当时最先进的电子计算机 TX-2 编制全套操作系统程序的罗伯茨成了设计网络的最佳人选。当时，罗伯茨就已经可以将 MIT 林肯实验室的 TX-2 电子计算机和加州系统发展（SDC）公司的 Q-32 电子计算机连接到一起了，这也是人类第一次远距离接通两种不同电子计算机！然而，1966 年，IPTO 主任盛情邀请罗伯茨"出山"时，罗伯茨还是一个只想在大学里潜心搞自己研究的"技术宅"。在多次被拒之门外后，IPTO 主任无奈之下只好找 ARPA 的署长求助。由于 ARPA 的署长掌握着罗伯茨所在的林肯实验室的经费，在此"胁迫"下，最终罗伯茨只好乖乖"就范"。

罗伯茨（图 9.17）不善交往，却具有深邃的思想，喜欢接受挑战，大家都承认他是一位天才。同时，拥有超高智商的罗伯茨有着很好的组织管理能力，在软件设计、电子计算机绘图及通信技术方面也都获得了非凡的成就。在意识到即使有了分组交换技术，阿帕网也仅适用于内部连接的问题后，罗伯茨整合他的资源和网络专业知识，开始与夏威夷大学的研究人员合作，建立世界上第一个无线分组网络 ALOHAnet，该网络于 1971 年 6 月上线。1972 年 12 月，罗伯茨又领导了通过卫星进行两个网络的互联。这是第一个基于分组的"互联网"。后来，ALOHAnet 技术被应用于蜂窝电话、无线网（Wi-Fi）。

图 9.17 接受采访的罗伯茨

离开 ARPA 后，罗伯茨成立了世界上第一个分组数据通信运营商——泰勒网（Telenet），1973～1980 年，罗伯茨担任 Telenet 的首席架构师，推动 X.25 数据协议的开发应用。1983～1993 年，罗伯茨担任分组传真和异步传输模式（ATM）设备的专业电子公司网际速递（NetExpress）的董事长兼 CEO。1993～1998 年，罗伯茨担任 ATM 系统公司的总裁，在那里他根据服务质量（QoS）和显式速率流量控制协议设计了先进的 ATM 和以太网（Ethernet）交换机。1994 年，他在 ATM 论坛上提出了显式速率的概念，并在 1996 年促其发展成 ATM 论坛的 TM4.0 建议。

第七节
尾　声

›››

瑟夫在计算机科学行业，尤其是互联网和互联网相关领域的诸多成就为他赢得了多个奖项，包括马可尼奖（Marconi Prize，1998 年）、IEEE 亚历山大·格雷厄姆·贝尔奖章（1997 年）、阿斯图里亚斯王子奖（Prince of Asturias Award，2002 年）、ACM 图灵奖（2004 年）、哈罗德·彭德奖（Harold Pender Award，2010 年）、伊丽莎白女王工程奖（Queen Elizabeth Prize for Engineering，2013 年）等。2005 年，瑟夫荣获美国非军人最高荣誉的文职勋章——总统自由勋章（Presidential Medal of Freedom）。

瑟夫同时是美国国家工程院院士、美国艺术与科学院院士、IEEE 会士、ACM 会士、美国科学促进会（American Association for the Advancement of Science，AAAS）会士和国际工程联合会（International Engineering Consortium，IEC）会士，并入计算机历史博物馆（Computer History Museum，CHM）名人录（Hall of Fellow）。

2004 年，因在互联网领域的先驱性贡献，其中包括因特网基础通信协议的设计与实现、TCP/IP 协议和网络领域权威性的领导地位，卡恩获得了 ACM 图灵奖。2006 年 5 月，他被选入美国国家发明家名人堂（National Inventors Hall of Fame）。他是国际工程联合会会士、IEEE 会士、美国人工智能协会（AAAI）会士、ACM 会士，并入选计算机历史博物馆名人录。此外，他的获奖还包括马可尼奖（1994 年）、IEEE 亚历山大·格雷厄姆·贝尔奖章（1997 年）、阿斯图里亚斯王子奖（2002 年）、总统自由勋章（2005 年，图 9.18）、日本国际奖（2008 年）、哈罗德·彭德奖（2010 年）、伊丽莎白女王工程奖（2013 年）等。

图 9.18　总统自由勋章

克莱因罗克在计算机系统设计中对队列理论的应用，其重要性超过了其最初在电信领域的应用，获得德雷珀奖时，他已发表超过 250 篇论文，并在学科领域撰写了 6 本书。克莱因罗克是美国国家工程院院士、美国艺术与科学院院士、IEEE 会士、ACM 会士、运筹学和与管理学研究协会（Institute for Operations Research and the Management Sciences，INFORMS）会员和国际工程联合会会士。2008 年 9 月 29 日，克莱因罗克被授予美国国家科学奖章，这是全美科学界的最高荣誉，由美国总统在白宫亲自为其颁奖。

此外，他的获奖还包括马可尼奖（1986 年）、IEEE 哈里·H. 古德纪念奖（Harry H. Goode Memorial Award，1996 年）、IEEE 亚历山大·格雷厄姆·贝尔奖章（2012 年）、毕尔巴鄂比斯开银行（Banco Bilbao Vizcaya Argentaria，BBVA）基金会知识前沿奖（BBVA Foundation Frontiers of Knowledge Award，2014 年）。

罗伯茨是美国国家工程院院士、国际工程联合会会士，2012 年入选互联网协会（Internet Society）互联网名人堂（Internet Hall of Fame）。他的奖项还包括 IEEE 哈里·H. 古德纪念奖（1976 年）、IEEE W. 华莱士·麦克道尔奖（W. Wallace McDowell Award，1990 年）、ACM 数据通信专业组（Special Interest Group on Data Communication，SIGCOMM）奖（1998 年）等。2018 年 12 月 26 日，罗伯茨因心脏病突发逝世。

第 10 章

药物传递系统
——给药片一个安全的家

第八届德雷珀奖于 2002 年颁发给了美国化学工程师罗伯特·兰格（Robert Langer）（图 10.1），其颁奖词为："以表彰对革命性的医疗药物传递系统的生物工程设计。"①

图 10.1　罗伯特·兰格（1948～　）

第一节
药物传递系统简介

　　药物传递系统（drug delivery system，DDS，图 10.2）是指在空间、时间及剂量上全面调控药物在生物体内分布的一种技术体系，主要包括药物控释、药物靶向、药物改性和药物吸收等过程，其目标是在恰当的时机将适量的药物传递到指定的目标区域（如癌组织中），然后在一段时间内以受控的方式发挥作用，由此增加药物的利用效率，提高疗效，降低成本，减少毒副作用。药物控释的目的主要是让药物能在机体内缓慢释放，这样可使血液中或特定部位的药物能够在较长的一段时间内维持其有效浓度，从而减少给药次数，并降低产生毒副作用的风险。药物靶向包括被动靶向、主动靶向、物理靶向

---

① 颁奖词原文：For the bioengineering of revolutionary medical drug delivery systems.

等，主要是使药物瞄准特定的病变部位，在局部形成相对高的浓度，减少对正常组织、细胞的伤害。药物改性主要是通过水溶性高分子等的直接修饰或利用胶束、脂质体等载体包裹难溶性药物，从而改善难溶性药物的溶解度和溶出率，提高药物在体内的稳定性，调控药物在体内的代谢速度。药物吸收是指药物通过肠道黏膜、皮肤等吸收效率的提高或者通过表面修饰等方式（如修饰转铁蛋白受体、Tat 穿膜肽等）增加药物穿透特定生物屏障（如血脑屏障、细胞膜）的能力，以提升药效。

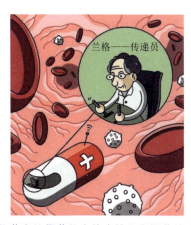

图 10.2　聚合物药丸使得药物在体内持久发挥药效（Nave，2017）

药物传递所涉及的材料主要包括无机材料、高分子材料、稳定剂、控制药物释放速率的阻滞剂、促进溶解与吸收的促进剂等，其中高分子材料又可分为天然高分子材料（如明胶、阿拉伯胶、海藻酸盐、白蛋白、壳聚糖、淀粉）、半合成高分子材料（如纤维素衍生物）及合成高分子材料（如乙烯-醋酸乙烯酯共聚物、聚酯类）。此外，药物传递所涉及的载体类型可根据载体的形态结构将其分为胶束、脂质体、乳剂、微球、胶囊、功能性纳米粒子等，见图 10.3（Silindir-Gunay et al.，2016）。为了实现有效的药物传递，所

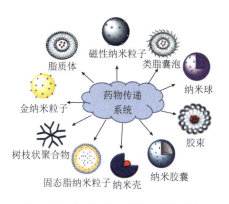

图 10.3　各种不同的药物传递系统

设计的系统必须能规避宿主（为寄生生物，如为癌细胞和病毒等提供生存环境的生物）的免疫机制，并将药物循环至作用部位，从而实现药物定位、定时和靶向释放。根据所传递的药物种类来划分，现今常被使用的药物传递系统包括有机药物传递系统、无机药物传递系统和生物药物传递系统三大种类。药物传递系统是医学、工学（材料、机械、电子）及药学的融合学科，其研究对象既包括药物本身，又包括搭载药物的载体材料、装置，还包括对药物或载体等进行物理化学改性、修饰的相关技术（Langer，1990）。

第二节
药物传递系统的发明过程

在药物治疗过程中，人们常会发现许多本应具有显著疗效的药物，进入体内后却效果不佳，甚至根本不起作用。除了病情等综合因素的影响，实验证明，如果没有及时地将药物在合适的时间送达患者体内合适的位置，那么效果就会大打折扣。例如，有些药物送达太慢，在没有到达目的地前就已经分解了。又如，有些药物到达的地方不准，因而产生了副作用。再如，有些药物需要非常缓慢地释放到血液中才能起到最好的疗效，因而送达太快也会影响疗效。针对安全性和时间性这两项药物传递的基本要求，从20世纪70年代兰格就开始研究如何解决药物传递问题了。

1974年，兰格获得MIT化学工程博士学位，随后成为波士顿儿童医院的外科主任、哈佛大学的传奇医生——朱达·福克曼（Judah Folkman，图10.4）的助手，当时福克曼

图10.4　朱达·福克曼（1933～2008）

156

正在研究如何阻止血管恶化为肿瘤的课题，交给兰格的工作是从不含血管的软骨中提取能够阻止血管生长的化合物。为此，兰格从屠宰场采购了大量牛骨，每周大约花 40 h 从这些骨头上把剩余的肉刮下来，然后切下软骨，并从中提取了约一百种化合物。接着，为了确定这些化合物是否具有作为癌症药物的潜力，福克曼医生希望对这些化合物逐一进行抗兔眼肿瘤的测试，因为在兔眼肿瘤中，血管的发育能够被清楚观察到。由于软骨组织里的大多数分子直径都较大，如蛋白质多肽和糖蛋白，因此如何精确地把大分子化合物传递到肿瘤上是当时分子药物面临的一个挑战性难题。事实上，在 20 世纪 70 年代中晚期，随着生物技术和基因工程的出现，人们开始研制大量不同的大分子药物。如果把这些药物吞下或者把它们放进贴片里，会因为分子太大以至于不能通过肠黏膜与皮肤。如果将这类大分子药物进行注射，它们的寿命通常很短，需要每隔几分钟注射一次。因此，人们一直希望找到一种能持续释放又不"伤害"药物的方法。当时，这个领域的多数专家认为这是一个难以解决的问题，他们从来没有指望大分子能够持续释放，且有大量的文献引用了这个结论。

这时，兰格想到，应该开发出一种具有生物相容性的高分子聚合物，它是由一种或几种结构单元通过共价键连接起来的分子量很高的化合物。不仅能安全植入动物体内，还可以逐渐释放出化学分子。然而，早在兰格之前，聚合物已经用于包裹药物分子，但问题是新型药物分子过大，难以穿过聚合物。当时生物学家和化学家的传统观点是，不可能存在这样的聚合物，更不可能控制大分子化合物如肽和蛋白质的释放速度，这简直就是天方夜谭。福克曼医生实验室的很多同事也拒绝接受兰格的想法，他们认为这就像是要求人们穿墙而过一样不切实际。兰格没有放弃自己的想法，他把聚合物的链条结构变成了三维矩阵结构，把化合物包围其中让其从聚合物中缓慢释放。在他看来，聚合物可以根据不同的用途来特别设计，也就是在确定生理结构需要的系统后，再来设计聚合物。就这样，兰格设计出了能控释高分子化合物的多孔聚合物，并成功地将受试化合物传递至兔眼肿瘤附近，将药物缓慢释放。他先后尝试了两百多种方法来证实这一点，然而，最终他发现可以采用不同的疏水性聚合物，如乙烯-醋酸乙烯酯共聚物或聚乳酸-羟基乙酸共聚物（PLGA）等用于释放药物。这类聚合物在有机溶剂中溶解并将混在其中的分子药物慢慢"蒸发"出来，最终实现了持续释放任意大小尺寸的分子 100 天以上。他随后又设计出一种可以实现恒定释放的方案（图 10.5）。

第 10 章　药物传递系统

图 10.5　兰格与发明的药物芯片（张海霞，2021）

1976 年，兰格在一次会议上用 20 min 的演讲介绍了他的工作（图 10.6），当他演讲结束走下讲台，很多听众向他走来，质疑他的结论，他们认为大分子是不可能穿过聚合物的。当他将他的这种控释聚合物的发明申请为他人生中的第一项专利时，很快就遭到了拒绝，专利局的审稿人认为控释不会奏效，5 年内他被拒绝了 5 次，处理他专利申请的律师都建议他放弃。但兰格不懈坚持，专利终获批准。当兰格向美国国立卫生研究院（NIH）申请研究资金，用以开发可生物降解的聚合物从而将化疗药物精准传递到肿瘤旁并能受控释放时，评审人同样认为他的想法太疯狂，这种聚合物根本不可能存在，这笔资金申请在几年内屡次受到拒绝。但不久之后，人们关于兰格发明的态度终于发生了转变，很多不同的研究组开始重复兰格所做的事情，证明兰格的方法是正确并可行的。兰格仅对聚合物材料结构进行微调就能控制材料释放药物的时间和地点的发明具有爆炸性和开创意义，成为重大疾病疗法的新手段。

图 10.6　兰格的会议报告

第三节

被引次数最多的工程师——罗伯特·兰格

兰格始终知道自己应该干些什么，进入康奈尔大学（Cornell University，图 10.7）选择的是化学工程专业，毕业之际，虽然他收到令许多同学梦寐以求的好几家化工厂的邀请，但他却对此没什么兴趣。在他对自己的未来一筹莫展之际，他决定去 MIT 继续深造。

图 10.7　康奈尔大学校园一角

1974 年，兰格获得 MIT 化学工程专业博士学位，而这时，美国经历了严重的石油短缺，美国工业界急切地寻求提高燃油生产效率的方法，对化学工程师的需求量很大。兰格的大多数博士同学都顺理成章地进入石油行业工作，兰格也收到来自荷兰皇家/壳牌集团公司和雪佛龙（Chevron）公司等石油巨头发出的 20 份左右的工作邀请，仅艾克森（Exxon）公司就对其有 4 份的邀请。当他到艾克森公司面试时，一名工程师告诉兰格，如果可以增加 0.01% 的石油产量，就会有数十亿美元的获益，可兰格并不感兴趣。他回想起自己还是 MIT 的一名研究生时，曾在为穷困的孩子们建造的一个学校出过力，并很投入地开设了化学课程，他发现自己很喜欢做一名化学老师，就开始寻找这方面的招聘广告。他发现在美国大约 30 所不同的学校里都招聘化学老师，他就向他们都提交了求职信，但没有一所学校回复他。

兰格当时的另一个想法，同时也是他很感兴趣的事情是：能否用他的化学工程知识在健康领域对人们有所帮助。于是，他又给很多医院和医学院写了求职信，看他们是否

愿意招聘一名化学工程师，可是，他们也同样没有回信。估计，当他们收到兰格的申请书时也非常困惑：对医学一窍不通的化学工程师能做些什么呢？直到突然有一天，同在一个教研室里的一名博士后告诉兰格，肿瘤学和血管新生研究领域的先驱和权威福克曼医生会聘用一些不寻常的人。于是，兰格给福克曼医生写信，也正是这样一位"疯狂"的医生，愿意雇用未经正规医学或生物学培训的博士后研究员，福克曼认为，或许化学工程师能在发掘新型抗肿瘤药物中帮上忙。就这样，兰格终于"跨界"成功。事实上，与"主流"格格不入的福克曼在不知不觉中为未来的"发明家"成功架起了一座跨学科桥梁，用工程技术解决医疗问题，兰格创造出了造福全球至少 20 亿人的一千多项新发明。兰格在回忆福克曼时说："他是一个有远见的人，他真的有伟大的想法，无论受到多少批评，他都不会放弃这些想法。我想我从来没有见过视野像他一样广阔和遥远的其他人。"（Pincock，2005）

兰格是一位永不停步的创新者。1984 年，一位曾在福克曼实验室工作过的神经外科医生找到在 MIT 担任助理教授的兰格，他想知道可否通过局部直接给药来治疗脑肿瘤，因为他认为当时脑部肿瘤化疗失败的原因可能是药物未能正确地传递到大脑。于是，兰格与他合作，发明了一种新型药物输送系统，这种像"威化饼"一样的聚合物装载着化疗药（图 10.8），在医生进行脑部手术时被植入肿瘤附近的大脑中，并且能"像肥皂一样稳定地溶解"，随着时间的推移，缓慢释放药物。一旦将这种"威化饼"植入体内，就可以通过体外设备进行电子遥控，将盖子打开，从而释放内部的药物。这种递药方式就如同在体内植入了一间微型"药房"，该"药房"可以按照程序，规律地、准确地分配不同剂量的多种药物。这项新的药物输送系统于 1996 年获得批准，已被广泛用于

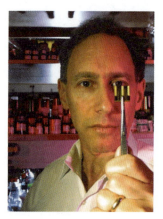

图 10.8　兰格发明的体内植入芯片

脑胶质母细胞瘤患者手术后的辅助治疗。植入式电子设备可以提供多种潜在的治疗，目前，兰格团队已在骨质疏松症患者中使用装载药物的植入式电子芯片进行临床试验，结果表现出良好的效果与安全性；他们还与比尔和梅琳达·盖茨基金会合作，尝试使用植入式电子芯片为女性提供长效避孕。

除电子芯片外，兰格团队发明的纳米药物输送系统更是站上了药剂学的制高点。包裹药物的纳米分子具有最佳的起效和/或作用持续时间的药代动力学特征；能靶向释放药物，大大减少因全身性暴露而造成的有害副作用；延长药物在体内的半衰期，控制药物在体内的降解速度；可消除包括血脑屏障在内的特殊生物屏障对药物进入的限制等。兰格的团队在一系列纳米封装项目上取得了显著成效，其中之一便是在核糖核酸（ribonucleic acid，RNA）治疗上的应用。RNA 是由核糖核苷酸经磷酸二酯键缩合而形成的链状分子，是生物细胞以及部分病毒、类病毒的遗传信息载体。未修饰的 RNA 分子更需要量身定制的药物传送系统，这是因为 RNA 分子进入人体后不仅首先需要躲过免疫系统的攻击，并且在生物体液中极不稳定，也不容易渗透到靶细胞中。因此，几乎所有的 RNA 治疗都使用纳米颗粒进行输送。兰格的这项技术也大大推动了相关疫苗的研制。兰格参与创立的莫德纳（Moderna）公司的疫苗研发团队就确定了诸多信使 RNA（mRNA）疫苗的序列。面对未来可能出现的新型传染病大流行，通过纳米颗粒传输的mRNA 疫苗在快速生产和安全给药方式上，潜力无限。

H 指数（H-index）是评估研究人员的学术产出数量与学术产出水平的量化指标，H 指数数值越高，表明他的论文影响力越大。根据 Google 学术搜索，截至 2020 年，兰格在科学期刊上发表了 1480 篇以上的论文，引用次数总计超过 363 000 次，H 指数高达299，是历史上被引用次数最多的工程师。除此之外，兰格拥有 1300 多项专利，有 400多家制药、化学、生物技术和医疗设备公司使用了他的专利。他的一项专利被评为 1988年美国马萨诸塞州杰出专利和美国 20 项最优秀专利之一。他非常重视研究成果的转化，当他发现很难找到感兴趣的公司来转化自己的想法，他就自己创立公司。1987 年，他与同事创立的第一家公司主要生产微球给药系统并将其推向全球市场。一年后，一位外科医生找到兰格，希望将聚合物支架与活细胞结合起来以在实验室中创建新的组织和器官。当政府拒绝拨款进行这项研究后，兰格成立了第二家公司，生产用于组织生长的生物相容性材料。1990 年，兰格在他的实验室推行一项新的规则：如果某位学生或博士后在实验中的发现是一项真正的突破，那么他可以申请获得独家专利；如果这位学生或博

士后已经使用该技术五年以上，那么兰格鼓励他成立一家新公司来发展这个想法。兰格既是科学家又是企业家，他通过与学生的合作（图 10.9）建立企业，并不断在市场上创造奇迹。针对癌症、心脏病和其他致命疾病的新疗法往往是从兰格或者他学生的公司中诞生的，不仅如此，这些公司同时还为数千人提供了就业机会。他掌管着全球最大的生物医学工程实验室，迄今为止，参与创建 40 多家生物科技初创公司，已募集基金总计超过 20 亿美元（American Academy of Achievement，2022）。

图 10.9　兰格指导学生工作

兰格是一个不善演讲的人。还是在上高中的时候，有一次，兰格需要给全班人做一个一分半钟的演讲。为此，他十分紧张。他把演讲的内容写在一张纸上，演讲的前两天晚上，花了两个小时站在镜子前背诵演讲内容。演讲的前一天晚上，他又花了四个小时背诵。等到演讲开始，他站在全班人面前开始背诵时，起初一切进展顺利。可是一分钟后，他突然想不起来要说的下一个词是什么了，结果，傻呆呆地站了一分钟，什么都没说。最后，老师让他坐下，因此他自然没有得到一个较好的成绩。自此以后，兰格就尽量避免在公众面前讲话。然而在学术界，演讲是不可避免的。为了做好 1976 年的那个 20 min 的演讲，兰格提前两个星期暂停一切工作，一遍又一遍地背诵演讲内容，并用录音机录音。演讲那天，他面对的是一群杰出的老化学工程师、化学家和聚合物科学家，他基本没有忘记要说的话，也没有怎么停顿，他也觉得自己讲得不错，只是演讲结束后参会人员不太相信他的研究结果。除了不善言辞，兰格还不善社交。2008 年，两年一次的、奖金高达 100 万欧元的、世界上奖金最高的科技奖——千禧年科技奖（Millennium Technology Prize）在芬兰颁奖，兰格作为药物传输控制技术的开创者获得了该年的大奖，见图 10.10。芬兰总统塔里娅·哈洛宁（Tarja Halonen）亲手将奖杯颁给兰格。奖杯看上去像放大的圆珠笔笔尖。兰格对自己获奖也很意外，慌忙中把之前颁给他的小奖杯带上了领奖台，却没有接过总统递来的大奖杯。

图 10.10　2008 年兰格获千禧年科技奖①

　　兰格是一位好老师。他是 13 位 MIT 获最高荣誉的学院教授（Institute Professor）之一。兰格对学生有问必答，他可以在几分钟之内立即回复学生的邮件，如果有人给他论文审阅，他会第二天给出回复。因为，对于他来说，教学（图 10.11）是另一件让他感到满足的工作。除教授了 23 年的工程学和生物技术学课程之外，兰格每周还在其他教授的课堂中做 2～5 次讲座。他的大约 1000 名学生和博士后中，约有一半在大学担任教师，部分人成为不同学院的院长或者系主任，有十多位学生是美国国家工程院院士；还有 250 个左右的学生创办了自己的公司，并为世界创造了各种新技术和新发明。兰格认为最成功的人是那些提出重大问题的人，因此，他非常善于帮助学生从给出正确答案过渡到提出良好问题。他的一位博士后说："当我们在讨论想法时，他会问一些问题，使我们更严格地对自己的想法进行评估，并促使我们考虑这个想法将会如何影响人们的生活。"（Prokesch，2017）作为导师，兰格真正关心的不是学生能为他做什么，而是学生未来 5～10 年的发展方向。他希望学生在实验室中努力工作不是因为他们必须这样做，而是因为他们想做并且坚信自己所做的工作的重要性。他鼓励自己的学生自由探索，他说："当学生要求指导时，我会提出我的建议，但这并不意味着他们必须接受。对任

① Langer Wins Millennium Technology Prize. https://news.mit.edu/2008/langer-millennium-0611 [2022-10-03].

何人来说,不仅从导师那里听到意见,还要坚持他们自己内心的想法。"(Prokesch, 2017)也正因为如此,他的两位博士后开发出了一种由纳米粒子组成的"自我复原"水凝胶,可以负载药物以进行控释。由于水凝胶像记忆海绵一样可以从物理压力中恢复原来的形态,人们可以很方便地将其注射到身体各种不同部位。

图 10.11 兰格在 MIT 给学生授课[1]

第四节

尾 声

     兰格集科学家、发明家、企业家、教授等多重身份于一体,在医学、化学、药学、生物学、工程学等领域多栖发展,获得超过 220 个主要奖项,其中包括备受瞩目的千禧年科技奖、美国国家技术与创新奖章(图 10.12)、伊丽莎白女王工程奖(图 10.13)和盖尔德纳基金会国际奖等。《福布斯》(*Forbes*)和《生物世界》(*BioWorld*)杂志都将兰格评选为世界生物技术领域 25 位最重要的人物之一。《时代》(*Time*)杂志评选他为美国科学和医学领域 18 位最重要的人物之一以及美国 100 位最重要的人物之一。他是美国国家医学科学院、美国国家工程院和美国国家科学院的院士。2021 年,他当选中国工

---

① Why Chemical Engineering? https://cheme.mit.edu/academics/undergraduate-students/why-mit-cheme/ [2022-10-08].

程院外籍院士。除获得 MIT 化学工程博士学位外，他还获得了瑞士苏黎世联邦理工学院（Eidgenössische Technische Hochschule Zürich，ETH）、以色列理工学院（Technion-Israel Institute of Technology）和比利时天主教鲁汶大学（Catholic University of Louvain）的名誉博士学位。另外，他还是美国食品和药物管理局（FDA）最高顾问委员会的科学委员会主席，曾在不同时期担任过 8 家公司的董事会主席和 20 家公司的科学顾问，如阿尔凯默斯公司、三菱制药公司、华纳-兰伯特公司和吉尔福德制药公司等。目前，他和妻子劳拉居住在马萨诸塞州的牛顿市（American Academy of Achievement，2022）。

图 10.12　2013 年美国总统授予兰格美国国家技术与创新奖章

图 10.13　2015 年英国女王授予兰格伊丽莎白女王工程奖

第 11 章

全球定位系统
——天网

第九届德雷珀奖于 2003 年颁发给美国电气工程师伊万·A. 盖亭（Ivan A. Getting）和航空工程师布拉德福·W. 帕金森（Bradford W. Parkinson）（图 11.1），其颁奖词为："以表彰对全球定位系统（GPS）的构思和开发。"[①]

（a）伊万·A. 盖亭（1912～2003）　　（b）布拉德福·W. 帕金森（1935～）

图 11.1　第九届德雷珀获奖者

第一节
全球定位系统简介

　　全球定位系统（global positioning system，GPS），又称全球卫星定位系统，是一个位于中地球轨道上的无线电导航定位系统。它可以全天候地为地球表面绝大部分地区连续提供准确的三维位置和速度以及高精度的标准时间等信息，允许任何持有接收器（和相应的软件）的人准确定位自己在地球上所处的位置。GPS 由空间星座部分、地面监控部分和用户设备部分组成，其中空间星座部分（图 11.2）由均匀分布在 6 个轨道平面上的 24 颗圆柱体卫星组成，每颗卫星重 774 kg、主体直径 1.5 m 且两侧各装有全长 5.33 m 的太阳能电池帆板。GPS 的地面监控部分主要由 1 个位于美国科罗拉多州的施里弗空军基地（Schriever Air Force Base）的主控站和 4 个地面天线站（也称注入站）以及 6 个

---

　　① 颁奖词原文：For the concept and development of the global positioning system (GPS).

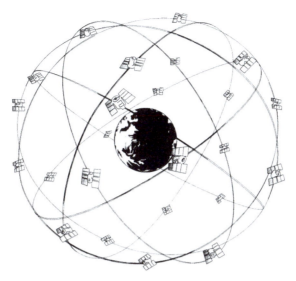

图 11.2　全球卫星定位系统空间卫星示意图

监测站组成。地面天线站分别位于南太平洋马绍尔群岛（Marshall Islands）的夸贾林环礁（Kwajalein Atoll）、南大西洋英国属地阿森松岛（Ascension Island）、英属印度洋领地的迪戈加西亚岛（Diego Garcia Island）和位于美国本土科罗拉多州的科罗拉多斯普林斯（Colorado Springs）。这些地面天线站负责把主控站计算得到的卫星星历、导航电文等信息传送到相应的卫星，同时也兼有监测站功能。另外 2 处监测站分别位于夏威夷和开普卡纳维拉尔（Cape Canaveral），监测站的主要作用是采集 GPS 卫星数据和当地的环境数据，然后发送给主控站。至于用户设备主要是 GPS 接收机，作用是从 GPS 卫星收到信号并利用传来的信息计算用户的三维位置及时间。GPS 卫星接收机种类很多，根据型号分为测地型、全站型、定时型、手持型、集成型，根据用途分为车载式、船载式、机载式、星载式、弹载式。

24 颗 GPS 卫星在离地面 12 000 km 的高空上，以 12 h 的周期环绕地球运行，使得在任意时刻，在地面上的任意一点都可以同时观测到 4 颗以上的卫星。由于卫星的位置精确，在 GPS 观测中，我们可得到卫星到接收机的距离，利用三维坐标中的距离公式，利用 3 颗卫星，就可以组成 3 个方程式，解出观测点的位置（X, Y, Z）。考虑到卫星的时钟与接收机时钟之间的误差，实际上有 4 个未知数，X、Y、Z 和钟差，因而需要引入第 4 颗卫星，形成 4 个方程式进行求解，从而得到观测点的经纬度和高程，见图 11.3（Yang et al.，2017）。这样，接收机可按卫星的星座分布分成若干组，每组锁定 4 颗卫星，然后通过算法挑选出误差最小的一组用作定位，从而提高精度。GPS

信号分为民用的标准定位服务（standard positioning service，SPS）和军用的精密定位服务（precise positioning service，PPS）两类，定位精度在 10 m 左右。

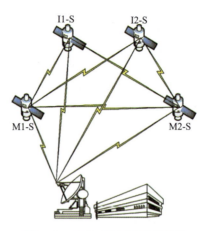

图 11.3　GPS 4 颗卫星定位服务

GPS 拥有如下多种优点：使用低频信号，纵使天候不佳，仍能保持相当的信号穿透性；全球覆盖（覆盖率高达 98%）；三维定速定时高精度；快速、省时、高效率；应用广泛、多功能；可移动定位。不同于双星定位系统，使用过程中接收机不需要发出任何信号，从而增加了隐蔽性，提高了其军事应用效能。目前，GPS 的应用越来越广泛，使用者只需拥有 GPS 接收机即可使用该服务。以 GPS 车载式接收机为例，它具有如下功能：车辆跟踪功能——利用 GPS 和电子地图可以实时显示出车辆的实际位置，并可随目标移动，使目标始终保持在屏幕上；路线导航功能——提供出行路线规划，包括自动线路规划和人工线路设计，还可在线路规划完毕后，在电子地图上显示其设计路线，并同时显示汽车运行路径和运行方法；信息查询功能——为用户提供主要地标（如旅游景点、宾馆、医院等）数据库，同时，监测中心可以利用监测控制台对区域内的任意目标所在位置进行查询，车辆信息将以数字形式在控制中心的电子地图上显示出来；紧急援助功能——通过 GPS 定位和监控管理系统可以对遇有险情或发生事故的车辆进行紧急援助等。GPS 的使用无须付费，且随着社会的发展被应用到越来越多的行业，它起到前期监督、后期管理的作用，统一分配，便于管理，提高我们的工作效率，降低成本。

目前世界上发展成熟的全球范围卫星定位导航系统包括美国的 GPS、中国的北斗导航卫星系统（BeiDou Navigation Satellite System，BDS）、俄罗斯的格洛纳斯导航卫星系统（Global Navigation Satellite System，GLONASS）和欧盟的伽利略导航卫星系统（Galileo Navigation Satellite System，Galileo）四个系统，其空间分布见图 11.4。GPS 为最早发展成熟且目前仍为应用最广泛的全球卫星定位导航系统，只是其定位精度已经不再具有优势。

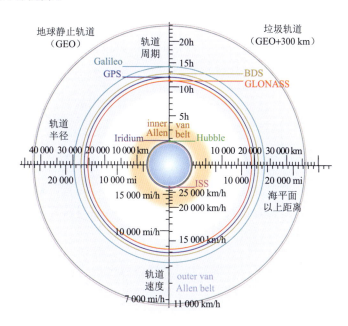

图 11.4　GPS、北斗导航卫星系统、格洛纳斯导航卫星系统、伽利略导航卫星系统、铱（Iridium）卫星、国际空间站（International Space Station，ISS）、内和外范艾伦带（inner，outer van Allen belt，太空高能粒子辐射层）、哈勃（**Hubble**）太空望远镜和地球静止轨道（及其垃圾轨道）的轨道大小示意图[①]

1mi=1.6093 km

第二节
全球定位系统发展过程

　　1957 年 10 月 4 日，苏联成功发射人造卫星，整个世界为之震惊。美国公众听到此事后，既恐惧又好奇，因为美国军方已在相同卫星项目上努力多年，但却收效甚微。为了追赶苏联，美国国家海军实验室在当年 12 月 6 日仓促发射了 TV-3 号卫星，然而不幸的是

————————————

　　① 维基百科。

TV-3 号在升空 3 s 后爆炸，见图 11.5，这是一次惨痛的发射失败。1958 年 1 月 31 日，美国军方再次发射了一个柚子大小的卫星，名为"探险者 1 号"（Explorer 1）。1958 年 3 月 27 日，海军研究实验室经过不懈努力，成功发射了 TV-4 号卫星，后更名为"先锋 1 号"（Vanguard 1）。与此同时，约翰·霍普金斯大学（Johns Hopkins University）应用物理实验室中一支非常能干的工程师和科学家团队悄然组建，其中的两位科学家威廉·吉尔（William Guier）和乔治·维芬巴赫（George Weiffenbach）开始研究新的人造地球卫星的轨道系统。在完成一些基础创新工作后，吉尔和维芬巴赫发现可以通过单通道飞行器确定人造卫星的轨道，但是也在应用物理实验室工作的弗兰克·麦克卢尔（Frank McClure）则提出了一个创新性的思路：为什么不把问题倒过来？在麦克卢尔看来，通过已知位置的卫星，导航器在接收和处理该卫星的信号后就可以确定自己在世界任何地方的位置。这是一个以空中卫星为基准的间接测量方案，把空间定位这个复杂问题划分为卫星位置和与卫星相对位置这两个相对简单的问题。正是这样一个逆向的大胆创新，人类开启了全球定位的尝试。

图 11.5　TV-3 号卫星升空 3 s 后爆炸[①]

一、早期的全球定位系统——子午卫星系统

麦克卢尔的想法立刻得到美国海军的采纳，一个被称为"海军导航卫星系统"，也就是子午卫星系统（Transit，图 11.6）的研发计划于 1958 年启动。子午卫星系统的主要

[①] 维基百科。

目的是随时确定美国潜艇弹道导弹部队的位置，它的第一次测试是在 1960 年，全面运行则是从 1964 年开始。子午卫星系统的成功研发为卫星定位取得了初步的经验，并验证了由卫星系统进行定位的可行性，为 GPS 的研制奠定了基础。

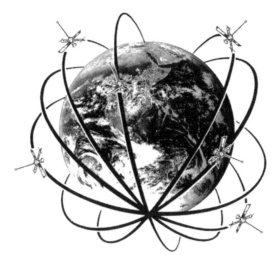

图 11.6　子午卫星系统的鸟笼状运行轨道

然而子午卫星系统是由 5～6 颗卫星组成的星网，每天最多绕过地球 13 次，一方面无法给出高度的信息，另一方面其定位精度也不够高。对此，美国海陆空三军及民用部门都感到迫切需要一种新的导航卫星系统。在随后对子午卫星系统不断改进的过程中，盖亭和帕金森分别发挥和做出了关键性的作用和贡献，使得 GPS 成功替代了子午卫星系统。

二、伊万·A. 盖亭的贡献

早在 1962 年，时任美国航空航天公司（Aerospace Corporation）董事长的盖亭就预见到开发新的导航卫星系统的需求。他的设想是：构建一个精确的定位系统，将在三个维度上，全天候 24 h、每周 7 天不间断运行。因为他本人有直接访问五角大楼最高管理层的权限，因此，他不断地向政府高层阐述他的想法。盖亭的这一努力与远见，最终使得这一创新的系统研究得到了美国海军研究实验室（图 11.7）的接纳，并取名为"天马行空"（Tinmation）全球定位网计划。该计划是建立一个由 12～18 颗卫星在离地面 10 000 km 的高度组成的卫星网，并于 1967 年、1969 年和 1974 年各发射了一颗试验卫星。在这些卫星上，他们还进行了原子钟计时系统的试验，这是 GPS 精确定位的基础。采用原子钟计时系统不仅可以提高定位精度，还可以以空间卫星上的精确时钟为基础，在地

面监测站的监控下，传送精确的时间和频率。GPS 是一个复杂的科技系统，许多个人和组织都为实现 GPS 做出了贡献，但盖亭提出的基本思想奠定了 GPS 的基础。因此，他始终把 GPS 当做自己最值得骄傲的成就。

图 11.7　美国海军研究实验室

三、布拉德福·W. 帕金森的贡献

替代子午卫星系统的另一个方案是由美国空军提出的，取名为 621-B 计划（图 11.8）。该计划是组建 3~4 个卫星群，每个星群由 4~5 颗卫星构成，除 1 颗采用同步轨道外，

图 11.8　621-B 计划的信号传输测试（1972 年）

其余的都使用周期为 24 h 的倾斜轨道，并以伪随机码为基础传播卫星测距信号以提高信号检测能力。1972 年 12 月初，帕金森接管 621-B 计划后，立即采取了行动，召开了一系列会议，审查了 621-B 计划的各个方面，包括替代方案。

然而，由于海军的 Tinmation 计划主要用于为舰船提供低动态的二维定位，而空军的 621-B 计划能提供高动态服务但系统过于复杂，两个系统同时研制会花费巨额资金，所以帕金森被要求将两个计划合并。1973 年 9 月，在美国五角大楼会议上最终形成了一份长达七页的决策协调文件，展示了 GPS 新概念。尽管五角大楼里的那些专家试图阻止这项提案，但是帕金森坚决地进行了辩护。1973 年 12 月 14 日，他的努力得到了回报，GPS 终于获得了批准。

最初的 GPS 方案是将 24 颗卫星放置在互成 120°角的 6 个轨道上，每个轨道上有 4 颗卫星，地球上任何一点均能观测到 6～9 颗卫星。这样，粗码精度可达 100 m，精码精度为 10 m。由于预算紧缩，GPS 计划减少发射卫星，改为将 18 颗卫星分布在互成 60°角的 6 个轨道上。然而这一方案不能确保卫星的可靠性，于 1988 年又进行了最后一次修改：在互成 30°角的 6 条轨道上有 21 颗运作卫星和 3 颗备份卫星。这就是现在 GPS 卫星所使用的工作方式（Getting，1993；Parkinson et al.，1995）。

四、中国的"北斗"

中国北斗导航卫星系统是我国自行研制的全球导航卫星系统。其实，早在 20 世纪 70 年代，我国就开始研究导航卫星系统的技术和方案，但之后这项名为"灯塔"的研究计划被取消。1983 年，无线电电子学家、中国科学院院士陈芳允（图 11.9）提出使用两

图 11.9　"两弹一星"元勋陈芳允（1916～2000）

颗静止轨道卫星实现区域性的导航功能，1989 年，中国使用通信卫星进行试验，验证了其可行性，之后的北斗导航卫星系统即基于此方案而设计。2009 年，北斗三号工程正式启动建设。2015～2016 年成功发射 5 颗新一代导航卫星，完成了在轨验证。2018 年前后，发射 18 颗北斗三号组网卫星，覆盖"一带一路"国家；2020 年 6 月 23 日，完成所有 55 颗卫星组网发射，实现全球服务能力。北斗导航卫星系统可在全球范围内全天候、全天时为各类用户提供高精度、高可靠定位、导航、授时服务，并具短报文通信能力，已经初步具备区域导航、定位和授时能力，定位精度 10 m、测速精度 0.2 m/s、授时精度 10 ns（何亮和付毅飞，2021）。

第三节
致力于国防事业的伊万·A. 盖亭

1912 年 1 月 18 日，盖亭出生于美国纽约，他是斯洛伐克移民的后代，在美国宾夕法尼亚州的匹兹堡（Pittsburgh）读完小学和高中，1929～1933 年在 MIT 就读本科，并获得爱迪生奖学金（Edison Scholar）。在获得罗德奖学金（Rhodes Scholar）后，盖亭前往英国牛津大学（University of Oxford）攻读博士学位，于 1935 年获得天体物理学博士学位。1935 年他与阿瑟·霍利·康普顿（Arthur Holly Compton）合作发表了一篇关于宇宙射线各向异性的开创性论文，文中所描述的康普顿-盖亭效应（Compton–Getting effect）在科学文献中至今仍然被广泛引用。毕业后的盖亭回到美国，在美国哈佛大学任教。

盖亭本可以拥有一个辉煌的学术生涯，但第二次世界大战和美苏冷战激发起的爱国情怀，让他开始致力于服务美国国防并解决其中的一些问题。他领导并参与了许多国防技术的发展，如空空导弹、雷达和电子系统等，尽管这些与他的天体物理专业并不太相关。他还帮助成立了 MIT 林肯实验室，并于 1940 年起担任 MIT 辐射实验室（图 11.10）的火力控制与军用雷达部主任。他的研究小组的一项鲜为人知的成果就是成功研发出微波炮瞄自动跟踪雷达 SCR-584。相比于原有美国陆军通信队研制的角度测量误差约为 1°的手控跟踪雷达 SCR-268，SCR-584 的角跟踪误差只有 0.12°，显著提高了火炮的精度，在第二次世界大战中大大提高了盟军的作战能力。1945～1950 年，在做了 5 年 MIT 电气工程教授后，盖亭离开学术界，加入雷神公司担任副总裁并致力于工程研究。1960 年，他从雷神公司辞职，领导了新成立的航空航天公司。在与空军的长期合作中，盖亭以其对技术的敏锐性、完整性，以及开阔的视野、丰富的经验和高超的管理能力得到政府和工业界人士的普遍认同，因此当航空航天公司成立时，盖亭被任命为首任董事长。在他的领导下，公司参与了一系列运载火箭和通信、导航、气象、监视以及一些具有机密任务的卫星系统的开发。盖亭还直接参与了美国空军火箭的研制计划，如"阿特拉斯"和"泰坦"，这些计划最终将"水星"（Mercury）和"双子星"（Gemini）宇宙飞船上的美国宇航员送入太空轨道。盖亭始终认为，他领导的航空航天公司应该在美国军事空间系统的规划和发展中起到关键和特殊的作用，因此他特别注意向每一个新雇技术人员阐释公司的使命，而且他不断地提醒他的团队，要"录用至少像你一样聪明的人"。

图 11.10　MIT 辐射实验室

盖亭是那个时代的杰出人物，从第二次世界大战到 20 世纪 90 年代冷战结束，他都起到了技术向导的作用。在整个职业生涯中，盖亭不仅担负行政重任，而且同时还是政府顾问，特别针对有关国防问题。1945 年，盖亭、亨利·阿诺德（Henry Arnold）将军和卡门共同成立了空军科学顾问委员会，盖亭后来成为空军首席科学家。他是国家研究理事会海军研究委员会长聘成员，并给政府提出了很多重要建议。他还在"北极星"弹道导弹系统（图 11.11）的创建过程中发挥了主导作用。此外，他担任了多年的总统科学顾问委员会成员和 25 年的美国国家科学院水下作战委员会成员，还是北大西洋公约组织（North Atlantic Treaty Organization，NATO）的顾问。

图 11.11 美国"北极星"弹道导弹①

　　盖亭在新英格兰和后来的南加州都是一个狂热的水手。因为长期与新英格兰多雾的恶劣天气斗争，他对灯塔的功能和重要性十分熟悉。GPS 概念的提出与盖亭广泛的经历和丰富的经验有关。其借助航海经验获得的导航直观知识，获益于早期在雷神公司从事导航和定位系统方面的研究，得益于前期关于电子导航系统的工程工作，并受益于前太空时代高空飞行卫星的可行性，让他具备了各方面的基础，并最终设计出了导航卫星系统，其意义相当于在天空中设置了航行的灯塔。

　　盖亭是一个爱社交、富有同情心并且性格外向的人。他的朋友回忆道，有一次，他将他的"塞丽娜号"（Sirena）游艇停在临近加州海岸的卡塔利娜岛（Catalina Island）上，与众人一起在船上喝酒和聚餐。到了夜晚，天空下起了雨，还刮着寒冷的风，可大伙仍意犹未尽。正当大家尽兴的时候，突然一声巨响，"塞丽娜号"摇晃了一下。原来一对年轻夫妇驾驶的小帆船失去了控制，撞上了"塞丽娜号"。说时迟那时快，盖亭立即穿上雨具钻进他的救生艇，他驾驶着救生艇拖着那对年轻夫妇的船驶向码头帮他们停好。临了，又带着这对年轻夫妇参加了正在他的游艇上进行的聚会。盖亭喜欢用他恶作剧般的幽默感讲述他的经验，并描述他的遭遇。他还是一位出色的钢琴家。每年年底的圣诞节前后，往往是公司忙碌得喘不过气的时候，可他却每年在公司管理部门举行圣诞晚会，以缓解大家的压力。在晚会上，他会盛装打扮并戴着圣诞帽，用钢琴演奏圣诞歌曲。在音乐间隙，他还会向人们展示他珍贵的兰花，并让大家玩得轻松愉快（Paulikas，2008）。

---

① 维基百科。

第四节

GPS 总设计师——布拉德福·W. 帕金森

　　帕金森于 1935 年 2 月 16 日出生于美国威斯康星州麦迪逊（Madison），他在明尼苏达州明尼阿波利斯（Minneapolis）度过其童年，在一所小型的全男子预科学校接受中学教育，由此激发了帕金森对数学和科学的早期热爱。1952 年毕业后，帕金森进入美国海军学院（图 11.12）学习，五年的工程专业学习，让他对控制工程产生了浓厚的兴趣。1957 年，帕金森以优秀的成绩获得工程专业的学士学位。毕业后，帕金森在空军服役，他接受了电子维修方面的培训，他的一项任务是监督华盛顿州的大型地面雷达装置。随后，他在美国空军的资助下进入 MIT 学习控制工程、惯性制导、宇航学和电气工程等，1961 年获得航空学和宇航学的理学硕士学位。从 MIT 毕业后，被分配到位于新墨西哥州阿拉莫戈多（Alamogordo）的霍洛曼空军基地（Holloman Air Force Base）的中央惯性制导试验设施工作，担任基地惯性制导系统评估的首席分析师。工作之余，帕金森继续从事电气和控制工程方面的学习，直到 1964 年，被选送到斯坦福大学攻读博士学位，并在那里获得航空学和宇航学博士学位。1966 年，从斯坦福大学毕业的帕金森在美国空军学院（United States Air Force Academy，图 11.13）担任航天工程和计算机科学系的系主任。

图 11.12　美国海军学院俯视图

179

第二章　全球定位系统

图 11.13 美国空军学院

1972～1978 年，帕金森被指定接管美国空军提出的卫星导航定位的 621-B 计划，当该计划与美国海军提出的 Tinmation 计划合并后，帕金森主持联合项目办公室的工作。作为该项目的负责人，他一直是 GPS 的总设计师，参与了整个系统设计、工程开发和实施过程。在此期间，他获得了美国国防部的特别奖励。

自 1984 年起，帕金森一直在斯坦福大学教学，并继续开发和推广 GPS 所特有的厘米级精度的优势。他和他的学生为飞机开发了一种自动着陆系统，并在波音 737 上取得了超过 100 次成功的无人协助着陆的技术试验。同样的原理也被应用于引导并驱动农用拖拉机，使之能够沿着预定线路在无人驾驶的情况下行进，误差不超过 2 in（Sales,2007）。

第五节
尾　声

›››

盖亭是航空航天公司的创始人和 GPS 概念的发明者。不论是在雷神公司和航空航天公司工作期间，还是作为政府部门的重要顾问，盖亭对科研的热爱始终贯穿了他的生活。为了表达对盖亭的敬意，航空航天公司的董事会将科研综合区命名为伊万·A. 盖亭实验室。盖亭被授予多项荣誉以表彰他的杰出成就，包括海军军械发展奖（Naval Ordnance Development Award，1945 年）、总统功绩勋章（Medal for Merit，1948 年）、空军卓越服务奖（Air Force Exceptional Service Award，1960 年）、IEEE 航空航天与电子系统先锋奖（Aerospace and Electronic Systems Pioneer Award，1975 年）、IEEE 创始人奖章（Founders Medal，1989 年）、美国国防部杰出公共服务奖章（Medal for Distinguished Public Service，1997 年）、美国航空航天学会戈达德航天奖（2001 年）等。2003 年 10 月 11 日，盖亭在加州科罗纳多家中去世，享年 91 岁。为了纪念盖亭的贡献，2004 年 3 月美国空军在新发射的 GPS 星座系统的卫星上，安装了一块写有 "'为全人类服务的天空灯塔'，伊万·A. 盖亭博士，1912～2003"（Lighthouses in the Sky Serving All Mankind Dr. Ivan A. Getting 1912-2003）的纪念牌，见图 11.14。

图 11.14　纪念伊万·A. 盖亭的 GPS 卫星

帕金森是航空航天公司的理事会主席，并且担任著名的由著名力学家卡门创立、著名力学家钱学森曾经工作过的 NASA 喷气推进实验室咨询委员会的联合主席。他是英国皇家航海学会（Royal Institute of Navigation）和 NASA 的荣誉成员、美国宇航学会（American Astronautical Society）和美国导航学会（American Institute of Navigation）的会士、IEEE 会士、美国国家工程院院士、国际宇航科学院（International Academy of Astronautics）院士。由于在 GPS 方面的工作，帕金森从私人组织、军队和政府机构获得了许多奖项和荣誉，包括 NASA 公共服务奖章（Public Service Medal，1994 年）、美

国国防部杰出公共服务奖章（2001 年）、马可尼奖（2016 年）、IEEE 荣誉勋章（2018 年）、伊丽莎白女王工程奖（2019 年）等。他在 2004 年入选美国国家发明家名人堂，2011 年被选为美国海军学院的"杰出毕业生"（Distinguished Graduate），并在 2012 年被选为斯坦福大学的"工程英雄"（Engineering Hero）。1985 年，一颗在加州圣迭戈的帕洛玛天文台（Palomar Observatory）发现的小行星 10041 就是以他的名字命名的。

第 12 章

个人计算机
——开启个人电脑时代

第十届德雷珀奖于 2004 年颁发给了美国计算机科学家艾伦·C. 凯（Alan C. Kay）、巴特勒·W. 兰普森（Butler W. Lampson）、罗伯特·W. 泰勒（Robert W. Taylor）和查尔斯·P. 萨克尔（Charles P. Thacker）（图 12.1），其颁奖词为："以表彰对第一代实用联网个人计算机的设想、构思和开发。"[①]

（a）艾伦·C. 凯　　　（b）巴特勒·W. 兰普森　　　（c）罗伯特·W. 泰勒　　　（d）查尔斯·P. 萨克尔
（1940～）　　　　　　（1943～）　　　　　　　（1932～2017）　　　　　　（1943～2017）

图 12.1　第十届德雷珀奖获得者

第一节
个人计算机简介

个人计算机（personal computer，PC）又称 PC 机、个人电脑、计算机等，1981 年 IBM 公司的第一部桌上型计算机型号标注的就是 PC。个人计算机由硬件系统和软件系统组成，是一种能独立运行、可完成特定功能的设备。它的硬件系统包括电源、主板、中央处理器（central processing unit，CPU）、主存储器（又称内存）、硬盘等计算机的物理设备，而它的软件系统则是指为方便使用计算机而设计的程序，包括用于控制和管理计算机资源的系统软件（如操作系统、编译系统等）和各种可以运行在操作系统中的应

---

① 颁奖词原文：For the vision，conception，and development of the first practical networked personal computers.

用软件（如游戏软件、工作软件等）。与批处理计算机或分时系统等一般需同时由多人操控的大型计算机相比，个人计算机在大小、性能及价位等多个方面均适合个人使用，并由终端用户自己直接操控。从技术层面上，个人计算机是一种通用的信息处理设备，它可从一方用户（通过键盘和鼠标）、设备[软盘或小型光盘（CD）]或网络（通过调制解调器或网卡）接收信息，进而对接收到的相关信息进行处理，并将处理完毕的信息显示给另一方用户（通过显示器），或存储到设备上（如硬盘），或通过网络发送到其他地方（再一次通过调制解调器或网卡）。

个人计算机的种类很多，主要分为台式计算机（desktop computer）和笔记本计算机（notebook computer）两大类，前者通常放在桌面，也称桌面计算机，后者是一种小型、可携带的个人计算机。台式计算机相对于笔记本计算机体积较大，主要部件，如主机、显示器、键盘、鼠标等，一般是相对独立的，有较好的散热性和可扩展性等。一体机（all-in-one）是一种新型的台式计算机，它将主机与显示器集成在一起，键盘、鼠标与显示器可实现无线连接，机器只有一根电源线，这就解决了台式计算机线缆多而杂的问题。笔记本计算机包括上网本计算机（netbook computer）、平板计算机（tablet personal computer）和超极本（Ultrabook）等，见图 12.2，可灵活使用，比如手持或放在腿上。

（a）上网本计算机　　　　　　　（b）平板计算机

（c）超极本

图 12.2　上网本计算机、平板计算机和超极本

上网本计算机相比普通笔记本计算机更轻便但配置不太高；平板计算机的构成组件与笔记本计算机基本相同，但一般不同于笔记本计算机键盘与屏幕相交的模式，无须翻盖，没有键盘，利用触笔在屏幕上书写；超极本是一种更轻薄的笔记本计算机，兼具平板计算机和笔记本计算机的功能，该类产品组合智能吸附键盘使用时就是笔记本计算机，分开使用时就是平板计算机，屏幕可触摸操作。

第二节
个人计算机的发明过程

　　世界上第一台个人计算机系统是 20 世纪 60 年代末至 70 年代初开始设计与研发的，并在 1973 年完成并正式投入使用。由于该个人计算机是美国施乐（Xerox）公司于 1970 年成立的帕克研究中心①设计并开发出的，而帕克研究中心所在的城市是美国加州旧金山湾区的帕洛阿尔托（Palo Alto，也有人译为帕罗奥多或帕罗奥图），故第一台个人计算机系统取名为阿尔托。值得一提的是，帕洛阿尔托是一座高科技城市，是著名的斯坦福大学和硅谷所在地，也是很多著名公司，如戴尔（Dell）公司、威睿（VMware）公司、特斯拉（Tesla）公司、英特尔公司、苹果（Apple）公司、谷歌公司、脸书（Facebook）、雅虎（Yahoo）公司等的总部所在地。帕克研究中心的定位是创造"未来办公室"，除了第一台个人计算机系统，帕克研究中心还研发了激光打印机、图形用户界面、个人工作站和 PDF 文档格式等。

　　阿尔托也被称为第一台个人计算机或工作站，它带有鼠标、本地硬驱、绘图用户界面，以及所有现在众人皆知的个人计算机和操作系统所包含的硬件和软件。阿尔托上配备有的鼠标不是早期木质粗笨的那种，而是小巧玲珑、比较接近我们现在所使用的鼠标。阿尔托的 8 in 软盘驱动器采用了一些新的技术，其能存储的信息量在当时是最高的。此外，阿尔托上还配备了一些出色的软件。虽然阿尔托在体积上远大于现代个人计算机——有一台小型冰箱那么大（图 12.3），但它的台式显示器和键盘的设计非常

---

　　① 全称帕洛阿尔托研究中心（Palo Alto Research Center）。

图 12.3　第一代个人计算机——阿尔托

便于用户操作。阿尔托是当时最先进的计算机系统，有一系列的新构思、新创造、新发明、新部件，其中最主要的是有高分辨率的全屏图形系统，在世界上首先实现了图形用户界面，打破了传统的只能用字符实现人机交互的限制，翻开了计算机历史上有重大意义的新的一页，使计算机与人的关系不再"生硬""冰冷"，而是"友好"的。阿尔托的许多创新点，如鼠标输入、允许窗口重叠的图形化用户界面、一个所见即所得的文本编辑器以及通过以太网卡快速联网等，在后来的个人计算机版本设计中都有所体现，是对个人计算机推广应用至关重要的变革。

　　阿尔托的强大功能和优异性能来自它超前的设计思想，即将计算机的体系结构和计算机所要采用的程序设计语言和操作系统等系统软件和支撑环境统一加以考虑，以集成的方式进行设计和开发。这种设计思想是阿尔托成功的关键，同时也成为后来个人计算机系统设计的主导方向。在阿尔托的发展过程中，帕克研究中心汇聚了一批杰出的计算机科学家，其中艾伦、兰普森、泰勒和萨克尔分别做出了重要的贡献。

一、艾伦·C. 凯的贡献

　　在艾伦的工作之前，计算机没有显示屏幕的大机柜，展现在用户面前的是系统封装文本，如果用户想用这台机器就必须学会它的特定语言。1969 年，当艾伦在犹他大学完

成了自己有关面向图形对象编程的博士学位论文，并获得计算机科学博士学位后，进入斯坦福大学人工智能实验室从事教学工作。也就是从那时起，艾伦开始思考如何使得庞大的计算机变得更小，比如变得像一本书那么大，不仅儿童都会使用，而且可以用来代替纸的功能。艾伦把他所构想的计算机称为"基迪康普"（KiddieKomp），并为此构思和设计了一种被称为 Smalltalk 的计算机语言（图 12.4）。Smalltalk 语言程序好比一个个生物分子，通过信息彼此相互连接，这正是艾伦的"分子 PC"的思想，被业界人士公认为开创了"面向对象编程系列语言"的编程风格。

图 12.4　由 Smalltalk 语言绘制的图形[①]

1972 年，艾伦加入帕克研究中心，建立了学习研究工作组并参与了阿尔托的开发。同时，他开始应用 Smalltalk 语言来开展教育研究。他在帕克研究中心招来很多孩子，教他们如何使用电子计算机，并记录下每名儿童在学习过程中的表现作为分析研究的素材。艾伦通过和孩子们的接触，加之他对教育的热爱和广泛的兴趣以及他的音乐天赋，逐步形成了自己的观点，即用户应该可以运用不同的方式与计算机交互，而不只是局限于文本，也许可以采用图片来展示。他的研究发现：与文字相比，儿童可以通过图像和声音更好地学习使用个人计算机。为此，他主持并领导帕克研究中心全力攻克了 IT 技术的战略制高点——图形化设计。

图形化设计拓宽了通过开发面向对象的概念，研发出大量使用了图形和动画且操作简单的个人计算机系统。1979 年，当时苹果公司正在设计一种新颖的图形用户界面，也

---

① Smalltalk Balloon. https://commons.wikimedia.org/wiki/File:Smalltalk_Balloon.svg[2022-10-03].

正好就在这个时候，史蒂夫·乔布斯等几个苹果公司的创始人来到帕克研究中心参观，发现了艾伦的 Smalltalk 语言，乔布斯无不兴奋地说，"它灵活、易用，简直就像是为苹果机量身定做的"。事实上，除了苹果公司的电子计算机（图 12.5），还有微软公司的 Windows 操作系统和图形化的 Linux，只要是图形化的操作界面，其实都是艾伦超前思想的继承者。在同行眼中，艾伦对于个人计算机世界最伟大的贡献是其高明的眼光和不断地推陈出新。艾伦改变了一个行业以及计算机使用者的思考方式，IBM 公司将他誉为"现代个人计算机之父"。

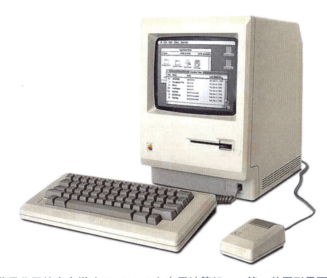

图 12.5　苹果公司的麦金塔（Macintosh）电子计算机——第一款图形界面操作的微机

二、巴特勒·W. 兰普森的贡献

1970 年，兰普森加入了帕克研究中心的计算机科学实验室，1971～1975 年任计算机科学实验室首席科学家，是阿尔托的首席设计师。被誉为"典范"的阿尔托图形用户界面的操作模式是兰普森在 1972 年构思的，并将其记录在一份备忘录里。随后，基于操作系统 OS6，他又设计了阿尔托操作系统以及面向显示的文本编辑器和格式化程序 Bravo，这是第一个所见即所得的文本编辑程序。之后，为了解决由于使用 Bravo 出现的新问题——奇偶校验错误，兰普森等在阿尔托上运行了一个随机数存储器诊断程序，并在以太网上报告所发现的问题，最后问题得到解决。兰普森后来回忆称，这一过程应该是历史上最早实施的网络维护。

兰普森对阿尔托的贡献得益于他始终对个人计算机有着独到的眼光以及他在计算

机软硬件研究方面的丰富经验。1964～1967 年，兰普森和同事在加州大学伯克利分校实现了第一套可允许用户用机器语言进行编程的商品级通用分时系统，即 SDS 940 系统，见图 12.6。其中的操作系统和多种编程系统软件主要是兰普森负责编写的。在此以前，兰普森还使用面向字符串的符号语言编写了大部分的联机系统（on-line system，NLS）原型，这使得他积累了大量的计算机系统编写经验。1968～1971 年，兰普森参与了基于操作系统 Cal TSS 的开发工作并使之成为当时乃至数年后美国唯一的大型计算机。1969 年，兰普森创办了伯克利计算机公司（Berkeley Computer Corporation，BCC），专门从事大型分时系统的作业系统整体设计，他的团队后来成为帕克研究中心计算机科学实验室的核心技术团队。1975～1983 年，兰普森还参与了许多其他革命性技术的发明，如激光打印机的设计、两阶段提交协议、以太网、第一个高速局域网等；此外，他还设计了几种有影响力的编程语言，如欧几里得语言。

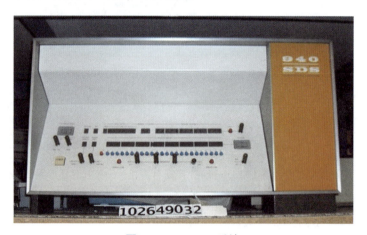

图 12.6　SDS 940 系统

三、罗伯特·W. 泰勒的贡献

1970 年，泰勒来到了加州帕洛阿尔托市，同年，他创办了施乐公司的帕克研究中心的计算机科学实验室，并说服了兰普森等八九个才华横溢的研究人员从伯克利计算机公司到帕克研究中心（图 12.7）工作。此前，当他还在 ARPA 工作时，听说斯坦福研究院的一名叫道格拉斯·恩格尔巴特（Douglas Engelbart，图 12.8）的年轻计算机科学家在研究如何让人与计算机直接进行交互，他决定为这项研究提供更多资金。这笔资金直接促成了鼠标的诞生，后来又促成了苹果公司 Macintosh 计算机和微软公司 Windows 计算机的诞生。泰勒的研究团队为阿尔托建造了一个计算机原型。随后艾伦领导的另一个团队为该计算机添加了一个软件系统。该系统后来成为"桌面比拟"（Desktop Metaphor）的前身。在这个系统里，文件以图形图标的形式显示在计算机桌面上。

图 12.7　施乐公司的帕克研究中心地标

图 12.8　"鼠标之父"——道格拉斯·恩格尔巴特（1925～2013）

　　泰勒对阿尔托的贡献得益于他的独到眼光和组织才能。1961 年，在太空时代到来前夕，他在 NASA 担任了一年的项目经理。早在 1966 年他就担任了 DARPA 的 IPTO 主任。据说，在他上任第一天，他立刻知道办公室缺少什么，还需要什么。当时，DARPA 正在给三个独立的计算机研究项目提供资金，并使用三个独立的计算机终端与这三个项目进行沟通。泰勒认为 DARPA 需要一个单一的计算机网络将这些项目连接起来，于是他说服了 DARPA 局长，结果局长立马从弹道导弹防御预算中拿出 100 万美元给了泰勒，由此促成了互联网前身阿帕网的诞生。

四、查尔斯·P. 萨克尔的贡献

1967 年，萨克尔毕业于加州大学伯克利分校计算机科学系，并在那里获得了物理学学士学位。随后，他加盟伯克利计算机公司，参与开发了 BCC 500 分时系统，主要负责中心存储器和微处理器的设计。1970 年，萨克尔和伯克利计算机公司的许多其他核心技术人员一起，加盟了帕克研究中心。在此后的 13 年里，萨克尔先后担任 MAXC 分时操作系统的项目负责人、阿尔托个人计算系统的首席设计师等职务，领导并负责了绝大多数富有创意的系统的硬件开发工作。他还创建了许多帕克研究中心的硬件设计师都使用的 SIL CAD 系统，而且是第一个使用高速缓存多处理器的"神龙"（Dragon）系统的设计师。当时的计算机十分复杂、昂贵，只有专业人士才能操作。尽管阿尔托最早的原型产品成本高达 1.2 万美元，但萨克尔领导设计阿尔托时高瞻远瞩，考虑了很多惠及未来的问题。萨克尔在技术方面是一位"硬派"人士，其主要成就都与计算机硬件系统架构有关。

第三节
具有音乐天赋的艾伦·C. 凯

1940 年 5 月 17 日，艾伦出生于美国马萨诸塞州汉普登县（Hampden County，Massachusetts）。不久，他们全家就搬到澳大利亚，艾伦在风光宜人的澳大利亚黄金海岸度过了自己的童年时光。可是好景不长，第二次世界大战爆发，艾伦全家不得不返回美国，住在马萨诸塞州汉普登县南哈德利镇外的约翰逊农舍。艾伦是个超智商的"神童"，三岁就能阅读，五岁便已经读了数百本书。小学的时候，老师给艾伦排的课程，他早就自学过了。随着年龄的增长，艾伦的求知欲变得更加旺盛，他发现学校的教育已不能满足自己，还认为有些老师的观点和教科书的观点是很荒唐的。艾伦在 IT 行业出名后，有人专门去研究他的家史，想探寻这位神童的基因是不是家族遗传，可是却发现：艾伦父亲是建筑工程师，母亲是音乐家兼艺术家。艾伦的早期教育一方面来自他父亲教授的数学，另一方面来自他母亲给他的音乐启蒙，这奠定了艾伦的语言天赋。艾伦的音乐功底非常好，他是学校合唱团的童高音独唱，还会吉他演奏，小时候曾一度想要成为一名专业的音乐家。

1961 年，因出面维护犹太移民，艾伦被迫离开他就读的西弗吉尼亚州贝瑟尼学院（Bethany College），以教授吉他课程为生。此外，他还参加志愿者服务。后来，艾伦在美国空军服役，在一次计算机编程能力测试中，他在计算机方面的天赋得以展示，于是被安排负责在 IBM 1401 大型计算机（图 12.9）上编程。不久，艾伦进入科罗拉多大学（University of Colorado），主修数学和分子生物学，并于 1966 年获得学士学位。20 世纪 60 年代，电子学、微电子学开始在美国兴起，艾伦对其产生了浓厚的兴趣，由于当时"计算机图形学之父"伊万·萨瑟兰（Ivan Sutherland，图 12.10）正在美国中部的犹他大学执教，于是艾伦来到犹他大学工学院并研读电子电气工程师课程。在名师的指点和自己的刻苦钻研下，艾伦充分借鉴了很多编程语言的长处，又从自己所学过的分子生物学中汲取灵感，进而开创了自己的"生物类比"理论。后来艾伦在其论文中总结这一理论的核心思想："假定未来理想的计算机能够具备生物组织一样的功能，每个'细胞'既能独立运作，也能与其他功能一起完成复杂的目标，则就可能通过'细胞'的相互重组来解决问题或者完成某些功能。"（Kay，1977）

图 12.9　IBM 1401 大型计算机

图 12.10　计算机图形学之父伊万·萨瑟兰（1938～ ）

　　1968 年秋天，艾伦第一次见到 MIT 人工智能实验室的负责人西摩·佩珀特（Seymour Papert），当他看到佩珀特教小孩子使用图标，看到了最原始的手写识别系统，他的脑海中关于计算机对社会作用的整个观念都发生了动摇。他意识到：如果把手写识别应用到计算机上，就能创造出一种超媒体——就像现在的报纸，一种电子化的超媒体。这也许就是艾伦研发 Smalltalk 语言和图形化设计的"导火索"。

　　艾伦最显著的贡献是给世界计算机科学带来了范式转换，从而深刻地改变了计算机行业和世界的思维方式。1972 年，艾伦加盟帕克研究中心，并于 1983 年离开。1984 年艾伦加入了苹果公司并成为苹果公司的特别研究员，不久，苹果公司的 Macintosh 电子计算机——第一款图形界面操作的微机问世，这也是艾伦一直以来的设想。

　　艾伦是一位有良知的学者，非常担心社会遭受计算机的负面影响，担心他制造出来的新的个人计算机变成"电子鸦片"，影响人们创新能力的发挥。他说："计算机很可能对社会产生负面影响，我不希望它变成另一台电视，把人们各自锁在屋子里。"[1]他更希望自己的新发明对人类的未来产生有益的作用。艾伦陶醉于计算机技术对世界的潜在影响。他对教育特别感兴趣，他更希望这种新技术能够培养出他称之为"持怀疑态度的人"。在 2007 年的"技术、娱乐、设计"（Technology，Entertainment，Design，TED）演讲大会上（图 12.11），艾伦提到：当前，人类取得的进步是过去几百年都无法比拟的。这些

―――――――――
① 来自新浪网。

成就的取得都离不开工具的支持，特别是电子计算机的支持。人本身的感官系统具有极大的局限性，只有当我们意识到这一点并坦然承认的时候，我们才会去发明出各种辅助的机器，并通过这些机器看到一个更真实的世界。艾伦曾说过一句至今让 IT 业界后辈们记忆犹新的名言："预测未来的最好方法是创造未来。"（The best way to predict the future is to invent it.）与其坐等未来，不如主动探索，以人类的创新和进取精神去创造属于自己的未来。这位大师以自己近 40 年的职业生涯生动地诠释了这一名言的含义。他是一位计算机科学的预言家，他的思想和工作对软件和硬件科学的发展都产生了深远的影响（Piumarta and Rose，2010）。

图 12.11　艾伦的演讲

第四节
获得文科学士学位的巴特勒·W. 兰普森

1943 年 12 月 23 日，兰普森生于华盛顿特区。父亲爱德华当时在军队工作，兰普森从小就跟随当外交官的父亲周游世界。1946～1947 年，他们全家在土耳其生活，当时土耳其的生活条件还相当艰苦，好像连收音机都没有。之后，兰普森全家又从土耳其来到在当时属英国占领区的德国杜塞尔多夫（Düsseldorf），这样，兰普森就被送到英国的一个陆军学校学习了一年。再后来，他们全家又来到当时属美国占领区的位于德国莱茵河畔的西部城市波恩（Bonn），住进为了避免美国官员的家属与德国人过多接触而建造的

公寓楼。这个公寓楼里有购物中心、学校、教堂、俱乐部、图书馆、电影院等，兰普森在公寓楼中的图书馆里读到了很多关于科学家及其故事的儿童读物，萌发了对数学和科学的兴趣。

兰普森的中学时代是在距离新泽西州普林斯顿 6 mi 处的一所顶尖私立寄宿式中学——劳伦斯维尔学校（Lawrenceville School）度过的。1958 年，他的朋友在普林斯顿大学的小型实验室里找到了一台 IBM 公司开发的早期电子计算机 IBM 650（图 12.12）。IBM 650 磁鼓数据处理器可存储 2000 个十位小数位字符，输入输出（I/O）设备是由计算机和插件板分别控制的控制台和一个读/写打卡机，电子计算机管理员允许兰普森和他的朋友在这台机器闲置时使用。为了使用这台电子计算机，他们不惜从学校乘坐公共汽车再走约 10 km 的路。也正是在那时，兰普森开始接触到编程，直至 1960 年他从高中毕业。

图 12.12　IBM 650 计算机

高中毕业后，兰普森进入哈佛大学学习，尽管他获得的第一个学位是文学学士，但由于受到计算机的影响，他还主修了物理学。1960 年，哈佛大学的中央计算设施是笨重的、使用晶体管的第二代计算机的代表 UNIVAC-1，他不喜欢在这种笨重的机器上编程序，于是，不得不常常到相距不远的 MIT 的计算机上编程。1962 年，兰普森选修了正好在哈佛大学兼职的 APL 语言发明人肯尼斯·艾弗森（Kenneth Iverson）讲授的 "APL 编程语言" 课程，他同时还向当时哈佛大学经济学专业的研究生学习 FORTRAN 编程。之后，他开始自己编写程序，并写了一个能对 PDP-1 进行每一时刻单点显示的显示编辑器。PDP-1 是兰普森学习使用的第四台或第五台计算机，也是他自认为接触到的第一台小型电子计算机。1964 年，兰普森取得了哈佛大学学士学位并获物理学优等生这一荣誉。1964 年秋天，兰普森没能进入普林斯顿大学读研，他转而来到加州大学伯克利分校攻读物理学研究生。同年，在旧金山举行的秋季联合计算机会议上，兰普森偶遇来自 MIT 的史蒂夫·拉塞尔（Steve Russell）。拉塞尔是美国最著名的计算机科学家，参与设计了可在电子计算机上真正运行的第一款交互式游戏"空间大战"（图 12.13）。从那时起，兰普森慢慢远离了物理学并更加着迷于计算机。1967 年，兰普森获得博士学位后留校任教，4 年后进入帕克研究中心参与了阿尔托的研发。1984 年，ACM 将"软件系统奖"（Software System Award）授予了阿尔托，兰普森作为阿尔托的首席设计师是第一获奖人，第二和第三获奖人分别是泰勒和萨克尔。

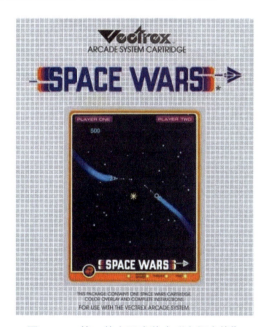

图 12.13 第一款交互式游戏"空间大战"

兰普森是一个兴趣广泛、多才多艺的计算机专家，他在硬件、软件、程序设计语言、计算机应用、网络等诸多方面都有许多成果和专利。例如，在硬件方面，兰普森在帕克研究中心研发了以太网、阿尔托计算机系统和多拉多（Dorado）计算机系统，在数字设备公司（Digital Equipment Corporation，DEC）系统研究中心主持了用世界上最快的计算机芯片 Alpha 作 CPU 的 Alpha 工作站体系结构的设计；在软件方面，兰普森成功研发了 SDS-940 和阿尔托的操作系统；兰普森还开发了"勇敢者"（Bravo）编辑器、"行

星"（Star）办公系统、"传闻"（Grapevine）电子邮件系统及"多佛"（Dover）网络打印机。因为兰普森对个人计算机和计算机科学的贡献，1992 年他获得了著名的 ACM 图灵奖，成为获得计算机领域最高奖的一位文科生。此外，他还获得了 1995 年的 IEEE 计算机先驱奖（Computer Pioneer Award），当时他是数字设备公司高级研究员和主任设计师，之后他加盟微软公司，担任软件总工程师，目前在微软公司拥有"首席技术官"的头衔。

1999 年 6 月，兰普森曾与罗杰·瑞迪（Raj Reddy，获 1994 年 ACM 图灵奖）一起到北京参加了由《计算机世界》杂志社和微软中国研究院主办的"21 世纪的计算"学术研讨会暨"中美顶级计算机科学家高峰对话"。会上，他发表了题为"21 世纪的计算研究"的精彩演说，给与会者留下了深刻的印象（Yost，2014）。

第五节
从五角大楼走出的罗伯特·W. 泰勒

1932 年 2 月 10 日，泰勒出生在美国得克萨斯州的达拉斯，在出生 28 天之后，他被人收养，养父是卫理公会的牧师。童年时候，他常常和家人一起从一个教区搬到另一个教区。在达拉斯南卫理公会大学（Southern Methodist University）获得学士学位后，他继续在得克萨斯大学奥斯汀分校（University of Texas at Austin）攻读硕士研究生。在学校，他以课程学习为乐趣并获得了实验心理学学位，该学位同时需要辅修数学、哲学、英语和宗教。他的论文研究的是耳朵和大脑如何给声音定位。为了分析他的数据，他不得不把数据送到学校的计算中心。在那里，一名工作人员在防护玻璃墙后面帮他操作该中心身躯庞大的计算机。这名工作人员向他展示了把他的数据和项目输入打孔卡片的烦琐过程。这是那个时代的标准做法，但泰勒却对数据录入过程感到很震惊也很生气，甚至觉得实在荒唐。从那时起，泰勒就对人机交互的形式产生了浓厚兴趣，他开始思考："为什么计算机不能做到这些？"

毕业后的泰勒在佛罗里达州的一所预科学校教数学并且当篮球教练。由于经济情况很差，泰勒转行到航空公司做工程技术工作，在提交了飞行控制仿真显示的研究计划后，1961 年他被邀请加入 NASA。在 NASA 工作期间，泰勒遇到计算机科学家利克莱德（图 12.14）。当时利克莱德撰写了有关"人机共生"的开创性论文。正是这篇论文为泰勒在 NASA、五角大楼、帕克研究中心及后来的数字设备公司的一系列创新性的工作奠定了基础。

图 12.14　约瑟夫·利克莱德（1915～1990）

1965 年，泰勒离开 NASA，到了 ARPA，负责对美国的重点大学和企业研究中心的计算机高级研究提供一些大型项目资助。当时，ARPA 支持的计算机项目之一就是分时系统，分时是指多个用户在终端上分享使用同一台大型计算机，用户可以进行交互式工作，而不是采用穿孔卡片或穿孔纸带的批处理风格。泰勒在五角大楼的办公室就有一个终端连接着 MIT 的分时系统，另一个终端连接着在加州大学伯克利分校的伯克利分时系统，第三终端连接着加州圣莫尼卡（Santa Monica）的系统开发公司。他注意到每个系统自主开发了一个用户群，但是不同的用户群是彼此孤立的，泰勒则希望建立一个能把 ARPA 赞助的项目彼此联系起来的计算机网络，以便他们都可以通过一个终端进行通信。1966 年 6 月，泰勒正式成为 IPTO 的主任，他说服 ARPA 的主管资助了一个网络工程项目，并聘请 MIT 林肯实验室的罗伯茨担任第一个网络项目的经理，从而推动了阿帕网的研发。

在五角大楼工作时，泰勒被要求协助美军在越南的战事。当时的美国第 36 任总统林登·约翰逊认为"阵亡人员统计"的数字不准确，并为此十分恼火，就命令当时的国防部部长解决好这个问题，于是 ARPA 局长在接到国防部部长的电话后，就派泰勒前往越南解决用于报告战争进展的信息系统所出现的问题。泰勒后来回忆说："从那之后，白宫得到的报告只有一份而不是许多份。他们很高兴，尽管我不知道报告的数据是否正确，但至少报告一致了。"（Aspray，1989）

1968 年，他与利克莱德联合撰写了一篇论文《作为通信设备的计算机》(*The Computer as a Communications Device*)，该论文描绘了计算机网络将如何改变社会的轮廓："几年后，人们将能够通过电子计算机进行更有效的交流，交流方式不再仅仅是面对面。"然而，就在 1969 年，阿帕网可以工作时，泰勒离开了五角大楼。1970 年他加盟了帕克研究中心。在那里，他加入一个小型研究团队，参与改进了包括鼠标在内的多项技术，也开发了一些新技术，比如基于图形的个人计算机。在帕克研究中心，泰勒所做的最为人所知的事情是发起了计算机科学家每周一次的例会。这些科学家在会中讨论的话题非常广泛，从计算机技术到以色列魔术师尤里·盖勒 (Uri Geller) 的魔术，无所不谈。在每次会议中，先由一位与会者提出一个话题，然后大家参加讨论。这些会议的主持人会像 21 点纸牌游戏的发牌人一样坐在中间，其他科学家围坐成一圈。随后他们开始天马行空般的讨论和辩论。泰勒通过在这类会议上所营造活跃的气氛，来激发大家畅所欲言，由此获得灵感。

1978 年，泰勒在帕克研究中心负责管理计算机系统实验室。1983 年，泰勒和计算机系统实验室的大部分研究人员离开帕克研究中心，在数字设备公司成立了帕洛阿尔托的系统研究中心 (中心采用的 PDP–7/A-S#112 计算机见图 12.15)，计算机系统实验室原来的其他许多研究人员也加入系统研究中心工作，他们研发的主要项目包括 Modula-3 编程语言、用于萤火虫多处理器工作站的史努比缓存、第一个多线程 UNIX 系统、第一个用户界面编辑器以及网络窗口系统等。20 世纪 90 年代，在其职业生涯的后期，

图 12.15　PDP–7/A-S#112 计算机

泰勒在帕洛阿尔托创立并运营了数字设备系统研究实验室（Digital Equipment Systems Research Laboratory）。该实验室曾协助创建了远景（altavista）互联网搜索引擎，见图 12.16。

图 12.16　远景互联网搜索引擎主页

斯坦福大学硅谷档案项目的历史学家莱斯利·柏林（Leslie Berlin）曾这样评价泰勒：“从促成互联网的诞生，到发起个人计算机革命，不管你从哪个角度看，泰勒都是我们这个现代世界的关键缔造者。”（Markoff，2017）

第六节
实至名归的查尔斯·P. 萨克尔

> > >

1943 年 2 月 26 日，萨克尔出生于美国加州帕萨迪纳（Pasadena），在家中排行最小，父亲是一位电气工程师。受父亲的影响，萨克尔儿时的理想是成为一名物理学家，他对粒子加速器中的诸多问题特别感兴趣。从小他就很努力地学习，总是尝试以不同的角度观察事物。青年时期的萨克尔博览群书，从中深深体会到：新事物是从旧事物中发展而来的。1967 年，萨克尔从加州大学伯克利分校计算机科学系毕业。

1970 年，萨克尔加盟了帕克研究中心，直到 1983 年离开。随后，他创办了数字设备公司系统研究中心，主持了第一个多处理器工作站——萤火虫（图 12.17）、第一个 Alpha 架构多处理器等项目。后来让萨克尔非常自豪的恰恰是在数字设备公司系统研究中心时所从事的关于网络方面的工作。萨克尔在计算机网络领域也颇有建树，例如：他推动了局域网项目——自动网（Autonet，又名 AN1）的发展，这是一个使用交换机以 100 Mb/s 的速度点对点提供快速整合操作的局域网，之后的第二代自动网（AN2）项目也是他的团队开发的并最终成为数字设备公司千兆交换/异步传输（Gigaswitch/ATM）交换机产品。

图 12.17　数字设备公司第二代萤火虫双处理器卡原型

1997 年，萨克尔加盟微软研究院，帮助建立微软研究院剑桥实验室。1999 年回到美国后，萨克尔加入了新成立的平板计算机小组并负责这种新设备的样机设计工作。之后，他负责了一个推动计算机在基础教育中更加普遍、有效的项目，同时，他领导了微软硅谷研究院的计算机架构研究组，致力于能实现多核计算实验的现场可编程门阵的研究。另外，他还对一个名为巴别鱼（Barrefish）的项目深感兴趣，该项目是微软剑桥研究院和瑞士联邦技术学院的合作项目，旨在关注多核系统中的操作系统原理。微软公司总裁比尔·盖茨对萨克尔的评价非凡，认为没有任何人能比得上萨克尔对计算机科学的贡献，萨克尔获得 ACM 图灵奖实至名归。当人们往往把个人计算机的出现视作理所应当时，萨克尔却是一个能够真正认识到计算机潜能的人。

萨克尔是一位十分清醒的计算机科学家。在人们对阿尔托美誉不断时，他却认为，虽然阿尔托有很多超前的功能，但仍然有不少短板。他赞赏在阿尔托问世之后十年诞生的 Apple Ⅱ 的极简主义设计和低廉的成本，认为阿尔托的成本是一个大问题，1973 年它的价格是 1.2 万美元，相当于今天的 10 万美元。这直接阻碍了阿尔托进入大众市场。而且阿尔托的设计也太超前了，而 IBM PC 和 Apple 电子计算机则正好在微处理器足够强大的时候开始进入市场。萨克尔在谈到自己的成就时说，虽然阿尔托最有名，但是今天更重要的也许是他在数字设备公司设计的萤火虫系统，其中的许多经验有助于设计即将到来的多核系统（Kossow，2007）。

第七节
尾　声

由于在计算机科学领域的卓越贡献，艾伦荣膺美国艺术与科学院院士、美国国家工程院院士、英国皇家艺术学会会士，入选计算机历史博物馆名人录。他拥有瑞典斯德哥尔摩皇家理工学院（Kungliga tekniska högskolan, ETH）、芝加哥哥伦比亚学院（Columbia College Chicago）和佐治亚理工学院（Georgia Institute of Technology）的名誉博士学位。除在计算机领域的傲人建树外，自 20 世纪 50 年代起，艾伦作为专业的爵士吉他手跨入演艺界，大多从事音乐和舞台相结合的表演。

从 1987 年起，兰普森就一直担任 MIT 计算机科学与电气工程的兼职教授，并被选为美国国家科学院院士、美国国家工程院院士、ACM 会士和美国艺术与科学院院士。2004 年，当兰普森得知自己获得德雷珀奖的时候，他有点惊讶并认真地说："他们曾经把它（德雷珀奖）颁给了发明喷气发动机的人，很难相信阿尔托和喷气发动机一样重要，但也许确实如此。"（Yost，2014）

泰勒是 ACM 会士，并于 1984 年获得 ACM 软件系统奖。1991 年，他当选为美国国家工程院院士。因为泰勒对计算机网络、个人计算机和图形用户界面等现代计算机技术的发展富有远见的领导力，1999 年美国总统授予泰勒美国国家技术奖章。1996 年，泰勒退休后住在加州伍德赛德（Woodside）。2017 年 4 月 13 日，泰勒因帕金森病并发症在加州伍德赛德的家中去世，享年 85 岁。

萨克尔被授予瑞典斯德哥尔摩皇家理工学院的名誉博士学位，是美国加州大学计算机科学系的杰出校友、美国国家工程院院士、IEEE 会士和 ACM 会士，并获得了 IEEE 约翰·冯·诺伊曼奖章（John von Neumann Medal，2007 年，图 12.18）。2009 年萨克尔被授予 ACM 图灵奖，以表彰他对计算机领域的重大发明和贡献。2017 年 6 月 15 日，萨克尔因食道癌并发症在加州帕洛阿尔托的家中去世，享年 74 岁。

图 12.18　IEEE 约翰·冯·诺伊曼奖章[①]

---

① Our Awards. https://cml.rhul.ac.uk/awards.html[2022-10-08].

第 13 章

科罗娜卫星
——首个空间地球侦察卫星系统

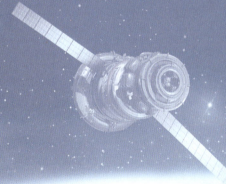

第十一届德雷珀奖于 2005 年颁发给了美国航天工程师米诺如·S. 阿拉基（Minoru S. Araki）、弗朗西斯·J. 麦登（Francis J. Madden），以及电气工程师爱德华·A. 米勒（Edward A. Miller）、詹姆斯·W. 普朗摩尔（James W. Plummer）和唐·H. 邵斯勒（Don H. Schoessler）（图 13.1），其颁奖词为："以表彰对首个天基地球观测系统科罗娜的设计、开发与运作。"[①]

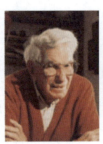

（a）米诺如·S. 阿拉基（1931~）　（b）弗朗西斯·J. 麦登（1921~2016）　（c）爱德华·A. 米勒（1921~2014）　（d）詹姆斯·W. 普朗摩尔（1920~2013）　（e）唐·H. 邵斯勒（1924~）

图 13.1　第十一届德雷珀获奖者

第一节
侦察卫星简介

　　情报信息对于任何一个国家来说都是非常重要的。一个国家的领空尚未包含太空轨道空域，因此，利用卫星搜集情报不仅可以避免侵犯领空的纠纷，而且因为较高的操作高度而不易受到攻击。侦察卫星（图 13.2 和图 13.3）既能监视又能窃听，搜集的情报种类以军事情报为主，也能用于非军事情报，是个名副其实的超级间谍。侦察卫星具有侦察面积大、范围广、速度快、效果好，以及可以定期或连续监视、不受国界和地理条件限制等优点。侦察卫星搜集情报的手段大致可分为主动与被动两大类。主动手段是由

---

① 颁奖词原文：For the design，development，and operation of Corona，the first space-based Earth observation system.

图 13.2　美国国防支援计划（DSP）红外线侦察卫星

图 13.3　美制 kh-12 锁眼太空侦察卫星

卫星发出信号，借由接收反射回来的信号分析其中代表的意义，例如利用雷达波对地面进行扫描以获得地形、地物或者大型人工建筑等的影像。被动手段则是接收被侦察物体发射出来的某种信号并加以分析，其中最为常见的包括使用可见光或者是红外线进行照相或者是连续影像的录制，截获使用各类雷达与通信设施的无线电波段的信号等。侦察卫星根据执行任务和侦察设备的不同，分为照相侦察卫星、海洋监视卫星、电子侦察卫星和预警卫星以及核爆炸探测间谍卫星等。

　　早期的侦察卫星主要是照相侦察卫星，它利用可见光波段的照相机来进行拍摄，拍

摄后的胶卷装在"返回舱"中,当卫星飞抵指定地区上空时弹射出来,再由空军的飞机接住送回地面冲洗和分析。1976年底,美国发射的第五代照相侦察间谍卫星已经是不用胶卷的"数字图像传输型的实时照相侦察卫星",当卫星上的"成像遥感器"通过扫描方法拍摄地面场景图像后,就可以数字图像的方式几乎实时地传输到地面卫星接收站。侦察卫星可以轻而易举地获得地面上的车牌数字,因此现在各种光学摄影效果的最大分辨率属于各个国家的机密。海洋监视卫星主要是通过高灵敏度探测仪截获舰艇上的雷达等无线电信号来探测和跟踪海洋上的各种舰艇,还能够通过测量核潜艇上的核发动机排出的热量与周围海水的温差来掌握潜艇在海下的位置和计算出潜艇行驶的速度,还能测出海底山脉、海沟、隆起部位和断裂区的高度、深度和宽度,绘制出精确的海底地图。电子侦察卫星能够在很宽的频段内对无线电系统进行侦察,可以同时监听数万门的电话通话,能够截获对方预警、防空和反导弹雷达的信号特征以及战略导弹试验的遥测信号及其位置。电子侦察卫星还有一种特殊的"跟踪人"的本领。只要间谍把一种"显微示踪元素"或"电子药丸"加在特制的食物和饮料中让某个人吃下去,那么,当电子侦察卫星飞到这个人所在的区域时,卫星上的电子和摄影仪器便会对这个人进行跟踪。导弹预警卫星主要是采用一种含有几百万个敏感元件"凝视"型红外探测器,负责凝视盯住地球表面的每个地区。只要某地区有导弹发射,快速飞行的导弹尾部喷出的猛烈火舌便会被导弹预警卫星上某一部位的敏感元件感测到并进行报警,同时测算出导弹的轨迹、飞行速度及弹着点等。核爆炸探测间谍卫星能够探测到高空(爆炸高度在30 km以上)、大气层(爆炸高度低于30 km)和近地面的任何核爆炸,并且还可以运用先进的探测仪器系统侦察到地下的各种核爆炸。

自1959年2月28日美国发射第一颗侦察卫星后,1962年苏联也发射了自己的侦察卫星。截至1982年底,美国和苏联分别发射了373颗和796颗专用侦察卫星,总数达1169颗。1973年中东战争期间,美国侦察卫星拍摄到埃及二、三军团的接合部没有军队设防的照片,并将此情报迅速通报给以色列,帮助以军转劣势为优势。与此同时,苏联总理也带着苏联侦察卫星拍摄下来的照片劝说埃军停火。1982年英、阿马岛之战期间,苏、美频繁地发射侦察卫星并分别向英国和阿根廷两国提供军事情况的卫星照片。侦察卫星的数量和发射次数已经成了国际政治、军事等领域斗争的"晴雨表"。①

---

① 1962年3月16日苏联发射第一颗间谍卫星-"宇宙-1"卫星. https://www.ncsti.gov.cn/kcfw/jnr/202202/t20220217_59132.html[2022-06-24].

第二节
科罗娜侦察卫星的发展过程

>>>

　　1957 年 8 月 21 日，苏联的 R-7 弹道导弹在飞行了 6000 km 后落入了太平洋，1957 年 10 月 4 日经过改装的 R-7 导弹成功地将"斯普特尼克 1 号"（Sputnik-1）卫星送入轨道，1957 年 11 月 3 日又将"斯普特尼克 2 号"（Sputnik-2）卫星送入轨道，由此美国人认为，苏联既然能把卫星送入轨道，也一定可以把核武器送到美国本土。1957 年，美国著名的"盖瑟报告"（Gaither Report）指出：美国在苏联的核导弹下不堪一击，而且美国缺少对苏联的情报，缺少有力的技术手段对苏联进行侦察。尽管当时美军的高空侦察机 U-2 已经服役，但是面对苏联强大的防空网，U-2 的生存性能很差。实际上，早在 1955 年，美国空军就开始制定战略卫星系统方案，项目命名为 WS-117L，代号"发现者"，主要目标是由卫星搭载相机对苏联进行侦察。1958 年 2 月 7 日，美国总统艾森豪威尔下令由中情局负责开发一款照相侦察卫星，项目代号为科罗娜（图 13.4）。1958 年 5 月，国防部命令将美国空军的 WS-117L 项目转移给 ARPA，并划分为三个项目——科罗娜侦察卫星项目、导弹预警防御系统和低空防御系统"哨兵"（Sentry）项目。

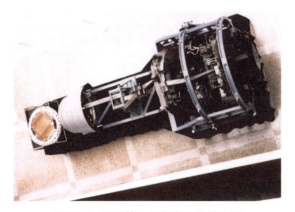

图 13.4　美国第一颗侦察卫星科罗娜

　　第一颗科罗娜侦察卫星由洛克希德公司（Lockheed Corporation）[①]制造，该卫星于 1959 年 2 月 28 日完成了它的第一次测试发射。同年 6 月，第一次装配了照相机的卫星

———————

① 美国著名的军火公司，1995 年与马丁·玛丽埃塔公司合并，更名为洛克希德·马丁空间系统公司。

（科罗娜 4 号）成功发射，这台可见光波段的恒定旋转全景照相机的焦距是 610 mm，镜头直径为 174 mm，是由美国艾泰克公司（Itek Corporation）制造的，所使用的胶片是由美国伊士曼柯达公司专门为之研发的黑白胶片。最初，每台相机携带的胶片长 2400 m，后来达到了 4800 m。随后几次发射虽然成功，但并未返回任何图片，直到 1960 年 8 月 18 日，第 14 颗科罗娜侦察卫星发射后，才成功将带着拍摄的胶片送回地面。所有拍好的胶卷被收入胶卷舱，当卫星通过北极点时，胶卷舱从卫星上弹射出并再入大气层，当下降到一定高度后打开降落伞，再由 C-119 或 C-130 飞机在空中钩住降落伞，完成回收（图 13.5）。这次任务拍摄到了苏联 427 km 的国家领土，其中一座北冰洋沿岸的苏联空军基地的照片成为科罗娜侦察卫星拍摄完成的处女作（图 13.6）。1972 年 5 月 31 日，科罗娜侦察卫星执行了最后一次的拍摄任务。从 1959 年开始至 1972 年结束，科罗娜侦察卫星项目一共执行了 145 次拍摄任务，系列任务共计使用了 64 万 m 胶片，拍摄了 80 多万张照片（Ingard and Edward，2012）。

图 13.5　飞机回收科罗娜侦察卫星的拍摄胶卷

图 13.6　科罗娜侦察卫星处女作：北冰洋沿岸的苏联空军基地

在科罗娜侦察卫星的设计、开发与运行中，航天工程师阿拉基和麦登，电气工程师米勒、普朗摩尔及邵斯勒分别做出了自己的重要贡献。

一、米诺如·S. 阿拉基的贡献

1958 年 11 月，阿拉基加入了创建于 1912 年的美国航空航天制造商——洛克希德公司（图 13.7），并进入了科罗娜侦察卫星项目研发组，担任卫星部分的总设计师和科罗娜侦察卫星后续项目的首席系统工程师，阿拉基采用了一套系统工程的方法（该方法后

图 13.7　现在的洛克希德·马丁空间系统公司

来成为空间工业的行业标准），对平台系统进行了严格的测试和分析，在不断改进和排除故障中确保了科罗娜侦察卫星最后 33 次拍照任务的完美完成。

二、弗朗西斯·J. 麦登的贡献

在科罗娜侦察卫星项目中，麦登主要负责拍照相机的设计、测试、生产及后续的改进，是艾泰克公司光学系统摄像头设计组的总工程师。他认为原有的相机不能满足拍摄要求，因而重新设计了一款全景相机，使其既能满足重量方面的限制，又能承受恶劣的发射环境的考验，最终能成功地完成高质量的拍照（图 13.8）。他领导的研究小组为这

图 13.8　科罗娜侦察卫星拍摄的美国五角大楼（1967 年）

款相机的摄像头精心设计了一个胶片处理路径：当胶片从供给卷轴出发，通过曝光帧的时候，会暂停移动并进行曝光处理，然后恢复卷轴转动——整个过程以 18 in/s 的速度完成，且地面控制端可对摄像头进行远程操控。他们研制出的全景摄像头比之前最好镜头的焦距增大了一倍并具有更高的分辨率，即使在今天，科罗娜侦察卫星的相机设计仍被认为是有史以来最先进的。

三、爱德华·A. 米勒的贡献

米勒（图 13.9）是科罗娜侦察卫星胶卷舱设计、制造、部署、操作和返回的主要负责人。他和团队克服了诸多困难：如发射时的不利负载、离开大气层时的声学噪声、轨道上的真空和低温条件，以及载入大气层的高温和强烈振动等。他的工作保障了再入大气层的科罗娜侦察卫星胶卷舱完美地克服上述技术障碍，使得胶卷舱在空中被飞机回收等。

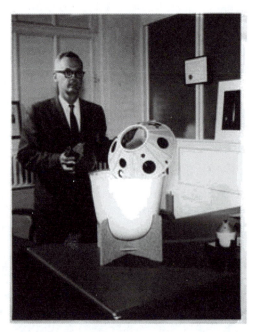

图 13.9　米勒与"发现者 3 号"（Discover 3）的比例模型

四、詹姆斯·W. 普朗摩尔的贡献

普朗摩尔代表洛克希德公司执笔完成的科罗娜项目方案，在激烈的竞标中获得胜利，并且普朗摩尔是按照军方要求成立的一个精干的工作组的责任人。根据方案的分工，普朗摩尔担任科罗娜侦察卫星的整体系统工程师，他和团队提出了科罗娜侦察卫星整体

设计方案，其中他本人负责开发有效载荷应用、通信和卫星的电源，并在 11 个月内完成了卫星的发射任务。尽管最初的 12 次卫星发射都失败了，但普朗摩尔从这些失败中吸取了教训，确保了科罗娜侦察卫星最终的成功（图 13.10）。

图 13.10　普朗摩尔（左）评估科罗娜侦察卫星飞行的遥测记录

五、唐·H. 邵斯勒的贡献

邵斯勒是伊士曼柯达公司负责科罗娜侦察卫星所用胶片设计和生产团队的首席工程师。他领导的团队所研发出的科罗娜侦察卫星胶片厚度仅为 7.6 μm，使得每次太空任务可携带的胶片尽可能长。同时，胶片的分辨率达到了每毫米 170 线对[①]，远远高出第二次世界大战中生产的每毫米 50 线对的最好的航空摄影胶片。除此之外，为了延长胶片的保存时间，他们将醋酸纤维素酯片基替换为聚酯材料，进而研发出可以适应真空环境的太空胶片。

---

① 线对（line pairs）是胶片、镜头等电影摄影领域的专用名词。

第三节

注重实践的米诺如·S. 阿拉基

1931 年，阿拉基出生于加州萨拉托加（Saratoga，California），是第二代日裔美国人。受第二次世界大战的影响，他的高中学习并不是很扎实，因此，当他去圣何塞州立大学（San Jose State University，图 13.11）读书时，不得不补修了一些课程。

图 13.11　圣何塞州立大学校园一角

在这段时间，他对自己能取得好成绩的能力有了新的认识，也发现自己更喜欢学习工程学。为了当一名优秀的工程师，他加强了数学和物理学课程的学习。在圣何塞州立大学学习了两年后，阿拉基在父亲的鼓励下，参加了斯坦福大学的考试。用阿拉基自己的话说，斯坦福大学的考试比圣何塞州立大学的考试要难得多。幸运的是，阿拉基通过了斯坦福大学的考试，而且顺利地获得斯坦福大学工程学的学士学位。之后，他继续在斯坦福大学攻读硕士学位。在研究生学习期间，他主要从事与喷气发动机和核能有关的研究，并参观了位于美国俄亥俄州辛辛那提（Cincinnati，Ohio）的喷气发动机公司、位于美国伊利诺伊州皮奥里亚（Peoria，Illinois）的卡特彼勒公司（Caterpillar Inc.）以及位于芝加哥的阿贡国家实验室（Argonne National Laboratory，ANL，图 13.12）。其中卡特彼勒公司成立于 1925 年，是世界上最大的工程机械和采矿设备以及燃气发动机、燃气轮机和柴油机的制造公司之一；阿贡国家实验室研制出了人类第一台可控核反应堆。获得硕士学位后，阿拉基进入了位于南加州的正在研发火箭引擎的洛克达因公司，对此他感到很兴奋，因为他很乐意从事火箭发动机方面的前沿性研究。

图 13.12　美国阿贡国家实验室的鸟瞰图

　　进入洛克达因公司后不久，阿拉基就成为该公司在燃烧研究方面的专家，主要解决火箭发动机燃烧室频发的不稳定问题。这种不稳定问题常常会导致发动机炸毁和助推器发生故障，是当时一个很关键的工程问题。为了理解这个不稳定的过程，阿拉基和团队采用快速跟踪相机来研究燃烧室内的不稳定过程并测量燃烧室内的爆轰波（detonation wave）的速度等，并发现这种不稳定性是由爆轰波诱导并在其频率与声波频率相匹配发生共振时出现。为了消除这种不稳定性，阿拉基提出了具体的解决方案。在 1955～1958 年，他的方案几乎被包括运送洲际弹道导弹、中程弹道导弹以及太空运载器——"红石"（Redstone）、"雷神"、"阿特拉斯"、"朱庇特"（Jupiter）、"纳瓦霍"（Navajo）和"土星 5 号"（Saturn V）等的当时所有的火箭发动机所采用。也就是在 1958 年，阿拉基意识到，他在火箭发动机方面的研究已经达到了一个高峰，另一个创新的前沿应该在卫星领域。所以阿拉基离开火箭发动机领域进入卫星领域。

　　1958 年 11 月，阿拉基加入了洛克希德公司并进入科罗娜侦察卫星项目，并担任卫星部分的总设计师和科罗娜侦察卫星后续项目的首席系统工程师。他喜欢在机密环境中进行工作，因为他觉得这样可以保证自己专注地投入工作。作为科罗娜侦察卫星后续项目的首席系统工程师，阿拉基主要负责各部门有效衔接的工作。除此之外，阿拉基还承受着来自中情局和洛杉矶的空军特殊项目部的压力，因为他必须确保从组件到整个系统的正常工作。

作为一个系统工程师，阿拉基深知：如果希望赢得尊重，就必须学会接纳新观点，学习新科目。在他看来，一个系统工程师每天都有不得不考虑的新奇事情，因此，就应该确保自己能与来自不同学科的人一起工作，尊重每一个同事，了解和理解他们在做什么，并且建立技术融合机制，以彼此交换信息和形成共识。对于当下很多大学都在系统工程方面授予学位，阿拉基担心的是，一个系统工程师如果只是依靠一些仿真工具来学习，是否会有足够的时间用来思考？在他看来，一个系统工程师必须学习如何以一种特定的方式思考，必须发展一种特定的心态，他不确定这种东西是否可以在课堂上传授并学到。事实上这些几乎都是通过经验来获得的。他认为只有亲自动手实践的经历——到工厂车间去，到测试实验室去，到发射基地去，到任务操作中心去，看到卫星飞上天才有可能获得这种经验。亲身体验看到自己参与设计制造的卫星在任务环境中完成任务才是无价的（Ikeda，2012）。

第四节
热爱生活的弗朗西斯·J. 麦登

麦登在第二次世界大战时加入了陆军航空兵，战后，依照美国《退伍军人权利法案》，进入美国东北大学（Northeastern University，图 13.13）学习并获得了工程学位。毕业后，

图 13.13　美国东北大学

麦登进入波士顿大学（Boston University）物理研究实验室工作，该实验室后来发展成为艾泰克公司。麦登一直担任公司承接的科罗娜侦察卫星上的相机研发的首席工程师，还在光学工程领域担任了其他职务。

麦登是一位多才多艺、为人随和的工程师，热爱自然和科技。他有许多爱好，其中对摄影的热爱是一种常态，特别喜欢拍摄自然环境的照片，他的家里摆满了他拍的照片，他还在昆西公共图书馆等场所展示过这些照片。退休后，麦登通过志愿服务继续工作。他曾同当地教会合作，建立了一个协助移民求职的项目。麦登是教育的有力推动者，他在美国东北大学建立的"补种"（RE-SEED）项目中发挥了重要作用，该项目将退休的科学家和工程师带入课堂，通过课堂上的科学实践来激发学生的科学兴趣。

麦登热爱自己的家庭。即使取得了自己职业的辉煌成就，麦登最自豪的还是他的家庭。他喜欢和他的家人在一起，还喜欢滑雪、徒步旅行和户外活动。他以身作则，向家人传递诚实、努力工作、教育和尊重他人的价值观。

第五节
体育健将爱德华·A. 米勒

1921 年，米勒出生于美国华盛顿特区，但在费城长大，曾在 1939 年获得费城男子网球冠军。他就读于马里兰大学（University of Maryland），是打网球和高尔夫球的高手，还是一位出色的桥牌手，在美国东海岸赢得了许多比赛。第二次世界大战期间，米勒离开马里兰大学，在美国商船学院接受培训，并获得了船长执照，担任过西南太平洋地区两艘不同用途（部队运输和供应）的船的船长。战后，米勒回到大学，并于 1950 年从马里兰大学毕业，获得机械工程学士学位。朝鲜战争期间，米勒重返现役，驻扎在弗吉尼亚州的尤斯蒂斯堡，取得了美国陆军少校的军衔。1953 年，米勒和家人搬到了美国的辛辛那提市，米勒加入美国通用电气公司，在喷气发动机部门工作。在此期间，他上了法律夜校，并获得了法律学位。

1958 年底，米勒被调到美国通用电气公司的导弹和空间部门，在几次重要的美国太空任务中发挥了重要作用。比如在科罗娜侦察卫星项目中，在米勒的领导下，其团队

率先设计、建造、部署和操作了科罗娜侦察卫星的胶卷舱。在完成了科罗娜侦察卫星项目的工作后，米勒作为艾泰克公司"海盗号"计划的领导者，协助获得了1974年火星表面的传输图像。米勒曾在加州帕洛阿尔托的菲尔科-福特公司、马里兰州罗克维尔的费尔柴尔德工业公司等工作，曾参与了美国空军的实验性 RVX-1 和 RVX-2 再入大气层飞行器（图13.14）以及 MK Ⅲ 洲际弹道导弹阿特拉斯运载火箭等项目的研发。1974 年，米勒担任陆军研究与发展助理部长。1975～1977 年，他担任陆军助理秘书长并领导了一个多方位的研发计划，研制出了阿帕奇和黑鹰直升机、艾布拉姆斯 M1 坦克以及"爱国者"导弹防御系统等先进的武器系统。为此，米勒获得了陆军文职杰出服务奖章，并于 1976 年被美国国家工程荣誉学会评为杰出工程师。

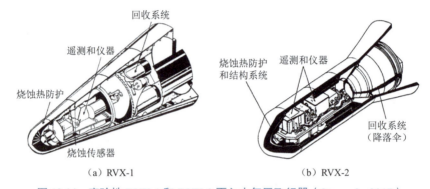

（a）RVX-1　　　　　　　（b）RVX-2

图 13.14　实验性 RVX-1 和 RVX-2 再入大气层飞行器（Stumpf，2017）

第六节
军工部长詹姆斯·W. 普朗摩尔

1920 年 1 月 29 日，普朗摩尔出生在美国科罗拉多州的科罗拉多泉，1942 年普朗摩尔从加州大学伯克利分校获得电气工程理学学士学位，随后进入美国海军并成为一名少尉军官。在哈佛大学、MIT，以及得克萨斯州科珀斯克里斯蒂和夏威夷瓦胡岛、福特岛的海军基地分别接受使用雷达的训练后，他来到位于夏威夷群岛的普尼尼空军基地鱼雷中队。1947～1955 年，普朗摩尔先是在马里兰州帕塔克森特河的海军航空测试中心战术测试部担任公务员，但很快就被调到电子测试部，在那里他管理通信和导航设备。

1955 年，普朗摩尔被洛克希德公司聘用为工程师，参与了美国空军在加州范奈斯的 X-17 再入试验火箭（图 13.15）的仪器和遥测的工程。后来，普朗摩尔参与了科罗娜项目方案的编写，特别是在这一方案的第二版的起草过程中，他发挥了重要作用——要确保方案在技术上合理、可行并符合逻辑，最后，由他代表洛克希德公司提交的方案在激烈的竞标中获胜。

图 13.15　X-17 再入试验火箭

由于普朗摩尔在科罗娜项目中的突出表现，1972 年他被任命为美国国防部部长顾问，1973 年 12 月至 1976 年，他被任命为美国空军副部长，其间曾担任过几个月的空军代理部长。卸任空军职务后，普朗摩尔回到了洛克希德公司，担任公司的执行副总裁兼总经理，并于 1983 年 2 月从洛克希德公司退休。1983 年 12 月，普朗摩尔成为航空航天公司的董事会成员，该公司是一家为军事空间系统提供建筑和工程专业知识的非营利性公司。航空航天公司于 1984 年 12 月任命普朗摩尔为董事会副主席，并于 1985 年 12 月任命其为主席直到 1992 年 12 月卸任。

第七节
胶片专家唐·H. 邵斯勒

1924 年 7 月 2 日，邵斯勒出生于美国南达科他州里莱恩斯（Reliance，South Dakota），高中毕业后，搬到内布拉斯加州的奥马哈市与祖父母一起生活并进入克瑞顿大学（Creighton University）学习会计专业。1941 年 12 月 7 日，邵斯勒从广播里听到罗斯

福总统关于美国珍珠港被日本空军袭击（图 13.16）的讲话，正是这件事从根本上改变了邵斯勒的生活。18 岁的邵斯勒放弃了他当会计师的梦想，离开学习了一年的克瑞顿大学，主动选择入伍服兵役。服役刚开始，邵斯勒和新兵们一起接受了全面的体格检查和一系列不同的测试以确定他们的能力，他们的教育背景也被记录下来。几天后，邵斯勒被分配到位于佐治亚州的惠勒营的步兵训练中心接受为期 13 周的基本训练。13 周的训练非常累人，教官也非常厉害，M-1 步枪成为邵斯勒的伙伴，邵斯勒被要求几乎是蒙着眼睛把步枪拆开和组装起来，以确保能熟练地使用他的步枪。邵斯勒不喜欢这种训练，他参加训练时的目标只有一个——调离训练中心，尽一切可能转到其他单位。邵斯勒提交了去军官候补学校的申请，但没有成功。邵斯勒又提交了参加美国陆军专业训练计划（ASTP）的申请，幸运的是，他符合条件并被批准了。13 周的基本训练后，邵斯勒接到了前往位于亚拉巴马州奥本市陆军专业训练计划集结地的命令。

图 13.16　珍珠港被袭

到达亚拉巴马州的奥本市后，邵斯勒被分配到巴德学院（Bard College）参加陆军专业培训，课程包括化学、物理学、数学、几何学、地理、英语写作和美国历史，邵斯勒很喜欢这些学习，他觉得与当初克瑞顿大学的会计学相比，自己更喜欢工程学的学习。完成巴德学院的学业后，邵斯勒被分配到了密西西比州哈蒂斯堡附近的谢尔比步兵营。在那里，邵斯勒被选为通信领域的专业人员，学习了电报中使用的莫尔斯电码；学习了如何操作陆军野战无线电，以及如何设置电话和总机通信。随后，邵斯勒和同事们从南汉普顿的港口地区转移到英国的巴斯、布里斯托尔地区，接受了更多关于架设和安装贝雷桥（Bailey bridge）和浮桥的培训。战斗中，邵斯勒等工程兵总是靠近前线，架设了大量的电话线，并负责管理无线电台。

退役后，邵斯勒希望回到学校继续进修，于是进入了南达科他矿业及理工学院（South Dakota School of Mines and Technology）。从化学工程专业毕业后，邵斯勒被伊士曼柯达公司录取，在柯达彩色印刷部门工作，协助制作柯达彩色印刷品。1955年，邵斯勒负责在加州的帕洛阿尔托启动一个新的柯达彩色生产项目，于是他带着妻子和女儿在帕洛阿尔托生活和工作了三年。由于伊士曼柯达公司的业务被裁减，邵斯勒选择留在伊士曼柯达公司等待重新分配工作。正在这时，伊士曼柯达公司接受了科罗娜侦察卫星项目中的相机所用胶片的研制任务，邵斯勒成为柯达胶片（图 13.17）设计和生产团队的首席工程师，由此进入了太空技术领域（Wilson，2011）。

图 13.17　柯达胶卷

第八节
尾　声

›››

1997 年，阿拉基以洛克希德公司主席的身份退休。他是美国宇航学会会士和美国国家工程院院士。1995 年以"科罗娜"先驱的身份受到美国政府的表彰，2004 年获得了美国航空航天学会冯·布劳恩卓越奖（von Braun Award for Excellence）。

1975 年，麦登从艾泰克公司退休，1995 年以"科罗娜"先驱的身份受到美国政府的表彰。2016 年 4 月 12 日，麦登在家中去世。

1977年，米勒加入位于新罕布什尔州纳舒厄市（Nashua，New Hampshire）的桑德斯公司并于1984年从桑德斯公司退休。1985年，他被美国政府认定为空间技术先锋，并在1995年以"科罗娜"先驱的身份受到美国政府的表彰。2014年9月5日，米勒在缅因州班戈（Bangor，Maine）去世，享年93岁。

1989年，普朗摩尔被美国空军授予"航空与导弹先驱"称号，1995年以"科罗娜"先驱的身份受到美国政府的表彰。他是美国国家工程院院士及美国航空航天学会的荣誉会士。2013年，普朗摩尔在俄勒冈州梅德福（Medford，Oregon）去世，享年93岁。

邵斯勒在伊士曼柯达公司持续工作了近37年，直到1986年从该公司退休。1995年，他以"科罗娜"先驱的身份受到美国政府的表彰。

"科罗娜"卫星属于美国军方的保密项目，阿拉基、麦登、米勒、普朗摩尔及邵斯勒等为此奉献了一生，尽管他们可能还做出了很多其他的优秀工作，但人们对他们的事迹所知甚少。由此，我们可以联想到，在新中国的建设事业，比如"两弹一星"的研究中，同样有着大量默默无闻、甘于奉献、严守秘密的科技工作者，他们严守党的纪律，保守党的秘密，一心一意搞研究，只为国家强盛，他们的精神值得我们学习。

第 14 章

电荷耦合器件
——人类视觉的拓展

第十二届德雷珀奖于 2006 年颁发给了加拿大物理学家威拉德·S. 博伊尔（Willard S. Boyle）和美国物理学家乔治·E. 史密斯（George E. Smith）（图 14.1），其颁奖词为："以表彰对数码相机和其他广泛使用的成像技术的核心光敏器件——电荷耦合器件（CCD）的发明。"①

（a）威拉德·S. 博伊尔（1924～2011） （b）乔治·E. 史密斯（1930～）

图 14.1 第十二届德雷珀奖获奖者

第一节
电荷耦合器件简介

> > >

电荷耦合器件（charge-coupled device，CCD），又称感光耦合器件，也可以称为 CCD 图像传感器，是一种半导体集成电路器件。它能够把光学影像转化为数字信号，实现图像的获取、存储、传输、处理和复现。它的显著特点是体积小、重量轻、功耗小、工作电压低、抗冲击与振动、性能稳定、寿命长、灵敏度高、噪声低、动态范围大、响应速度快、有自扫描功能、图像畸变小、无残像、应用超大规模集成电路工艺技术生产、像素集成度高、尺寸精确、商品化生产成本低等。

---

① 颁奖词原文：For the invention of the charge-coupled device (CCD), a light-sensitive component at the heart of digital cameras and other widely used imaging technologies.

不同于以电流或者电压为信号的大多数器件，CCD 是以电荷作为信号的。CCD 中含有许多排列整齐的电容并植入了微小的光敏物质，将其称作像素（pixel），当光射到 CCD 中的光敏物质后，会发出相应的电脉冲，所形成的信号电荷由电容存储；当对 CCD 施加特定时序的脉冲时，其存储的信号电荷便能在 CCD 内作定向传输。这样，CCD 不仅能感应光线，而且可以将图像转变成数字信号。一块 CCD 上包含的像素数越多，其提供的画面分辨率也就越高。许多采用光学方法测量的仪器都把 CCD 作为光电接收器。

　　CCD 从功能上可分为线阵 CCD（图 14.2）和面阵 CCD（图 14.3）两大类。在扫描仪中使用的是线阵 CCD，它只有横向一个方向，纵向方向扫描由扫描仪的机械装置来完成。线阵 CCD 通常将 CCD 内部电极分成数组，每组称为一相，并施加同样的时钟脉冲。所需相数由 CCD 芯片内部结构决定，结构相异的 CCD 可满足不同场合的使用要求。线阵 CCD 有单沟道和双沟道之分，其光敏区是金属氧化物半导体（MOS）电容或光敏二极管结构，生产工艺相对简单。线阵 CCD 由光敏区阵列与移位寄存器扫描电路组成，特点是处理信息速度快、外围电路简单、易实现实时控制，但获取信息量小，不能处理复杂的图像。在摄像机中使用的是面阵 CCD，即包括横向、纵向两个方向用于摄取平

图 14.2　传真机使用的一维线阵 CCD

图 14.3　数码相机或摄影机所用的二维面阵 CCD

225

第14章　电荷耦合器件

面图像，其结构要复杂得多。面阵 CCD 由很多光敏区排列成一个方阵，并以一定的形式连接成一个器件，获取信息量大，能处理复杂的图像。

采用 CCD 的成像器件，其光效率可达 70%（即能捕捉到 70% 的入射光），大大优于传统软片的 2% 的光效率，因此 CCD 在光学遥测技术、光学与频谱望远镜以及高速摄影技术等领域有着广泛的应用。用三片 CCD 和分光棱镜组成的 3CCD 系统能将颜色分得更好，分光棱镜能把入射光分析成红、蓝、绿三种色光，由三片 CCD 各自负责其中一种色光的成像。所有的专业级数码摄影机（图 14.4）和部分半专业级数码摄影机一般采用的是 3CCD 技术。

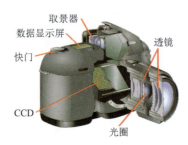

图 14.4　专业级数码摄影机

第二节
电荷耦合器件的发明过程

20 世纪 60 年代，贝尔实验室正在发展影像电话和半导体气泡式内存，于是将其下设的电子事业部分成了半导体器件和其他器件两个子部门，分别任命博伊尔和史密斯为半导体器件部的执行董事和主任，并要求他们尽快提出一个有竞争力的新的半导体器件研发方案，否则将削减半导体器件部的经费。不得已，博伊尔和史密斯花了大量时间来思考并希望制造出可能的新电子器件。他们考虑过新材料和新结构，如半金属铋，尽管其电子的有效质量小，但由于各种原因，都不具备足够的应用前景。他们一边承受着来自实验室的压力，一边反复思考，将目光慢慢聚焦到开发一种通过电荷作为信号的一种新的半导体集成电路器件的思路上。他们先是提出了一种被他们称为"电荷'泡'元件"（charge "bubble" devices）的装置。这种装置的特点就是能沿着半导体的表面传递电荷，因此可尝试用来作为记忆装置，当时只能通过暂存器用"注入"电荷的方式为其输入记忆。但他们随即发现，光电效应能使此种元件表面产生电荷，进而组成数位影像。于是，CCD 的设想形成了。经过反复推敲，在 1969 年 10 月 17 日的部门例行的讨论会上，博伊尔和史密斯终于将 CCD 的基本结构、操作原则的定义等厘清，随即他们在黑板上草拟出来，并列出了一些潜在应用的初步设想。

当时，他们想的是如何在一个封闭的区域内存储电荷，而浮现在脑海里的结构就是一个简单的 MOS 电容器。那么与信号的幅度相等量的电荷就会被引入该势垒层存储起来。由于电荷被引入势垒层，表面的电势会上升，直到达到最大的容许电荷量，任何多余的电荷将会流入衬底。接着他们思考如何通过电荷转移使操纵信息从一处转移到另一处。他们想到的方法是把 MOS 电容器紧挨在一起排列，其中一个充电，而另一个不充电。为使电荷一个接一个地通过，只要使第一个电容器比第二个具有更高的电势，那么第二个势垒层就会与第一个势垒层重叠，这样电荷自然就会沿着表面流入到第二个电容器的硅-二氧化硅界面。再进一步，当许多 MOS 电容器被紧挨着放置并排成一排，然后再连接到一个三相电压源上，电荷通过位于队列前面的电子设备输入，或是通过空存储单元结构的入射光提供。当将一个较大电位的电压施加到相邻电容板块上，电荷就会从一个站点转移到下一个站点，该过程持续进行到输出设备的队列末端。在完成这一基本设想后，他们在不到一个星期的时间里就将相应的器件制造出来了，而且证明了电荷转移的可行性。之后，他们开发出了第一代 CCD 集成结构（图 14.5），该结构给出了由 CCD 三个字母显示的图像（图 14.6），这也是他们发明的器件的第一个图像，也是 CCD 的第一个应用。

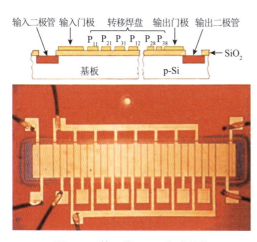

图 14.5　第一代 CCD 集成结构

图 14.6　第一张由 CCD 成像的图片

227

第 14 章　电荷耦合器件

在最初的试验中，CCD 有一个很明显的缺陷，那就是电荷转移的效率低，无法将所有的电荷从一个单元转移到下一个单元。这一缺陷的主要原因是硅-二氧化硅界面层俘获的电子会在稍后的时间内发射，从而造成了图像的拖尾效应。因此，他们经过讨论后又共同发明了埋入式通道电荷耦合器件，该器件能将存储电荷置于半导体内部，而那里仅有相对较少的电子捕获。随后，CCD 无论是在贝尔实验室还是在其他公司都进入了快速的发展阶段，并成功地制造出视频应用的区域成像器件。博伊尔和史密斯设计了可用于可视电话的器件结构，并成功完成了设备的测试，见图 14.7（Smith，2010）。

图 14.7　博伊尔（左）和史密斯（右）测试设备（1970 年）

CCD 的发明为成像技术带来了质的飞越，也对天文学、实验物理学、医学等领域产生了深远的影响。就在博伊尔和史密斯测试成功后不久，有几家公司，如仙童半导体公司、美国无线电公司和德州仪器公司接续他们的发明，着手进行了进一步的研究。其中，仙童半导体公司的产品率先上市，于 1974 年发明了 500 单元的线性装置和 100 像素×100 像素的平面装置。

第三节
出身加拿大的威拉德·S. 博伊尔

1924 年 8 月 19 日，博伊尔出生于加拿大新斯科舍省的阿默斯特镇（Amherst，Nova

Scotia），之后他们全家搬到了魁北克市（Quebec）北部的一个小型伐木社区，父亲是社区医生。由于交通不便，博伊尔高中前的教育主要由母亲承担。博伊尔的母亲虽然不是一名老师，但她笃信苏格拉底教学法，让博伊尔阅读一些有趣的科普书籍后，会不停地询问他是否看出书籍里的问题，这培养了博伊尔强烈的好奇心和质疑精神，为他今后的研究奠定了基础。十四岁时，博伊尔在蒙特利尔（Montreal）的一家私立学校上高中，之后，进入麦吉尔大学（McGill University，图 14.8）学习。1943 年，博伊尔离开学校加入了加拿大皇家海军，成为一名舰队航空兵，并接受了在航空母舰上降落战斗机的训练，但从没参与过真正的战斗。当战争即将结束时，博伊尔重返麦吉尔大学，于 1947 年获得了理学学士学位，1948 年获得理学硕士学位，1950 年获得物理学博士学位，并作为博士后研究员在辐射实验室工作了一年。1953 年，他在皇家军事学院担任了两年助理教授后，加入了贝尔实验室的研究团队（Boyle，2009）。

图 14.8　麦吉尔大学

　　博伊尔的早期工作是研究半导体的电子特性，他曾代表贝尔实验室为 NASA 提供技术支持，并发明了第一台用于医学以及 NASA 的登月计划选址所需的激光器。1962 年，博伊尔与他人合作发明了第一台红宝石连续激光器。后来他还与另一名科学家获得了有关半导体注入式激光器设想的第一个专利，这种技术在 CD 录制和播放过程中都是需要的。

　　1969 年，博伊尔和史密斯共同发明了 CCD。这个传感器好似数码照相机的电子眼，

通过用电子捕获光线来替代以往的胶片成像，摄影技术由此得到彻底革新。这一发明也推动了医学和天文学的发展，在疾病诊断、人体透视及显微外科等领域都有着广泛用途。博伊尔曾在新泽西州、华盛顿特区和宾夕法尼亚州工作过，先是担任贝尔实验室设备开发部的执行董事，后来担任通信科学部的执行董事，还为加拿大高级研究理事会和新斯科舍省科学理事会服务过。

2009 年 10 月 6 日，瑞典皇家科学院宣布，加拿大科学家博伊尔和美国科学家史密斯因发明 CCD 而与"光纤之父"高锟一同获得 2009 年诺贝尔物理学奖。博伊尔与史密斯在得知获得诺贝尔奖后的第一反应都是不敢相信这一喜讯。博伊尔在接受记者采访时幽默地说："今天早上我还没喝咖啡，所以感觉不太好。但是，现在我全身都有种美妙的感觉，这真是太令人激动了。"按他的话说："我们是开启小型照相机风靡全球的人。"如果没有他们的发明，火星探测器在火星上着陆的时候，也就不可能携带一个小相机（Pollard，2009）。

第四节
喜爱航海的乔治·E. 史密斯

1930 年 5 月 10 日，史密斯出生于纽约州白原市（White Plains，NY），他在几个不同的州长大，上过不同的小学和中学。1948 年高中毕业后，史密斯加入了美国海军，在那里做了四年的航空气象员。在佛罗里达州迈阿密驻扎期间，史密斯设法在迈阿密大学（University of Miami）学习尽可能多的课程，这样，在 1952 年他获得宾夕法尼亚大学大二学生的入学资格。1955 年，史密斯以优异的成绩获得了宾夕法尼亚大学物理学学士学位，随后，在芝加哥大学（The University of Chicago，图 14.9）上研究生，之后于 1959年获得物理学博士学位。

在此期间，史密斯还获得了美国国家科学基金会和贝尔实验室的资助。毕业后，史密斯得到了一份在贝尔实验室的研究工作，被分配到一个由博伊尔领导的新部门。他先是从事半金属（主要是铋和铋锑合金）的电特性和能带结构的研究，后来则主要从事微波共振实验、各种磁致热电及电磁效应的研究。1964 年，他成为贝尔实验室设备概念部

图 14.9　芝加哥大学

的负责人，该团队主要设计制造下一代固态器件，在这个职位上，他参与了各种关于激光器、铁电半导体、电致发光、过渡金属氧化物、硅二极阵列摄像管和 CCD 的研究。之后，他担任了贝尔实验室超大规模集成电路（VLSI）设备部的主任，负责亚微米级光刻技术制造的物理设备以及它们在高性能数字和模拟电路中的应用设计。

　　史密斯一直喜欢航海，加入贝尔实验室后就立即购买了自己的第一艘船，并在新泽西州的巴内加特湾航行。史密斯的妻子同样喜欢航海，但不幸的是妻子在 1975 年去世，他开始独自抚养自己 10 岁、11 岁和 14 岁的孩子。两年后，史密斯与同样喜欢航海的珍妮特·墨菲（Janet Murphy）结婚。他俩曾经驾驶着一艘 22 ft 的小船从缅因州的东北港到北卡罗来纳州的博福特，而且他们都决定提前退休，并环游世界。为此，他们于 1983 年在罗德岛（Rhode Island）的布里斯托尔为这项任务定制了一艘名为"阿波基"（Apogee）的 31 ft 远洋"南十字星号"帆船。在百慕大进行了两次试航后，他俩于 1986 年退休并开始环游世界，直到 2003 年才回来。史密斯通常住在通往巴内加特湾（图 14.10）潟湖上的家里，"阿波基"就停泊在他们后院的码头上。

　　2009 年，史密斯与他的好朋友博伊尔（合影见图 14.11）因发明 CCD 图像传感器而与光纤之父高锟一同获得 2009 年诺贝尔物理学奖。当诺贝尔基金会拨打的第一个电话吵醒了正在美国新泽西家中酣睡的史密斯，蒙眬之中他错过了这个电话。史密斯刚接到电话时还不知道自己获奖，知道后很激动，还不忘打听同伴博伊尔的获奖情况（Smith，2009）。

图 14.10　巴内加特湾黄昏

图 14.11　博伊尔（右）和史密斯（左）合影

第五节

尾　声

        ▸▸▸

  1979 年，博伊尔从贝尔实验室退休。他是美国国家工程院院士、美国物理学会和 IEEE 会士，2005 年入选加拿大科学与工程名人堂。他和史密斯共同发明的 CCD 使他们获得了富兰克林研究所斯图尔特·巴兰坦奖章（1973 年）、IEEE 莫里斯·N. 利布曼纪念奖（1974年）、IEEE器件研究会议（Device Research Conference）突破奖（Breakthrough Award，1999年）和美国光学学会（Optical Society of America）埃德温·H.兰德奖章（Edwin H. Land Medal，2001年）等。2011年5月7日，博伊尔因各种疾病的并发症，在新斯科舍省的一家医院去世。

1986年4月，史密斯从贝尔实验室退休。他是美国国家数学荣誉学会（Pi Mu Epsilon）成员、斐陶斐荣誉学会（Phi Beta Kappa）成员、科学研究荣誉学会（Sigma Xi）成员、IEEE会士、美国物理学会会士及美国国家工程院院士。他拥有31项美国专利，发表了40余篇论文（Smith，2009）。2017年，史密斯还获得了伊丽莎白女王工程奖。由于史密斯的杰出贡献，2002年IEEE电子器件学会（Electron Devices Society）还专门设立了一个以他名字命名的奖项。

第 15 章

万维网
——信息无偿交联互通的发明

第十三届德雷珀奖于 2007 年颁发给了英国计算机科学家蒂姆·J. 伯纳斯-李（Timothy J. Berners-Lee）（图 15.1），其颁奖词为："以表彰开发了万维网。"[①]

图 15.1　蒂姆·J. 伯纳斯-李（1955～ ）

第一节
万维网简介

›››

万维网的英文名字是 World Wide Web，一般缩写成 WWW，也简称 Web。World Wide Web 的中文翻译为"环球信息网"，而 WWW 正好也是 Wan Wei Wang 的汉语拼音缩写，所以人们更喜欢将 World Wide Web 称为万维网。万维网是一个由许多互相链接的超文本（hypertext）组成的系统，而超文本则由一个被称为"网页浏览器"（Web browser）的程序显示，它可以从网页服务器上取回称为"文档"或"网页"的信息，并在电子计算机显示器上显示。在这些超文本页面系统中，任何信息资源都可通过唯一的全局统一资源定位符（uniform resource locator，URL，图 15.2），即网页地址，进行标识；这些资源通过 HTTP 传送给用户，而用户即可通过点击链接来获得资源。顺着超链接（hyperlink）访问的行为又叫浏览网页，相关数据的一个或多个网页组成网站。万维网通过超文本方式，把网络上不同计算机内的信息有机地结合在一起，并且可以通过 HTTP

---

① 颁奖词原文：For developing the World Wide Web.

图 15.2　URL 构成元素

从一台万维网服务器转到另一台万维网服务器上检索信息，万维网服务器还能发布图文并茂的信息，甚至在软件支持的情况下还可以发布音频和视频信息。因特网的许多其他功能，如 E-mail、telnet、FTP、广域信息服务系统（WAIS）等都可通过万维网实现。

万维网（图 15.3）的具体工作原理是：当用户想通过万维网访问网页或者其他网络资源的时候，首先需要在浏览器上输入所要访问网页的 URL，或者通过超链接方式链接到该网页或网络资源。然后，URL 指定的服务器名称被分布于全球的因特网数据库域名系统进行解析，由解析结果决定进入哪一个 IP 地址。接下来，所要访问的网页向 IP 地址所在的服务器发送一个 HTTP 请求，通常情况下，超文本标记语言（HTML）文本、图片和构成该网页的一切其他文件很快会被逐一请求，并将请求的结果返回用户。随后，网络浏览器把 HTML、串联样式表（cascading style sheets，CSS）和其他接收到的文件所描述的内容，加上图像、链接和其他必需的资源，显示给用户，构成用户所看到的"网页"。大多数的网页自身包含超链接，以指向其他相关网页，还有文本、图像、动画和

图 15.3　连接各种内容的万维网（Marquis，2022）

其他网络资源等。像这样，通过超链接把有用的相关资源组织在一起的集合，就形成了一个所谓的信息的"网"。[1]

20多年来，万维网成功地证明了自己的可普及性和不可或缺性。在信息网络化的今天，如果你想要寻找一个文档，在网络上搜索比在图书馆里寻找要方便快捷得多。

第二节
万维网发明过程

1945 年，时任美国科学研究和发展办公室主任万尼瓦尔·布什（Vannevar Bush）在《大西洋月刊》（*Atlantic Monthly*）发表题为《正如我们所想》（*As We May Think*）的文章，探讨了科学家应该如何将第二次世界大战中发明的技术应用于战后的和平建设活动，并推测工程师将发明一种可称为麦克斯储存器（Memex）的机器，可以将个人所有的书籍、磁带、信件和研究结果储存在微型胶卷上，且可通过 Memex 带有的辅助工具迅速灵活地查找资料。可是，即便是在 20 世纪 60 年代有了互联网的雏形之后的很多年，不仅这一通过 Memex 机器迅速灵活地查找资料的设想一直没有实现，而且互联网也没有迅速流传开来。其中一个很重要的原因是，早年连接网络需要经过一系列复杂的操作，并且不同的计算机具有不同的操作系统和不同的文件结构格式，网络的权限也很分明，网上内容的表现形式极其单调枯燥，跨平台的信息文件只能相互独立地划成孤岛。为了解决这个问题，美国信息技术先驱泰德·尼尔森（Ted Nelson）在 20 世纪 60 年代描述了一个类似 Memex 机器的系统，其中一个页面上的文本可以和其他页面的文本链接到一起，他将这种页面文本链接的方式称为超文本。与此同时，计算机鼠标的发明者恩格尔巴特在计算机上创造了第一个实验性的超文本系统。20 世纪 80 年代后期，超文本技术开始出现，当时还有国际的超文本学术会议，每次都有上百篇的有关超文本的论文问世，但当时人们只是把超文本作为一种新型的文本而已，没有人能想到把超文本技术应用到计算机网络上来。最后解决这个问题的是计算机科学家伯纳斯-李，他于 1989

---

① 万维网与因特网、互联网的区别见第九章。

年成功地开发出世界上第一个 Web 服务器和第一个 Web 客户端软件，把互联网的应用推上了一个崭新的台阶，极大地促进了人类社会的信息化进程。

1980 年，在一个偶然的机会，伯纳斯-李来到位于法国和瑞士交界处的世界最大的粒子物理研究中心——欧洲核子研究组织（European Organization for Nuclear Research，CERN），在华裔物理学家、诺贝尔奖获得者丁肇中（图 15.4）教授领导的课题组里工作。享誉世界的实验物理学家丁肇中教授在基本粒子研究方面取得了一系列重大突破，独立发现了第四种夸克的束缚态，即 J 粒子，由此开拓了基本粒子研究的新领域。那段时期，丁教授在欧洲高能物理研究中心邀请了来自美国、苏联、中国、欧洲等的 600 名科学家共同参加大型国际合作研究。在 CERN，伯纳斯-李接受了一项极富挑战性的工作：为了使课题组里各国的高能物理学家能通过计算机网络及时沟通并传递信息，课题组委托他开发一个软件，以便让分布在各国的课题组成员能够把最新的信息、数据、设计图资料等及时地提供给全体人员共享，犹如大家随时随地都在一起同步工作一样。

图 15.4　丁肇中（1936～）

早在牛津大学主修物理学时，伯纳斯-李就不断地思索，是否可以找到一个类似于人脑的"平台"，使信息可以通过类似人脑神经系统传递的方式，分别进行传递，各自自主地作出反应。以此为思路，伯纳斯-李经过一段时间的努力，终于编制成功了第一个高效局部存取浏览器——"查询"（Enquire），并把它应用于数据共享浏览中。随后，伯

纳斯-李离开了 CERN，去了一家图形计算机系统有限公司。在这家公司，他参与了一个实时远程过程调用计划，并从中获得了计算机网络的相关经验。1984 年，伯纳斯-李再次以正式员工的身份重返 CERN。他延续了过去的工作，并正式写下了世界上第一个网页浏览器（browser）和第一个网页服务器（server）的软件源码。这时伯纳斯-李把目标瞄向了建立一个全球范围的信息检索系统，以彻底打破信息存取的孤立行为。1989 年 3 月，伯纳斯-李向 CERN 递交了一份立项建议书，他的想法是采用超文本技术首先把 CERN 内部的各个实验室连接起来（图 15.5），在系统建成后，可以扩展到全世界。这个激动人心的建议在 CERN 引起轩然大波，但这里终究是核物理实验室而非计算机网络研究中心，虽有人支持但最后仍没有被通过。伯纳斯-李没有灰心，他花了两个月的时间对建议书进行了修改，最后终于得到了批准。他用申请得到的经费购买了一台 NeXT 计算机，并率领一批助手基于 Enquire 系统的理念进行开发。

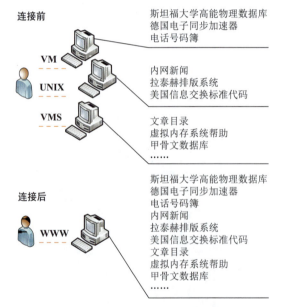

图 15.5　万维网的创意：万维网之前不同计算机上的信息无法沟通，使用万维网即可在任意一台计算机上调用不同网页服务器上的信息

一天，端着一杯咖啡的伯纳斯-李走在实验室的走廊上，经过怒放的紫丁香花丛时，盛夏幽雅的花香伴随着醇香的咖啡味飘入实验室，刹那间，伯纳斯-李脑中灵感迸发：人脑可以通过互相连接的神经系统让人同时闻到咖啡的香味和紫丁香花的香味，那么，为什么不可以经由电子计算机文件互相链接形成"超文本"，使得不同的信息也得以传递呢？于是，伯纳斯-李说干就干，几个月后，他成功开发出世界上第一个 Web 服务器和第一个 Web 客户机。虽然这个 Web 服务器简陋得只能说是 CERN 的电话号码簿，它只是允许用户进入主机以查询每个研究人员的电话号码，但它实实在在是一个所见即所得的超文本浏览/编辑器。1989 年 12 月，伯纳斯-李为他的发明正式定名为 World Wide Web，即我们熟悉的 WWW（图 15.6）。1991 年 5 月，伯纳斯-李设计制作出世界上第一个网页浏览器，并在 Internet 上首次露面。这个网页浏览器当时能在 NeXTSTEP 操作系统上运行，而且人们还能编辑网页，其网址是 http://info.cern.ch/，在这个网站里还罗列出了各国跟进的网站名单。同时，他还设计了世界上第一个网页服务器：CERN 的超文本传输协议守护进程（Hypertext Transfer Protocol daemon，HTTPd）。这项利用"互联网+超链接"的闪亮原创不仅在 CERN 被顺理成章地迅速推广开来，而且立即引起轰动，被广泛推广应用。由于 WWW 技术的引入，因特网被赋予了强大的生命力，因此 WWW 问世的 1989 年也被认为是因特网划时代的分水岭（McPherson，2010）。

图 15.6　伯纳斯-李与他的万维网

1994 年，位于北京的中国科学院高能物理研究所架设了中国第一台 WWW 服务器，推出了第一个网站 http://www.ihep.ac.cn 和英文网页（图 15.7），此刻在亚洲还没几个 Web 网站出现。同年，伯纳斯-李在 MIT 创办了万维网联盟，其成员包括多家公司，这些公司建议万维网进一步改善自身质量并有意创建相关标准。伯纳斯-李明白，万维网需要不受任何专利、费用、版税或其他控制的束缚才能蓬勃发展，因此他宣布万维网完全免费。通过这种方式，数以百万计的创新者可以利用万维网设计自己的作品。

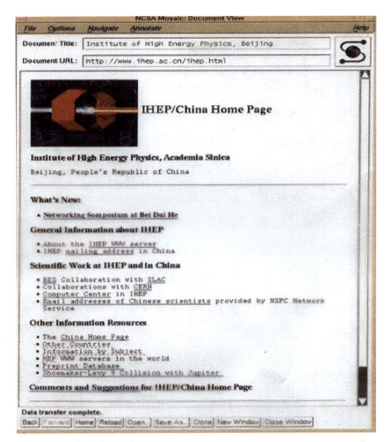

图 15.7　国内第一套网页——中国科学院高能物理研究所英文网页①

第三节

拥有浪漫理想的伯纳斯-李

　　1955 年 6 月 8 日，伯纳斯-李出生于英国伦敦西南部，在伦敦郊区长大，他的父母都参与了世界上第一台商业电子计算机——曼彻斯特马克一号（Manchester MARK I，图 15.8）的建造，他的哥哥是生态学教授，也是一名气候变化研究专家。少年的伯纳斯-李是一位火车模型的狂热爱好者，从中接触并了解了电子设备。1969～1973 年，伯纳斯-李在伦敦伊曼纽尔公学上中学。那是伯纳斯-李的快乐时光，他有几个要好的朋友，

---

　　① 第一个 WWW 网站的诞生. http://www.ihep.cas.cn/kxcb/kpcg/jsywl/200909/t20090902_2461913.html [2022-10-08].

经常一起在家里制作电子设备或者一起远行、住青年旅社。高中时，伯纳斯-李就利用三极管和集成电路制造出 74 系列集成电路，这些小东西让他有了制造计算机的想法。尽管知道该怎么做，但当时缺少芯片。1973 年，中学毕业后，伯纳斯-李进入牛津大学王后学院（The Queen's College Oxford）深造，可他仍然对制造计算机念念不忘，也一直记着当年与父亲的关于有朝一日计算机将像人脑一样运作的谈话。大学期间，他用一台从维修店买来的旧电视机、烙铁、晶体管-晶体管逻辑（transistor-transistor logic，TTL）、M6800 处理器制作了他的第一台计算机。毕业前夕，他还设计了一个带芯片的视觉显示装置（visual display unit，VDU）的字符发生器，他将整个装置带到物理实验室里，在实验人员的怀疑目光下，成功测试了自己设计的光学隔离器装置。1976 年，伯纳斯-李以一级荣誉的优异成绩获得了物理学学士学位。

图 15.8　Manchester MARK I 商业电子计算机

　　毕业后，伯纳斯-李先是在英国多塞特郡普尔（Poole，Dorset）的电信设备公司普莱塞工作，从事分布式事务系统、信息中继和条形码技术方面的研究。1978 年，他加入了多塞特郡的 D. G. 纳什公司，帮助创建了打印机的类型设置软件。随后，他在 CERN 担任顾问软件工程师，编写了第一个存储信息的程序，为万维网的未来发展奠定了概念基础。1981～1984 年，伯纳斯-李在约翰·普尔（John Poole）的图形计算机系统有限

公司工作，负责技术设计，包括实时控制固件、图形和通信软件以及通用宏语言。1984年，伯纳斯-李获得 CERN 的资助，从事科学数据采集和系统控制的分布式实时系统的工作。他还开展了 FASTBUS 系统软件的工作，并设计了一个异构的远程程序调用系统。1994年，伯纳斯-李创建了由他担任主任的、总部设在美国 MIT 的非营利性的万维网联盟（World Wide Web Consortium，W3C），邀请微软、网景（Netscape）、太阳（Sun）、苹果、IBM 等共 155 家互联网方面的著名公司，致力达到 WWW 技术标准化的协议，负责开发可互操作的技术，包括规范、指南、软件和工具等，并进一步推动 Web 技术的发展，以引导网络充分发挥其潜力。2003 年，万维网联盟决定，所有由联盟提出的技术都是无偿的，所有人都可以简单地使用。伯纳斯-李从未直接从他的发明中获利，反而花了一生中的大部分时间来保护它。他是网络科学信托基金的联合主任，该基金于 2006 年作为网络科学研究计划启动，旨在帮助建立第一个多学科研究机构，研究万维网并提供所需的实际解决方案，以帮助指导其未来的使用和设计。伯纳斯-李是万维网基金会的董事，该基金会成立于 2008 年，旨在资助和协调进一步发挥万维网的潜力以造福人类（图 15.9）。

图 15.9　伯纳斯-李在万维网基金会成立时的演讲照片

伯纳斯-李是一位纯粹的科学家。因为在互联网技术上的杰出贡献，伯纳斯-李被业界公认为"互联网之父"之一。他的发明改变了全球信息化的传统模式，带来了一个信息交流的全新时代。然而比他的发明更伟大的是，伯纳斯-李并没有像其他人那样为 WWW 申请专利或限制它的使用，而是无偿地向全世界开放，为互联网的全球化普及翻开了里程碑式的篇章，让互联网走进了千家万户。为了互联网的普及，伯纳斯-李放弃了自己本可以获得的天价财富。人们称誉他的贡献时说："与所有的推动人类进程的发明不同，这是一件纯粹个人的劳动成果……万维网只属于伯纳斯-李一个人。"也许时至今日，伯纳斯-李的名字对于大众来说多少还有些陌生甚至从未听说过，但对于那些互联网公司的CEO 来说，他永远是他们心中的偶像。业内权威人士评价道："伯纳斯-李是这个星球上最有资格写入互联网编年史的人物。他用自身的智慧和像父母一样的无私为这个产业创造出了另一个神话，他告诉人们网络是多么的（地）美好多么赋（富）有吸引力。"还有人说："如果'计算机和互联网'是一门传统科学的话，那么伯纳斯-李无疑将获得一枚诺贝尔奖章。"[①]2004 年 4 月，芬兰技术奖基金会将全球最大的科技类奖"千禧年科技奖"授予伯纳斯-李。

伯纳斯-李是网络中立性的支持者（图 15.10）。他曾表明，互联网服务供应商的连接服务"不应带有任何条件"，也不应在未征得同意的情况下，监视用户活动。他认为，网络中立性是一种网络人权，"如果公司、政府干涉或监视互联网流量，基本人权会受到威胁"（Berners-Lee，2010）。事实上，伯纳斯-李从一开始就明白网络的巨大力量将从根本上改变政府、企业和社会的组织形式。他还设想，他的发明如果落入坏人之手，可能会成为世界的毁灭者。于是，2018 年 9 月 30 日，伯纳斯-李宣布建立开源创业公司（Inrupt），以推动围绕"实体"（solid）项目的商业生态系统，该项目旨在让用户对其个人数据拥有更多的控制权，让用户选择数据去向，允许谁看到某些数据，以及允许哪些应用程序获得这些数据。

图 15.10　支持网络中立性的伯纳斯-李

伯纳斯-李是一位谦逊烂漫的科学家。他在接受记者采访时表示"Web 可以给梦想

---

① Weaving the Web. https://www.w3.org/People/Berners-Lee/Weaving/Overview.html[1999-03-17].

第 15 章　万维网

者一个启示，你能够拥有梦想，而且梦想能够实现。"[1]当被问到在后人回顾信息技术革命的时候，希望如何定义自己在这次革命中的永垂青史的功劳，伯纳斯-李表示：希望能够以一个正常平凡的人来被大家记住；自己只是恰好在正确的时间处于正确的位置罢了，且恰巧具备合适的背景条件[2]。

1990年，伯纳斯-李在美国康涅狄格州结婚，他的妻子南希·卡尔森（Nancy Carlson）在当时是美国前花样滑冰运动员，也是一位电子计算机程序员，他们婚后育有两个孩子。伯纳斯-李为了能尽可能多地陪伴家人，婉言谢绝了大多数记者的采访请求。然而，他们的这段婚姻却以分手告终。

因无偿把万维网推广到全世界而改变人类生活方式，伯纳斯-李被英国人视为骄傲。正因如此，在2012年伦敦奥林匹克夏季运动会开幕典礼上（图15.11），有一个"感谢蒂姆"的环节。当时伯纳斯-李独自一人坐在一台NeXT计算机前，并打出了"THIS IS FOR EVERYONE"（献给每一个人）字样，体育馆内的液晶显示器光管随即显示出文字来，他赢得全场热烈掌声，接受到来自全世界的感谢（American Academy of Achievement，2018）。

图 15.11　2012 年伦敦举行的奥运会现场[3]

① Tim Berners-Lee Biography. https://www.biographyonline.net/business/tim-berners-lee.html[2014-02-12].

② The Man Who Invented The Web. https://content.time.com/time/magazine/article/0,9171,137689,00. html[2001-06-24].

③ London 2012 Olympics. https://www.resgb.com/olympic-project[2022-10-08].

第四节
尾声

›››

2001 年,伯纳斯-李入选英国皇家学会会士。2002 年,他入选英国广播公司(BBC)最伟大的 100 名英国人。他还获得过多项国际大奖,包括日本国际奖(2002 年)和阿斯图里亚斯王子奖(2002 年)。他被世界各地的多所大学授予了荣誉学位,包括曼彻斯特大学、哈佛大学和耶鲁大学。2004 年,伯纳斯-李被英国女王伊丽莎白二世封为爵士(knighthood,图 15.12)。2004 年 12 月,伯纳斯-李接受了英格兰南安普敦大学电子及计算机科学学院计算机科学主席一职,主要研究语义网。2009 年 4 月,他获选为美国国家科学院外籍院士。他被美国《时代》杂志评为 20 世纪最重要的人物之一,因在计算机科学领域的成就而获得 2016 年的 ACM 图灵奖。

图 15.12 英国女王伊丽莎白二世向伯纳斯-李授予爵士勋章①

---

① https://www.arabnews.com.

第 16 章

卡尔曼滤波
——控制论领域的变革

第十四届德雷珀奖于 2008 年颁发给了匈牙利裔美籍数学家鲁道夫·卡尔曼（Rudolf Kalman）（图 16.1），其颁奖词为："以表彰对最优数字技术（称为卡尔曼滤波）的开发和传播，该技术被广泛用于支配众多的消费品、健康产业、商业和国防产品。"[①]

图 16.1　鲁道夫·卡尔曼（1930～2016）

第一节
卡尔曼滤波简介

> > >

　　"滤波"通常是指从含有干扰的接收信号中提取有用信号的一种方法或者技术。这里的"接收信号"实际上泛指一个被观测目标的随机过程，例如用雷达跟踪飞机测得的飞机在一段时间内的位置、速度等数据（也称输入数据），而"有用信号"则是去除了"接收信号"中的噪声，即测量误差和随机干扰等后的数据（也称输出数据），由此可以尽可能给出某一段时间或某一时刻飞机的位置、速度等的一个比较好的估计。这个估计不仅可以确定目标物当前的位置和速度，可以对目标物将来的位置和速度进行预测，还可以通过插值或平滑对过去的位置进行推算。这种过滤掉测量噪声的过程就是滤波，早期有维纳滤波，但维纳滤波的适用性很差。为了达到更优的滤波效果，20 世纪 60 年代美国数学家卡尔曼（图 16.2）通过采用递归方式解决

　　[①] 颁奖词原文：For the development and dissemination of the optimal digital technique (known as the Kalman filter) that is pervasively used to control a vast array of consumer，health，commercial and defense products.

问题的新方法，提出了卡尔曼滤波。

图 16.2　卡尔曼教授讲授滤波理论

　　具体来说，卡尔曼滤波是一种通过数学方法消除数据噪声并对系统状态进行最优估计的算法。当已知观测系统的数据噪声方差时，卡尔曼滤波就能够从一系列存在噪声的数据中，优化、评估和控制这个系统的状态，使得所期望输出和实际输出数据之间的均方根误差达到最小。现在卡尔曼滤波已经有很多不同的实现形式，比如卡尔曼滤波器。目前，除标准型卡尔曼滤波器外，还有应用到非线性滤波的扩展型卡尔曼滤波器、应用到未知或者时变噪声情况的自适应型卡尔曼滤波器等。卡尔曼滤波便于计算机编程实现，并能够对现场采集的数据进行实时更新和处理，因此在通信、导航、制导与控制等领域得到了较好的应用。例如，为了获取更精确的导航位置、速度、姿态信息，采用卡尔曼滤波器，就可以将通过惯性导航系统的惯性测量装置（inertial measurement unit，IMU）解算得到的导航位置、速度等信息与 GPS 导航系统输出的位置、速度信息结合在一起，过滤其偏差，进行层层迭代和递归，最终给出导航位置、速度、姿态的最优值。

　　卡尔曼滤波彻底改变了估算和预测领域，由于其采用基于状态空间技术和递归最小二乘法，从而为许多新理论和实践的开辟提供了可能。因此，自 20 世纪 60 年代被提出起，卡尔曼滤波就开始应用于航空、军事导航和控制系统领域，并很快广泛应用于其他工程技术领域。今天，在雷达目标跟踪、GPS、水文建模、大气观测、经济计量学的时序分析以及自动化药物输送等几乎所有工程领域的系统和设备中，都能找到卡尔曼滤波的身影。

第二节
卡尔曼滤波的发展过程

> > >

第二次世界大战期间，为了解决防空火力控制和雷达的噪声滤波问题，1942 年提出"控制论"一词的随机过程和噪声过程研究先驱诺伯特·维纳（Norbert Wiener，图 16.3）给出了可从时间序列的过去数据来推知未来数据的维纳滤波公式——在最小标准误差准则下，将时间序列外推，进行预测的维纳滤波理论，这是一种将数理统计理论与线性理论有机结合，形成对随机信号最优估计的新理论。维纳的工作为设计火炮自动防空控制的预测问题提供了理论依据，并为评价通信和控制系统加工信息的效率和质量给出了有效方法。1950 年，维纳滤波模型被推广应用到在有限时间区间内进行观测的平稳过程以及某些特殊的非平稳过程，其应用范围也扩充到很多其他的领域。

图 16.3　诺伯特·维纳（1894～1964）

1959 年，美国载人登月任务还未被列入国家计划，但是 NASA 艾姆斯研究中心（Ames Research Center，图 16.4）已经开始对相关问题的可行性开展研究。当时艾姆斯研究中心动态分析部门确定了两个需要研究的课题：①环月飞行的中段导航与制导；②大型柔性液体助推器自动驾驶仪的设计。课题选定后，导航方面的研究工作（即状态估计）一直进展不顺利。当时设想通过自动驾驶仪上的光学敏感装置来进行外部测量，然后利用维纳滤波理论来提高光学跟踪测量的精度，但是维纳滤波理论最终未能解决这一问题。恰好在这个时候，也就是 1960 年初，卡尔曼发表了一篇题为《线性滤波和预测问题的新方法》(*A New Approach to Linear Filtering and Prediction Problems*)的论文，这标志着卡尔曼滤波理论的诞生。针对目标动态过程状态估计的问题，由一组数学方程表示的卡尔曼滤波理论提供了一种有效的递归算法，不仅在某种意义上可以保证误差平方和的均值最小，而且作为一种高效率的递归滤波（自回归滤波）算法，能够从一系列包含噪声的不完整的测量中估计出动态系统的状态。递推形式的卡尔曼滤波算法，大大降低了算法时间和空间的复杂度，因此可被广泛应用于各种信号的估计。基于卡尔曼滤波算法的卡尔曼滤波器，不仅能够估计过去和现在的状态，还能够估计未来的状态，即使在不知道模型系统的精确性的情况下，它依然可以做到准确估计。

图 16.4　NASA 艾姆斯研究中心

1960 年秋，卡尔曼来到艾姆斯研究中心向航空工程师斯坦利·施密特（Stanley Schmidt）介绍了自己的论文。施密特当即判断论文中的理论对他们解决应用问题价值巨大，于是打算认真学习并掌握这篇论文给出的理论和方法。然而，这对从事实际工作的工程师们而言是非常困难的。于是，施密特多次来到 NASA 戈达德空间飞行中心（Goddard Space Flight Center，图 16.5）的尖端科学技术研究所，与卡尔曼进行详细的讨论学习。随后，施密特掌握了将卡尔曼滤波理论应用到线性系统中的方法。当时，施密特对制导的研究工作建立在对标称轨道线性扰动研究的基础上，而将卡尔曼的线性滤波理论与他们研究的线性扰动法相结合，使得解决非线性导航问题成为可能。

第 16 章　卡尔曼滤波

图 16.5　NASA 戈达德空间飞行中心

　　最初卡尔曼提出的滤波理论只适用于线性系统，并不适用于航空航天的导航问题，后来研究人员提出了扩展型卡尔曼滤波（extended Kalman filter，EKF）方法，由此，将卡尔曼滤波理论推广到了非线性领域。此外，施密特对最初提出的滤波理论做了一定的修改并提出了一个新版本，这个版本后来被证明适用于"阿波罗"导航系统。"阿波罗"空间计划的可行性分析首次采用了卡尔曼滤波技术，而"阿波罗号"飞船使用的导航电子计算机正是采用了基于卡尔曼滤波原理的滤波器，其硬件包含一个光学单元六分仪（sextant，图 16.6），可实时更新导航系统状态。如果没有卡尔曼滤波器，载人航天"阿波罗 8 号"可能不会那么顺利地从地球到达月球轨道。

图 16.6　"阿波罗"导航系统中的光学单元六分仪[①]

---

　　① Optical Unit, Sextant, Apollo Guidance and Navigation System. https://airandspace.si.edu/collection-objects/optical-unit-sextant-apollo-guidance-and-navigation-system/nasm_A20010305000[2022-10-08].

卡尔曼最重要的贡献在于引领了 20 世纪 60 年代控制系统的理论发展，其提出的包括可控性、可观性、极小性、从输入到输出数据的可实现性、矩阵里卡蒂微分方程、线性二次型控制、分离原理等概念，在今天的控制理论中无处不在。尽管其中的一些概念也会出现在其他理论如最优控制理论中，但卡尔曼却是真正认识到这些概念在系统分析中的重要性的人。卡尔曼提出的标准型和他建立的基本结果成为控制和系统理论的重要内容，而且成为从事控制理论研究工作的基础工具，并出现在本科工程教科书和一系列研究生数学专著中。

第三节
思想深邃的鲁道夫·卡尔曼

1930 年 5 月 19 日，卡尔曼出生于匈牙利的首都布达佩斯，他的父亲是一名电气工程师，卡尔曼从小就希望自己成为一名像他父亲那样的工程师。后来，卡尔曼一家移居到美国，他在 MIT 学习电气工程，于 1953 年获得电气工程学士学位，翌年获得硕士学位。之后，卡尔曼在纽约哥伦比亚大学继续攻读博士学位，于 1955 年成为哥伦比亚大学控制理论方面的助教。1958 年，卡尔曼提交了自己的博士学位论文《含随机抽样数据的线性系统的分析和合成》（*Analysis and Synthesis of Linear Systems Operating on Randomly Sampled Data*），并获得哥伦比亚大学理学博士学位。

1957 年卡尔曼撰写了《非线性自动控制系统不稳定性的物理和数学机制》（*Physical and Mathematical Mechanisms of Instability in Nonlinear Automatic Control Systems*）一文，对包含一个或多个非线性元素控制系统的稳定性问题进行了清晰讨论，主要目标之一是给出可引起不稳定的非线性类型的分类。该文针对当时现有自动控制方法只适用于由有限的常微分方程组描述的线性系统的问题，他采用拓扑方法对非线性系统进行了分析，并使用虚拟临界点的方法推导出节点、汇聚点和鞍点可能存在的定量信息。1957～1958 年，卡尔曼成为纽约波基普西市 IBM 公司研究实验室的工程师。其间，他在采用二次性能标准的线性采样控制系统设计方面做出了重要贡献，而且利用俄国著名数学家、力学家李雅普诺夫（Aleksandr Lyapunov，图 16.7）的理论对控制系统进行了分析和设计，

第 16 章　卡尔曼滤波

并预见到数字计算机对大规模系统的重要性。

图 16.7　李雅普诺夫（1857～1918）

　　1958～1964 年，卡尔曼加入马里兰州所罗门·莱夫谢茨（Solomon Lefschetz）创建的巴尔的摩高等研究所（Baltimore-based Research Institute for Advanced Studies），并担任数学研究员，后来晋升为该研究所的副主任，其间取得了一系列出色的重要成果。这些成果在控制领域有着重要影响，并对现代控制理论做出了许多真正意义上的开创性贡献。成果中的卡尔曼思想成为现代系统控制理论和实践的基石，不仅造就了非常有用的卡尔曼-布西滤波器（Kalman-Bucy filter），而且推动了系统理论的快速发展。也正是因为这些工作，1986 年美国数学学会授予卡尔曼"勒罗伊·P.斯蒂尔奖"（Leroy P. Steele Prize）。不仅如此，卡尔曼的讲座和出版物也都展现出他强大的创造力。卡尔曼找到了有关控制的一种统一理论，在研究系统的基本概念时，提出可控制性和可观察性；对一些最重要的工程系统结构构建了坚实的理论基础；统一了离散和连续时间情况下线性系统二次标准型的理论和设计；将数学家康斯坦丁·卡拉西奥多里（Constantin Carathéodory）的工作引入优化控制理论中，并阐明庞特里亚金极大化原理（Pontryagin's maximal principle）和哈密顿-雅可比-贝尔曼方程（Hamilton-Jacobi-Bellman equation）的关系，也就是变分法之间的关系。他的研究不仅强调数学的普遍性，而且使得数字计算机的使用成为设计过程和控制系统实现过程中不可分割的一部分。

　　在巴尔的摩高等研究所的这段时间，卡尔曼做出了他最广为人知的贡献，即卡尔曼滤波理论。1958 年末至 1959 年初，他得到了这个问题的离散时间（抽样数据）版本的结果；他组合了早些时候维纳、柯尔莫哥洛夫、波特、香农等的滤波理论，并且使用了其他状态方程的现代化方法。求解了离散问题后，1960～1961 年他与合作者开发了连续系统问题的求解，并实现了"卡尔曼滤波理论"的连续系统版本。1964 年，卡尔曼离开了巴尔的摩高等研究所，开始担任斯坦福大学的教授，其工作涉及机械工程、电子工程、数学系统理论等。在此期间，他的研究工作转向了与实现理论和代数系统理论相关的基本问题。他再一次开辟了新的研究方向，他的贡献帮助人们塑造了现代系统理论研究的一个崭新领域。

卡尔曼不仅开辟了现代控制的理论领域，还一直努力推进控制理论的广泛应用。他在众多高校、会议和企业中的极富魅力的演讲（图 16.8）吸引了无数研究人员，并使他们在很大程度上受到了卡尔曼思想的影响。退休后，卡尔曼写了许多有趣的关于现代控制主题的文章。1992 年，卡尔曼在荷兰格罗宁根大学（University of Groningen）演讲时说道："随机并非唯一由简单的经典规则来确定的，所有无理数在这种定义下都是随机的……混沌理论家和概率论理论家之间缺乏相互影响表明古典概率模型和现实世界是多么不相关。"[1]

图 16.8　卡尔曼在第十八届国际自动控制联合会上演讲

2002 年，卡尔曼在讨论"统计模型是什么"时，认为："目前对于统计模型的概念还不是很科学，相反，这些概念仅是对现实是由什么构成给出的一种猜测，而且所讨论的现实并没有包含非常重要的反馈过程，也就是说，没有对其假设、公理、期望的自然模型进行检验。严格来讲，到目前为止，统计学中没有所谓的独立同分布（即独立、恒

① Rudolf Emil Kalman. https://mathshistory.st-andrews.ac.uk/Biographies/Kalman/[2010-04-01].

等分布的情况），不是因为这种情况是不可取的，漂亮甚至是美丽的，而是因为自然界似乎并不存在这种情况。回想一下，物理学家们曾经认为'以太'是一个必要的、不可避免的、有吸引力的、明确的和美丽的概念，它必须必然存在，但如果所有的物理学家都接受这样的论证，那么新科学就不会产生。正如罗素所说，自己漫长的一生致力于哲学，'粗略地说，我们所知道的是科学，我们所不知道的就是哲学。'在科学范围内，仅就应用领域而言，今天的统计建模可能属于哲学的范畴。"（Kučera，2017）

卡尔曼发表了 50 多篇学术论文，并做了大量讲座。除许多的研究论文外，还与另外两人共同撰写了著作《数学系统论专题》（*Topics in Mathematical System Theory*，图 16.9）。该书的序言中写道："这本书不是关于系统的论述。相反，它的目的是提出一个当代的数学系统理论——这是一个活泼的、具有挑战性的、令人兴奋的、困难的、令人困惑的、值得的、很大程度上是未知的领域。"

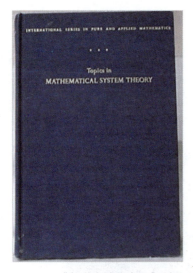

图 16.9　《数学系统论专题》封面

第四节
尾　声

卡尔曼是美国国家科学院院士、美国国家工程院院士、美国艺术与科学院院士，也是匈牙利科学院、法国科学院和俄罗斯科学院的外籍院士，获得了许多的荣誉博士学位。1962 年，马里兰科学院授予卡尔曼"年度杰出青年科学家"称号。1964 年，他成为 IEEE 会士。他还是许多专业学会的会士和众多期刊的编委。他在 1974 年获得 IEEE 荣誉勋章，获奖词是"开拓了系统理论的现代方法，包括可控性、可观性、滤波和代数结构等概念"。由于在系统科学领域的杰出贡献，除德雷珀奖外，卡尔曼还分别获得了 IEEE 百年纪念奖章（Centennial Medal，1984 年）、美国自动控制委员会（American Automatic Control Council）理查德·E. 贝尔曼控制遗产奖（Richard E. Bellman Control Heritage Award，1997 年）及美国国家科学奖章（2009 年，图 16.10）等。2016 年 7 月 2 日上午，卡尔曼在位于佛罗里达州盖恩斯维尔（Gainesville，Florida）的家中去世，享年 82 岁。

图 16.10　卡尔曼获美国国家科学奖章（AEROSPACE，2009）

第 16 章　卡尔曼滤波

第17章

动态随机存储器
——数据快速高效存储的发明

第十五届德雷珀奖于 2009 年颁发给了美国电气工程师罗伯特·H. 丹纳德（Robert H. Dennard）（图 17.1），其颁奖词为："以表彰对通用于计算机和其他数据处理及通信系统的动态随机存储器（DRAM）的发明和发展贡献。"①

图 17.1　罗伯特·H. 丹纳德（1932～ ）

第一节
动态随机存储器简介

>>>

存储器是现代信息技术中用于保存信息的记忆设备，计算机中全部信息，包括输入的原始数据、计算机程序、中间运行结果和最终运行结果都保存在存储器中。存储器的主要功能是存储程序和各种数据，并能在计算机运行过程中高速、自动地完成程序或数据的存取。根据信息存储介质和方法的不同，当前计算机信息技术可以分为光存储、磁性存储和半导体存储三类（图 17.2）。其中，光存储是一种将资料存储于光学可读介质中的存储方式，如 CD、DVD 等，特点是价格低廉、携带方便；磁性存储是一

---

① 颁奖词原文：For his invention and contributions to the development of dynamic random access memory (DRAM), used universally in computers and other data processing and communication systems.

种利用材料的磁特性存储资料的存储方式，如磁盘、磁带等，特点是存储密度更高，不易丢失；半导体存储是一种以半导体电路为存储介质的存储方式，如 U 盘、机械硬盘（HDD）、固态硬盘（SSD）和闪存条等，特点是集成度高、容量大、体积小、存储和读取速度快。

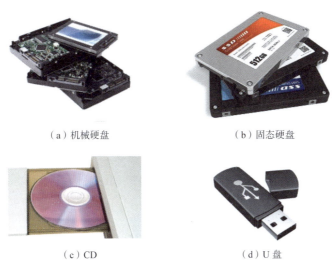

（a）机械硬盘　　　　　　　　　　（b）固态硬盘

（c）CD　　　　　　　　　　（d）U 盘

图 17.2　不同的存储介质

　　按照用途，存储器可分为内存和辅助存储器（又称外存）两大类，外存一般通过接口电路与计算机系统相连，而内存通过系统总线直接与 CPU 相连。目前计算机内存系统一般都采用半导体存储器。从应用角度看，半导体存储器可分为只读存储器（read-only memory，ROM）和随机存储器（random access memory，RAM）。只读存储器常用来存放不需要改变的信息（如系统程序），其中内容只能随机读出而不能写入，即使断电后信息依然存在。随机存储器是可任意读写的存储器，但断电后存储器中的内容即丢失。根据制造工艺，随机存储器主要有双极型和 MOS 型两类。双极型存储器存取速度快，但集成度相对较低并且功耗较大、成本较高，适用于对速度要求较高的高速缓冲存储器。MOS 型存储器集成度高、功耗低且价格便宜，适用于内存储器。按信息存放方式，MOS 型存储器又可分为静态随机存储器（static random access memory，SRAM）和动态随机存储器（图 17.3）。在充电情况下，静态随机存储器不需刷新电路即能保存内部数据，而动态随机存储器需要不断刷新，否则内部的数据即会消失。

第 17 章　动态随机存储器

图 17.3　常用于计算机内存和显存中的动态随机存储器

　　动态随机存储器通常采用集成电路芯片的形式，集成数十到数十亿个基本存储单元，其中基本存储单元由晶体管和电容器两个元件组成。利用电容器是否存储电荷来表示一个二进制比特（bit，1 或 0），当需要将 1 bit（1 或 0）放入内存时，晶体管用于对电容器进行充电或放电。充电的电容器代表逻辑高电平，即 1，而放电的电容器代表逻辑低电平，即 0。充电/放电过程是通过字线（Word Line，用于控制存储单元和位线的连通）和位线（Bit Line，用于读写存储单元）完成的，见图 17.4。在读取或写入信息过程中，字线变为高电平，晶体管将电容连接到位线。此时，无论位线上是何值（1 或 0），都会从电容器中被存储或检索。如果储存在电容器上的电荷太小，无法直接读取，就需要增加一个感应放大器，以检测电荷的微小差异，并输出相应的逻辑电平。随着时间推移，电容器中的电荷会泄漏，为了保持存储器中的数据，必须周期性刷新电容。刷新的工作就像读取一样，确保数据不会丢失。这就是动态随机存储器的名称由来。

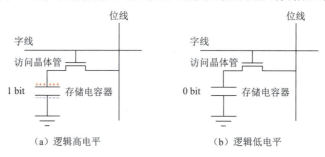

图 17.4　动态随机存储器电容充电/放电原理示意图

　　动态随机存储器常用于计算机的内存和显存。与常用的硬件存储器相比，动态随机存储器是一种"临时"存储器，其能在短时间内完成信息的存储/释放。计算机需要持续不断地更改临时信息，动态随机存储器的这一特征加快了计算机的运行速度。在动态随机存储器问世之前，"临时"存储器存储 1 bit 需要 6 只晶体管，而动态随机存储器存储同样的数据只需要 1 只晶体管，从而使存储数据的空间大大减小了。动态随机存储器提升了快速访问和存储数据的能力，显著提高了计算机的性能。凭借体积小、价格低、集成度高、功耗低、读写速度快等特点，动态随机存储器一直是适用于内存最好的介质。过去十多年，尽管外存介质不断地更新迭代，但内存一直维持较大的市场占有率。然而随着基于大数据的内存数据库、数据密集型分析、机器学习和具有深度神经网络训练功能的人工智能的发展，以及摩尔定律接近物理瓶颈，继续提升动态随机存储器内存带宽和内存容量的需求依旧充满了挑战。

第二节
动态随机存储器的发明过程

在动态随机存储器被发明出来之前，数据的存储主要是利用材料的磁性进行信息的存储和读出的，这种磁记录存储器有磁带、磁鼓、磁芯，除此之外还有打孔纸带，见图 17.5。其中，磁鼓是 1932 年由 IBM 公司发明的，一直到 20 世纪 50 年代，它都是大型计算机的主要存储方式；而磁芯是中国王安博士的专利，在 1956 年被 IBM 公司购买并开发，逐步替代磁鼓，一直使用至 20 世纪 70 年代。磁芯的体积虽然比磁鼓的要小，但还是比较大，而且存储的密度有限、成本比较高。于是，20 世纪 60 年代中期，人们研发利用磁性薄膜来扩展磁存储器。

1966 年，IBM 公司托马斯·沃森研究中心（Thomas Watson Research Center，图 17.6）时年 34 岁的丹纳德博士提出了一种不同于磁记录的新设想，即用金属氧化物半导体场效应晶体管（MOSFET，亦称为 MOS 晶体管）来制作存储器芯片。其实，在那个年代，半导体集成电路的实用性已经显现并开始影响到存储器领域，双极型晶体管技术比当时的 MOSFET 技术具有明显的优势，并且已应用于大型计算机的第一代集成电路存储器中。该存储器的每片单晶硅芯片上拥有 16 个静态存储单元，优于当时的 MOSFET 存储

器。双极型晶体管的速度比当时的 MOSFET 器件，特别是最常用的 p 型 MOSFET 的速度要快，但 MOSFET 器件加工简单，并且还具有高密度集成电路布局的优点，为此人们设法通过在静态随机存储器阵列的每个存储单元上使用 6 个 MOSFET，包括两个增强型负载器件，来提升存储能力；通过将芯片外双极支持检测电路连接到存储单元的位线上来解决速度问题。

（a）磁带

（b）磁鼓

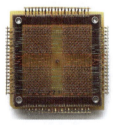

（c）磁芯

（d）打孔纸带

图 17.5　磁带、磁鼓、磁芯及打孔纸带

图 17.6　IBM 公司托马斯·沃森研究中心

当时，丹纳德在 IBM 公司开发了 N 型 MOSFET，使得存储器的存储速度显著提高。于是他申请了一项应用单 MOSFET 和单电容器构成动态随机存储器的专利。那时，丹纳德在一个应用研究小组工作，任务是为同部门正在研发的磁存储技术开发 MOSFET 的设计和电路应用。1966 年底，丹纳德受邀参加了 IBM 公司内部的研讨会，他了解到已经有人在一个 1 ft 高的正方形阵列薄膜磁存储板上存储了几十万个比特的容量，而自己小组正在研制的小芯片只能存储几百个比特，这使得丹纳德感到非常沮丧。晚上回家后，坐在客厅沙发上，丹纳德仔细思考磁存储和静电存储间的相似性，他认为需要攻克的难题是将电荷存储到电容器上。突然，灵感乍现，他很快就勾勒出一个存储单元的草图，由此可以使用 MOSFET 来控制电容器的电荷。

最初构想中，电容器是另一个 MOSFET 的栅极，读取操作则通过监测这个晶体管的电流流动来实现。这个想法令丹纳德非常兴奋，但这并不是他想要的。虽然一个存储单元只有两个晶体管，但需要额外的感应线（lines）、驱动极性（drive polarities）或不同的晶体管门限（transistor thresholds）来实现一个存储器的功能。丹纳德持续工作了几个星期，研究了几种不同的结构，直到他最终认识到存储的电荷可以通过完成写入操作的同一 MOSFET 重新读出。尽管这可能使读操作受到影响，但磁存储器也有同样的缺点。如此，存储单元就精简到单个 MOSFET 和单个电容器。丹纳德（图 17.7）对此非常满意，这一结果已经非常接近他的目标，与 6-MOSFET 的静态随机存储器单元相比，其复杂度已大大降低（Dennard，1984）。

图 17.7　正在设计构思动态随机存储器的丹纳德

随后人们提出了其他几种形式的动态随机存储器，包括含有脉冲负载的 6-器件存储

单元、4-器件存储单元及各种 3-器件存储单元结构。正是由于从一开始目标就极其明确，即如何用单个电容器实现存储单元，而不考虑其他复杂的方案，丹纳德成为 MOSFET 动态随机存储器的发明者。

丹纳德最具深远意义的贡献就是证明了 MOSFET 按比例缩小的可行性，并且率先在实际产品中实现。他与一群非常有才华的工程师连续工作了几十年，不断引导并持续在技术上做出重大的贡献。此外，丹纳德不仅推动着缩放理论的发展，还对 IEEE 组织以外的技术人员提出了 MOSFET 缩放所面临的挑战。他在 1981 年《真空科学与技术》杂志上发表文章，论证了用于亚微米器件的标度理论的实用性，并描述了分层布线系统需要利用缩放理论。

尽管缩放原理以及对 MOSFET 可以缩放的认识在 20 世纪 70 年代初就形成了，但缩放的实现也离不开几十年来工业界其他技术，如光刻、干法刻蚀、离子注入、绝缘材料、多晶硅化物、多层金属、平面型后段制程、铜制程、浅槽隔离、包装、设计技术、测试与表征等的发展。这些技术的改进使 MOSFET 技术的缩放能满足工业界的需求。到 20 世纪 80 年代末，动态随机存储器已经取代了固定磁头存储。近几年，基于动态随机存储器的闪存在许多便携式应用中取代了磁盘驱动器（图 17.8）。

图 17.8 磁盘驱动器（Disk Driver）又称"磁盘机"

第三节
获得乐队奖学金的罗伯特·H. 丹纳德

1932 年 9 月 5 日，丹纳德出生于美国得克萨斯州考夫曼县的特勒尔小镇（Terrell）。

当时正值大萧条时期，虽然丹纳德家境有些贫寒，但他拥有一个充满爱意的家庭，为此他非常自豪。5岁时，丹纳德全家搬到得克萨斯州和路易斯安那州交界附近的一个约5000人的社区农场，住在一个没有通电的房子里。父亲白天辛勤耕种田地并饲养牲畜，而母亲则为他们洗衣做饭（图17.9）。6岁生日时，丹纳德开始接受学校教育。当时，学校将前三个年级的学生安排在同一间教室，分别坐在不同的桌子上。尽管丹纳德是班里最小的学生，但他两年就完成了三个年级的内容学习。随后他搬到一所稍大的学校，这所学校又将四年级和五年级的班级安排在同一间教室。所以，学习对于丹纳德来说很容易，因为他有机会听到高年级在教什么内容，并按照自己的节奏进行学习。随着20世纪40年代初第二次世界大战的爆发，丹纳德全家又搬到达拉斯市郊外的欧文小镇（Irving）。丹纳德可以就读更大的学校，并住在一个可以与同学互动的社区。他还找到了一座小型图书馆，并成为科幻小说的狂热读者。科幻小说激发了丹纳德丰富的想象力，他开始形成有关世界的生动形象。

图 17.9　小时候的丹纳德（中）与父母

　　丹纳德热爱运动，经常和朋友一起打棒球或踢足球，但他的体型和速度都不足，无法参加高中的团队运动。幸运的是，高二时一支高中乐队成立了，他成为一名乐手，起初演奏圆号，后来改用了军乐队需要的低音号。高中快毕业时，辅导员建议丹纳德选择电气工程师专业。因为辅导员觉得，丹纳德有着数学天赋和对科学的兴趣，并且当时的

电气工程是一个快速发展的领域。然而，由于家里出不起足够的学费，丹纳德打算和朋友去附近的州立大学看看。有一天，一件重要的事情改变了丹纳德的人生轨迹。当时，得克萨斯州达拉斯市的私立大学——南卫理公会大学的乐队指挥来到丹纳德的高中进行访问，他十分赞赏丹纳德的音乐演奏能力，愿意为丹纳德提供一份乐队奖学金，让他进入一所更好的学校。他对丹纳德的建议是："为什么不抓住你能得到的最好的机会？"于是，丹纳德得以进入南卫理公会大学就读（图 17.10）。

图 17.10　身着南卫理公会大学乐队制服的丹纳德

进入大学后，丹纳德对科学兴趣浓厚，尤其喜欢上物理课。丹纳德分别于 1954 年和 1956 年获得南卫理公会大学电气工程学士和硕士学位。毕业后，出于对半导体物理学新兴领域的兴趣，丹纳德决定攻读电气工程博士学位。于是，丹纳德来到宾夕法尼亚州匹兹堡的卡内基理工学院，并于 1958 年获得博士学位。之后，丹纳德随朋友来到 IBM 公司工作。1958 年，当丹纳德走进 IBM 公司尚未完工的托马斯·沃森研究中心，开始第一天的工作时，他还不太清楚晶体管是如何工作的，但这并不影响他在随后的日子里对用于逻辑与存储目的的新器件的研究，以及对数据通信技术的开发。在 IBM 公司托马斯·沃森研究中心（图 17.11），经过一段时间的研究学习，20 世纪 60 年代中期丹纳德非常幸运地涉足了微电子领域，开始从事微电子学的研究和开发，其主要兴趣一直是 MOSFET 以及由此构成的集成数字电路。

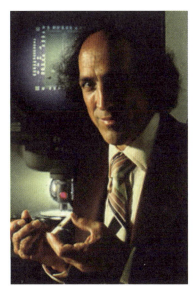

图 17.11　丹纳德在托马斯·沃森研究中心

丹纳德在 IBM 公司一直工作了 51 年,他的发明引领了微电子技术的发展。1967 年,丹纳德发明了当今计算机应用最广泛的单晶体管动态随机存储器存储单元,他提出通过字线和位线冗余可改善动态随机存储器的出品率。1968 年,他的单晶体管动态随机存储器获得了专利授权。这一专利技术首先应用在 IBM 64 KB 动态随机存储器中,到 20 世纪 70 年代中期,动态随机存储器已成为几乎所有计算机的标准配置。丹纳德的发明专利成为此后整个存储产业的基础。1972 年,丹纳德与同事又提出了 MOSFET 的缩放(或称为标度)理论。这一理论阐述了如何不断缩小晶体管的尺寸,开发更小、更快、更廉价芯片的方法,之后常被作为微电子学的指导原则。1973 年,他成为部门主管,负责 1 μm N 型金属氧化物半导体(NMOS)硅门技术的开发设计。他首次在芯片制造中采用反应式离子蚀刻(RIE)技术,将一个 8 KB 动态随机存储器芯片的尺寸缩至 1 μm,大大减小了芯片面积。

1979 年,丹纳德被任命为 IBM 公司高级研究员,继续带领团队挑战将 MOSFET 缩至更小的尺寸,并制定重要的普适缩放规则。此外,他们还开发了用于预测电离辐射在集成电路中造成的软错误率的建模技术。团队发表了大量关于新兴 CMOS 技术进展的论文,有的针对 CMOS 电路在超低温下的工作特性,有的关于 0.5 μm 尺寸工艺制造的芯片测试。除此之外,他们还首次制造出尺寸小至 0.1 μm 的器件和电路,测试效果良好(Dennard et al., 2014;Markoff, 2019)。

自 20 世纪 80 年代后期以来，丹纳德一直作为 IBM 公司高级研究员，致力于开发将 CMOS 逻辑和内存技术缩至更小尺寸的技术，并研究新的器件和电路方法以获得在微电子学领域的持续进步。

第四节
尾　声

丹纳德发表了超过 100 篇学术论文并取得了 65 项发明专利（Dennard et al.，2014）。他是美国国家工程院院士、美国哲学学会成员和 IEEE 会士。除德雷珀奖外，他还分别获得 IEEE 克莱多·布鲁内蒂奖（Cledo Brunetti Award，1982 年）、美国国家技术奖章（1988 年）、以色列工程技术学院哈维奖（Harvey Prize，1990 年）、IEEE 爱迪生奖章（2001 年）、富兰克林研究所本杰明·富兰克林奖章（2007 年）、IEEE 荣誉勋章（2009 年）及美国半导体产业协会（Semiconductor Industry Association）罗伯特·N. 诺伊斯奖（Robert N. Noyce Award，2019 年）等。

第18章

定向进化
——加速自然进化的新方法

第十六届德雷珀奖于2011年颁发给了美国化学家弗朗西斯·H. 阿诺德（Frances H. Arnold）和美国生物工程师威廉·P. C. 施特默尔（Willem P.C. Stemmer）（图 18.1），其颁奖词为："以表彰对在全球范围用于制药和化工产品的新型酶和生物催化过程的工程设计方法——定向进化的开发。"①

（a）弗朗西斯·H. 阿诺德（1956～）　　（b）威廉·P. C. 施特默尔（1957～2013）

图 18.1　第十六届德雷珀奖获奖者

第一节
定向进化简介

　　定向进化（directed evolution）是使生物沿着人们设想的方向演进的一种生物技术。众所周知，从恐龙时代到人类现代文明，自然界的生命无时无刻不在进化发展、繁衍生息。19 世纪中叶，英国科学家查尔斯·达尔文创立自然选择学说，用于描述这种生物进化的机制，并出版《物种起源》（图 18.2）一书，以描述进化论的观点。生物进化的基本环节可概括为突变、选择（海选/选拔）、隔离（优秀选手单独培养）、优良性状的脱颖而出或物种形成。在这个过程中，随机的基因突变一旦发生，就受到自然选择的作用，

---

① 颁奖词原文：For directed evolution，a method used worldwide for engineering novel enzymes and biocatalytic processes for pharmaceutical and chemical products.

但是新性状特征的稳定或物种的形成则可能需要上万年时间的演化。进化论认为，在变化着的生活条件下，生物几乎都表现出个体差异，并有过度繁殖的倾向；在生存斗争过程中，具有有利变异的个体能生存下来并繁殖后代，具有不利变异的个体则逐渐被淘汰。随着科学的进步和基因工程技术的不断发展，科学家们不禁设想：是不是可以在实验室创造出各种可能的基因突变组合，来模拟和加速自然进化及筛选的过程，按需设计，对症筛选，快速得到我们想要的功能为人类造福呢？定向进化技术就是对这些问题的一种回答。

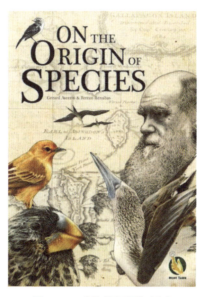

图 18.2　《物种起源》封皮

　　定向进化的原理是通过人为地创造特殊条件，在实验室环境下模拟自然进化机制，以改进的基因诱变技术，结合确定进化方向的选择方法，从而大大加速发生在自然界的突变和选择过程，使得蛋白质和多蛋白质在单一途径的功能上获得特定、有针对性的功能。定向进化的步骤是，选择有价值的非天然酶，短期内在试管中完成自然界需要几百万年的进化过程，因此它是发现新型酶和新的生理生化反应的重要途径。定向进化的发展拓宽了开发有用或有价值的蛋白质的设计范围，可以在蛋白质结构信息和作用机制未知的情况下对蛋白质进行改造。作为模拟达尔文的生物体体外（试管中）进化技术，定向进化利用自然选择的动力进化出在自然界并不存在的或是具有更优性质的蛋白质，其发明的意义就在于它是一种实用且经济的改善蛋白质功能的方法。

　　自然进化的关键是突变和筛选。同样，实验室定向进化也是以这两项技术为基础来

运作实现的。定向进化是一个迭代重复的过程，包括初始目标蛋白的选定、基因的突变（多样化）、高效蛋白质表达和筛选策略的制定及运行，然后对筛选到的优良突变体基因进行再次的突变和筛选，然后多次循环，优中拔优，直到获得满意的性能，如酶活力的提高、抗体结合力的提高、酶底物特异性的改变，甚至创造全新的反应类型等。定向进化技术和其他生物技术在材料上的差异源于定点诱变和随机突变这两项技术之间的不同。相比占主导的生物技术而言，定向进化技术使用的是随机突变（易错 PCR[①]）或随机基因重组[DNA 混编（DNA shuffling），又称 DNA 洗牌技术，图 18.3]，从而在它的实验系统产生分子多样性。

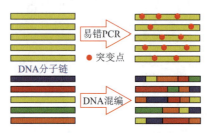

图 18.3 易错 PCR 和 DNA 混编的区别

定向进化自发展以来广泛应用于基础科研、绿色化工和制药行业。它不仅用于提升酶已知的催化特性，以更加绿色环保的方式生产塑料、农药、燃料等；还赋予酶催化自然界从未有过的化学反应的能力，使其在工业上具有更广泛的应用潜力，如提高酶在特殊环境下的稳定性和活性、改变酶的底物或产物范围、改变酶的对映体选择性、抗体的定向进化、催化新的化学反应等。20 世纪 90 年代末，定向进化技术催生了分子仿生学和生物电化学等交叉学科，这些交叉产生了新的生命材料实体和概念。分子仿生学主要模仿大自然的灵感设计材料，在该领域，物理学（原子尺度的显微镜学）、化学（电化学和电子转移）和生物学（酶学、蛋白质设计和分子生物学）有机结合。这种融合使得无机材料和生物材料之间的界限模糊了，并创造了新的生命形式——金属结合蛋白。虽然在野外会自然形成无机金属结合蛋白，但定向进化实验产生了一种金属结合蛋白和氧化还原蛋白的新的生命形式，而金属结合蛋白和氧化还原蛋白在 20 世纪是不存在的，定向进化实验优化了这些蛋白质并重新合成了能够进行电子转移的蛋白质，以便应用于电池和生物传感（即芯片实验室）。

---

① PCR 即聚合酶链式反应，亦称体外 DNA 扩增技术。

定向进化的发明过程

最早的定向进化实验可以追溯到 1965 年伊利诺伊大学的索尔·斯皮格尔曼（Sol Spiegelman）开展的"连续传输实验"（亦被称为"连续稀释实验"）。实验用被称为 Qb-RNA（RNA 噬菌体）的传染性病毒的 RNA 作为原始 RNA 来测试 RNA 的体外复制反应。实验过程中，斯皮格尔曼有意地持续降低转化的培育时间间隔，但当时他没有将这种人为手段定义为"选择压力"（即选择特定类型 RNA 的方法）。1967 年，斯皮格尔曼进行了同样的实验，不同之处在于，他将对转化的培育时间间隔的控制定义为 RNA 变异的一种选择压力，这种控制实际上选择了复制速度比原来快的 RNA。通过缩短时间间隔，可以选择出比原始 RNA 的链较短的 RNA。链越短，完全稀释原始 RNA 所需的时间就越短。就这样，斯皮格尔曼在 1967 年完成的连续传输实验被视为第一个定向进化实验。1970 年，斯皮格尔曼小组和莱斯利·奥格尔（Leslie Orgel）小组合作进行了一组四个 RNA 变异的实验，实验采用大量的溴化乙啶以抑制特定 RNA 的自我复制。二者相比：前者为快速增长的 RNA 施加了一种选择压力，而后者在不同变体间施加了一种可以抑制特定 RNA 产生的物质条件。

20 世纪 80 年代，曼弗雷德·艾根（Manfred Eigen）在哥廷根的马克斯·普朗克（Max Planck Institute）继续进行斯皮格尔曼的实验。1984 年，艾根假设了一个受控的"分子进化"实验。从最初形成单链 RNA 开始观察 RNA 双链的形成。经过长时间的复制期，随着双链 RNA 的继续增长，单链 RNA 的浓度达到一个稳定状态。当 RNA 浓度足够高时，双链 RNA 的形成可能发生，而当通过改变盐浓度或通过插入试剂如溴化乙啶施压一个选择压力时，在单链和双链 RNA 的自我复制实验中会产生一种"竞争"机制，加速进化过程。

自 1985 年以来，随机诱变和随机基因重组的概念和工具逐渐成熟。随机诱变包括盒式诱变和易错 PCR 技术，随机基因重组则包括易错 PCR 和 DNA 混编技术，这两项技术是在 20 世纪 80 年代后期和 90 年代早期发明的，它们都是专门为定向进化的研究而发明的，其中阿诺德和施特默尔做出了先锋性贡献（图 18.4）。阿诺德的办法是，利用演化之手，为待改造的酶引入随机突变，根据性能做筛选，再重复多次突变-筛选的

过程，最终找到性能最优者。施特默尔则更进一步，把自然的育种过程转移到试管中，在 DNA 尺度重组已经天然存在的多样性，就像在给生命的密码洗牌（Kim，2008）。

图 18.4　阿诺德和施特默尔合影[①]

2018 年，因在定向进化方面的工作，阿诺德被授予诺贝尔化学奖。瑞典皇家科学院评价道：2018 年诺贝尔化学奖获得者"控制了"进化，并以此造福人类。通过定向进化产生的酶被用来制造从生物燃料到药品在内的许多产物。用噬菌体展示定向进化出的抗体可以对抗自身免疫性疾病，甚至在某些情况下可以治愈转移性癌症。施特默尔本可以同样获得诺贝尔奖，但他不幸英年早逝。

一、弗朗西斯·阿诺德的贡献

在利用定向进化改善蛋白质功能的研究上，前人有着大量的尝试，特别是那些基于酶结构的设计和预测基因突变影响的工作，但这些工作在改进蛋白质特性上的效果很弱，且消耗大量成本和人力。

1993 年，阿诺德设计了一种在有机溶剂 *N,N*-二甲基甲酰胺（DMF；高度非自然环境）中具有活性的枯草杆菌蛋白酶 E。她通过易错 PCR 技术对细菌表达的酶基因进行了连续四轮的诱变。每一轮后，通过在含有酪蛋白和 DMF 的琼脂板上培养细菌，筛选出那些在 DMF 存在下具有水解酪蛋白能力的酶。如果细菌具有分泌这些酶的能力，将会

---

① 2011 Draper Prize Awarded to Frances Arnold and Willem P. C. Stemmer. https://www.aiche.org/chenected/2011/02/2011-draper-prize-awarded-frances-arnold-and-willem-p-c-stemmer[2022-10-08].

在水解酪蛋白时产生可见的晕圈。阿诺德选择具有最大晕圈的细菌，并分离出它们的
DNA 进行进一步的诱变。使用这种方法，阿诺德（图 18.5）将原始酶在 DMF 中的活性
提高了 256 倍。

图 18.5　工作中的阿诺德[①]

　　进一步，阿诺德在不同的选择标准下应用她的定向进化方法，以优化不同功能的酶。
除进化单分子外，阿诺德利用定向进化来协同进化生物合成途径中的酶，例如参与大肠
杆菌中类胡萝卜素和 L-蛋氨酸生产的酶（有可能被用作全细胞生物催化剂）。阿诺德将
这些方法应用于生物燃料生产，例如，她采用定向进化方法得到了能够生产生物燃料异
丁醇的细菌。尽管异丁醇可以在大肠杆菌中生产，但其生产途径需要辅助因子还原型辅
酶Ⅱ（NADPH）的存在，而大肠杆菌本身仅制造辅助因子还原型辅酶Ⅰ（NADH）。为
了解决这个问题，阿诺德定向进化出了能够制造辅助因子 NADPH 的大肠杆菌，从而可
以直接生产异丁醇。

　　除改进天然酶的现有功能外，阿诺德还设计了一些酶，使其发挥出以前不存在的特
定酶的功能。例如，她通过进化细胞色素 P450 来进行环丙烷化、卡宾及亚硝酸盐转移
反应。阿诺德还利用定向进化设计了高度特异和高效的酶，可作为一些工业化学合成程
序的环保替代品。这些酶可以更快地进行合成反应，减少副产品，在某些情况下还可以
消除对有害重金属的需要。

　　阿诺德的突出成就在于证明了靶向蛋白质（特别是酶）通过随机诱变后会产生一些

　　① Caltech's Frances Arnold Wins Nobel Prize, Son Is JPL Mars Flight Tech. https://www.jpl.nasa.gov/news/ caltechs-frances-arnold-wins-nobel-prize-son-is-jpl-mars-flight-tech[2022-10-08].

新的、比突变前更理想的蛋白质特性。她通过多次重复突变、筛选的过程，选出最佳的蛋白质，用于促进蛋白质进化出具有特定用途的理想功能。

二、威廉·P. C. 施特默尔的贡献

早期，定向进化中的基因诱变技术通常采用易错 PCR 技术。尽管易错 PCR 是一种简便快速地在 DNA 序列中随机制造突变的方法，但这种方法的关键在于控制合适的突变频率，过高的突变频率将产生中性突变或有害突变。另外，此法是在分子内部进行的单一突变，有害突变要比有益突变多。当有害突变占大多数时，仅能形成无活性的蛋白质分子。

1994 年，施特默尔根据从植物和动物的传统育种中得到的线索，创造出多样的不同自然过程，重组了现有的自然多样性，他称之为 DNA 混编。DNA 混编是一种同类型突变体体外重组的方法，其目的是刻意地创造一个组合库，进而克服了易错 PCR 只能发生点突变，而不能进行系列小区域间交换的缺点，大大提高了进化效率。与诱导随机突变相反，施特默尔（图 18.6）特意将来自不同但相关物种的同一基因序列进行重组，创造出克隆基因。这种基因在给定的目标性质上与亲本基因相同或比其更好。如果把基因

图 18.6　正在开发生物技术的施特默尔[1]

---

① The Grow Dozen: 12 Alumni Who are Making a Difference in Biotechnology. https://grow.cals.wisc.edu/issue/fall-2008/the-grow-dozen-biotechnology[2022-10-08].

比喻成各种花色和大小的扑克牌，那么随机突变就像是某一张或若干张扑克牌随机发生了改变，比如红桃 7 变成梅花 K，一对小王变成了一对大王。DNA 混编技术，则像是拿出不同的牌面洗到一起，由此得到了更丰富的多样性，也更有可能较快产生拥有优良性能的蛋白质。因为模仿了自然的育种过程，DNA 混编也被形象地称为"分子育种"。

DNA 混编是目前最方便、有效的一种分子水平的体外定向进化技术。这种技术提供了多个"父辈"基因和中间交叉合成的蛋白质，中间交叉表现为对源自一个后代的多个同源基因进行重组的多个"交叉"过程。在定义 DNA 混编的时候，施特默尔特意使用了"遗传交配""繁殖""有性重组""性别"等与性相关的术语，以配合阿诺德在其实验系统中所定义的"分子性别"的概念，来消除有害突变并积累有益突变。在 DNA 混编中，分子性的概念是通过"池化"（pool-wise）重组共同产生的，而不是一个"双向"重组。一个"池化"重组是指多个父代基因的重组，而双向重组是指两个父代基因的重组。

DNA 混编会比易错 PCR 产生的随机突变带来更多有意义的多样性，因为 DNA 混编可以减少易错 PCR 产生的有害突变。在定义单基因改组为"无性进化"，而 DNA 混编为"有性进化"后，阿诺德声称在产生更多有益的突变方面有性进化比无性进化更有用（Kim，2008）。

此后，分子多样性的概念逐渐被学科化和商业化。1995 年，施普林格·自然（Springer Nature）出版集团的瑞士分部开始出版一份组合化学的杂志，命名为《分子多样性》（*Molecular Diversity*）。为推广 DNA 混编技术，施特默尔建立了基于"最大化遗传多样性"概念的麦克斯根（Maxygen）创业公司。

到目前为止，DNA 混编的研究成果主要涉及以下几个方面：提高蛋白质的功能（酶活力、底物特异性、热稳定性和抗体的产量），开发新的代谢途径，医药研究（生物制药、疫苗研制、基因治疗），改变离子通道，改造报告基因和创造新的毒素基因等。该技术也不断用于研究蛋白质结构和功能之间的关系，解释生物分子系统进化的重要性，提高蛋白质在极端环境中的适应能力，提高重组蛋白的生物合成能力，提高分子间和蛋白质间的相互作用等。随着基因工程技术、蛋白质工程技术、高通量筛选技术和生物信息学的迅速发展，DNA 混编必将开拓更多的应用领域，人们可以在体外大大加快生物进化的速度，创造出一系列具有重要商业价值的基因和蛋白质，这将会对人们生活的各个领域产生革命性的变革。

第 18 章 定向进化

第三节
首位双奖女性获奖者——弗朗西斯·H. 阿诺德

    1956 年 7 月 25 日，阿诺德出生于美国宾夕法尼亚州匹兹堡郊区埃奇伍德（Edgewood）。她的父亲威廉·霍华德·阿诺德（William Howard Arnold）是核物理学家，被称为美国核能民用先驱，爷爷是一名将军。少年时期的阿诺德身上看不到一丁点科学家的影子。阿诺德承认，她十几岁时有叛逆倾向，有"相当狂野的高中时光"（图 18.7）。为了反抗严格的军人家庭，她高中时就离开了家，独自租房生活。为了赚房租，她在当地的爵士俱乐部做服务员。她还在匹兹堡做过出租车司机。阿诺德似乎对自己想做的事总是毫不犹豫。十几岁时，阿诺德就曾独自一人搭陌生人的顺风车到华盛顿特区抗议越南战争。1974 年，她毕业于匹兹堡的泰勒·奥尔德迪斯（Taylor Allderdice）高中。她虽然在高中时期并没有认真学习，但心里却有着名校情结，想进入好一点的大学，她在标准化考试中还是取得了接近满分的成绩。她的父亲 20 世纪 50 年代毕业于普林斯顿大学，获得了博士学位。于是阿诺德申请了普林斯顿大学（图 18.8）的机械和航天工程，并成为当时班里唯一的女生。

图 18.7　飒爽的阿诺德[①]

---

    ① Frances H. Arnold. https://www.nobelprize.org/womenwhochangedscience/stories/frances-arnold[2022-10-08].

图 18.8　普林斯顿大学校园一角

　　除专业要求的课程外，她还选修了经济学、俄语和意大利语课程，并设想自己成为一名外交官或 CEO，甚至考虑获得国际事务的高级学位。第二年，她从普林斯顿大学休学一年，前往意大利，在一家生产核反应堆部件的工厂工作，然后返回普林斯顿完成学业。回到普林斯顿大学后，她开始在能源和环境研究中心学习，这是一个由科学家和工程师组成的团体，当时由罗伯特·索科洛（Robert H. Socolow）领导，致力于开发可持续能源，这一主题成为她后来工作的重点。1979 年，美国宾夕法尼亚州三英里岛（Three Mile Island）核电厂发生的核泄漏事件给了她很大的触动。加上 20 世纪 70 年代的石油危机，一系列事件激发了她对替代能源的兴趣，让她意识到可再生能源对解决全球能源危机至关重要。大学毕业之前，她的生活轨迹和化学没有任何交集。当时她认为自己也许会传承父亲的衣钵，继续研究核物理。

　　1979 年从普林斯顿大学毕业后，阿诺德在韩国、巴西以及美国科罗拉多州的太阳能研究所担任工程师。在太阳能研究所，阿诺德致力于为偏远地区设计太阳能设施，并帮助撰写联合国立场文件。随后，阿诺德进入加州大学伯克利分校学习，并在哈维·沃伦·布兰奇（Harvey Warren Blanch）实验室进行亲和层析（affinity chromatography）技术的研究，1985 年，她获得化学工程博士学位，并对生物化学产生了浓厚的兴趣。阿诺德在攻读化学工程博士学位之前没有任何化学背景，以

致加州大学伯克利分校的研究生委员会要求她在博士课程的第一年学习本科化学课程。

获得博士学位后，阿诺德在加州大学伯克利分校完成了生物物理化学的博士后研究。1986 年，阿诺德作为访问学者加入加州理工学院，随后成为助理教授，1992 年晋升为副教授，1996 年晋升为教授。2000 年，她被任命为迪克和芭芭拉·迪金森（Dick & Barbara Dickinson）化学工程、生物工程和生物化学教授，在那里她从事定向进化系统和生物分子工程方面的研究。2013 年，她被任命为加州理工学院唐娜和本杰明·M. 罗森（Donna & Benjamin M. Rosen）生物工程中心的主任。2017 年，她担任莱纳斯·鲍林（Linus Pauling）化学工程、生物工程和生物化学教授。

1995～2000 年，阿诺德担任圣达菲学院（Santa Fe Institute）的科学委员会委员。她是联合生物能源研究所（Joint BioEnergy Institute）咨询委员会的成员。阿诺德担任帕卡德科学与工程奖学金（Packard Fellowships in Science and Engineering）咨询小组主席。她曾在阿卜杜拉国王科技大学（KAUST）的校长顾问委员会任职，曾担任伊丽莎白女王工程奖的评委，并与美国国家科学院的科学与娱乐交流中心合作，帮助好莱坞编剧准确地描述科学主题。

阿诺德被列为共同发明人的美国专利超过 30 项，曾担任 10 多家企业的科学顾问，其中包括麦克斯根（Maxygen）公司、阿米瑞斯（Amyris）公司、克迪科思（Codexis）公司、马斯科马（Mascoma）公司和盖沃（Gevo）公司等。盖沃公司是 2005 年阿诺德与他人共同创立的一家利用可再生资源制造燃料和化学品的公司。2013 年，阿诺德和以前的学生共同创办了一家名为普罗维维（Provivi）的公司，研究用于保护农作物的农药替代品。自 2016 年以来，阿诺德一直是基因组学公司依诺米那（Illumina）公司的董事会成员。2019 年，阿诺德被任命为谷歌母公司字母表（Alphabet）公司的董事会成员，且成为其中的第三位女性董事。2021 年 1 月，阿诺德被美国总统乔·拜登任命为科学技术顾问委员会（PCAST）的外部联合主席，帮助确定科学家在政府中的角色。阿诺德当时的主要工作是帮助选择 PCAST 的其他成员，并着手为该顾问小组制定科学议程。

阿诺德有一头金色短发，身材修长、脸颊清瘦，看起来干练、充满活力。她爱好徒步旅行、冲浪、潜水（图 18.9）和越野自行车。年仅 43 岁时，阿诺德就获得了美国国家工程院院士的称号，她也是美国最早获得美国国家科学院、美国国家工程院、美国国家医学院"三院院士"称号的女性科学家。更为传奇的是，阿诺德的父亲是美国著名的核工程专家，他曾服务于美国的西屋电气公司，也是在 43 岁那年获得美国国家工程院院士称号的，他们是美国历史上为数不多的一对"父女院士"。她是首位获得德雷珀奖的女性科学家，刚收到邮件通知时，她甚至以为这是什么野鸡奖项，后来查到 WWW、卫星通信、GPS、光纤等技术也在历年获奖名单之中，才打消怀疑。2018 年，阿诺德获得诺贝尔化学奖，成为该奖项设立 117 年来第五位女性获奖者，也是第一位美国女性。2019 年 10 月 24 日，教皇弗朗西斯任命她为教廷科学院（Pontifical Academy of Sciences）成员。阿诺德还曾在电视剧《生活大爆炸》第 12 季的第 18 集《获奖者积累》（*The Laureate Accumulation*）中饰演自己（图 18.10）。

图 18.9　潜水中的阿诺德

图 18.10　《生活大爆炸》中扮演自己的阿诺德（左二）

阿诺德认为，自己最大的成就是在加州理工学院培养出的优秀学生和博士后。她在

加州理工学院待了 24 年，并有幸与世界上 100 多个最聪明的年轻科学家和工程师相互交流，如果可以帮助激发他们非凡的大脑来解决一些重要问题，她觉得自己已经做了一些真正有用的事情。

事业上成绩斐然的阿诺德，却在生活上遇到过诸多坎坷。2005 年她被确诊为乳腺癌，经历了 18 个月的治疗最终痊愈。她结过两次婚，也离过两次婚，有三个儿子。她的两任丈夫同样都是学界泰斗，第一任丈夫詹姆斯·E. 贝利（James E. Bailey）是美国国家工程院院士、生物化学工程师，2001 年死于癌症。阿诺德的第二任丈夫安德鲁·E. 兰格（Andrew E. Lange）是美国国家科学院院士、著名的宇宙学家，两人离婚后不久，安德鲁于 2010 年自杀身亡。2016 年，她的二儿子在一次事故中身亡，那年他即将完成大二的学业。可以说，她在打造自己辉煌的职业生涯的同时，也在度过自己极端逆境中的人生。不过对于这一切，阿诺德也都已经能够坦然面对（Arnold，2018）。

第四节
英年早逝的威廉·P. C. 施特默尔

施特默尔，昵称"皮姆"，1957 年 3 月 12 日出生于荷兰，在瑞士祖格堡的寄宿学校蒙大拿学院学习，1975 年从那里毕业，随后于 1980 年获得阿姆斯特丹大学（University of Amsterdam，图 18.11）的生物学本科学位。然后施特默尔前往美国，在威斯康星大学麦迪逊分校（图 18.12）完成了分子生物学博士学位，研究宿主-病原体相互作用中细菌的菌毛/毛缘（pili/fimbriae）和其他毒力因子的作用。随后跟随华盛顿大学麦迪逊分校的弗雷德·布拉特纳（Fred Blattner）从事博士后研究，主要研究噬菌体、随机肽库和抗体片段在大肠杆菌中的表达，这种新兴生物分子工程技术的经验为他今后的许多工作奠定了基础。

1985 年，施特默尔创立了他的第一家公司——基因设计（Genetic Designs），为生物技术开发新的肽噬菌体表达、抗体表达和基于密码子的合成技术。两年后，他加入杂交科技（Hybritech）公司，并将他在抗体片段工程方面的工作扩展到癌症治疗的应用方面。施特默尔将家里可以容纳两辆车的车库改造成了一个先进仪器齐全的分子生物学实

图 18.11　荷兰阿姆斯特丹大学

图 18.12　威斯康星大学麦迪逊分校

验室。就是在那个车库里，他开发出了 DNA 混编技术的雏形，也因此于 1992 年加入更适合他继续开发这项技术的埃菲麦克斯（Affymax）公司。这家公司的创始人是当时生物技术产业的教父级人物乌拉圭人阿莱加德罗·扎法罗尼（Alejandro Zaffaroni），他不仅鼓励技术创新，而且在资本领域也极具实力。在埃菲麦克斯公司，施特默尔完善了他的 DNA 混编技术，也完成了从科学家到企业家的转变。在那个时期的开创性工作中，

施特默尔指出："计算机模拟线性序列演化表明序列块重组和点诱变同样重要，点诱变、重组和选择的重复循环应该允许诸如蛋白质的复杂序列进行体外分子进化。"（Stemmer，1994）依托 DNA 混编这项看起来极富前景的技术，施特默尔与扎法罗尼等联合在 1997 年创建了一家新公司——麦克斯根（Maxygen）公司，正式踏足商界，将 DNA 混编技术商业化。

施特默尔的幸运在于，进入商业领域之初，他就得到了顶级生物技术投资人的点拨。但其不幸在于，当时他们认为施特默尔只是个技术人才，并不是当 CEO 的料。后来的事实没有支持他们的看法。2003 年离开麦克斯根公司后，施特默尔连续创办了几家公司，都取得了不同程度的成功。

2001 年，施特默尔发明了阿维默（Avimer，人工蛋白质，像抗体一样，能特异性结合某些抗原）技术，并在 2003 年创立了阿伟达（Avidia）公司，将该技术商业化。2006 年，施特默尔与他人合作创立加州阿穆尼希（Amunix）公司，并兼任创始 CEO，该公司致力于开发可延长给药频率的药用蛋白质。阿穆尼希公司的产品包括一种经过临床验证的有效药物载荷，它是一种将典型人类蛋白质与 XTEN 进行基因融合后的产物。XTEN 是一种长的、非结构化的、亲水的蛋白质链，如聚乙二醇，它通过增加的流体动力学半径使得血清半衰期增加，从而减少肾脏过滤。2008 年，阿穆尼希公司与指数创投（Index Ventures）公司合并成维萨蒂斯（Versartis）公司，致力于研发三种特定的用于治疗代谢性疾病的临床药物（Giver and Arnold，2014）。

2013 年 4 月 2 日，施特默尔在与转移性黑色素瘤斗争中不幸去世，享年 56 岁。虽然他生前没能得到诺贝尔奖，但他最引以为傲的 DNA 混编技术，正在以他希望的方式为更多人所用。在生物制药、疫苗、农产品和生物燃料领域，都有这项技术的身影（Larrick et al.，2013）。

第五节

尾　声

›　›　›

阿诺德是国际公认的美国科学家和工程师，曾获得多项学术奖项，2000 年，她因整合分子生物学、遗传学和生物工程的基础知识，使生命科学和工业受益而当选为国家工程院院士。她是少数几个拥有美国三院，即美国国家工程院（2000 年）、美国国家医学院（2004 年）及美国国家科学院（2008 年）院士头衔的女性科学家。2014 年，她入选美国国家发明家名人堂。2016 年，她成为第一位获得千禧年科技奖的女性。2018 年，她被列为英国广播公司的 100 位女性之一，并成为英国皇家工程院的国际院士。此外，她还分别获得美国国家技术与创新奖（2013 年，图 18.13）和女性工程师学会（Society of Women Engineers）年度成就奖（2017 年）等。

图 18.13　2013 年美国总统奥巴马授予阿诺德国家技术与创新奖（Vasko，2014）

施特默尔是一位多产的发明家，拥有超过 100 项专利及至少 70 篇研究论文，他在麦克斯根公司工作时开发的专利被《MIT 技术评论》（*MIT Technology Review*）列于 2003 年制药/生物技术领域专利的首位。他对科学、商业和法律领域的交叉问题进行了深入思考，例如 2002 年发表文章《如何在保护版权的情况下发表 DNA 序列》（*How to Publish DNA Sequences with Copyright Protection*）。2012 年，施特默尔当选为美国国家工程院院士，他感到非常荣幸，认为这是自己职业生涯的完美谢幕（Giver and Arnold，2014）。

第19章

液晶显示器
——了解和改变世界的"视窗"系统

第十七届德雷珀奖于 2012 年颁发给了美国电气工程师乔治·H. 海尔迈耶（George H. Heilmeier）、德国物理学家沃尔夫冈·赫尔弗里希（Wolfgang Helfrich）、瑞士物理学家马丁·肖特（Martin Schadt）和英国物理学家 T. 彼得·布罗迪（T. Peter Brody）（图 19.1），其颁奖词为："以表彰对用于数十亿电子产品和专业设备的液晶显示器（LCD）的工程开发。"[①]

（a）乔治·H. 海尔迈耶 （1936～2014）　（b）沃尔夫冈·赫尔弗里希（1932～）　（c）马丁·肖特 （1938～）　（d）T. 彼得·布罗迪 （1920～2011）

图 19.1　第十七届德雷珀奖获奖者

第一节
液晶显示器简介

　　液晶显示器（liquid crystal display，LCD）是利用液晶与偏振器的光调制特性设计的平板电子显示设备，其中的液晶材料是一种不同于人们所知道的固态、液态、气态三种形态之外的新物质。该物质按照生成条件大致可分为溶致液晶和热致液晶，其中热致液晶主要用于显示器。根据分子排列方式的不同，热致液晶又可分为向列相、近晶相及胆甾相，见图 19.2（Kato et al.，2007）。最常用的液晶相态为向列相液晶，其中的分子

---

　　① 颁奖词原文：For the engineering development of the liquid crystal display (LCD) that is utilized in billions of consumer and professional devices.

形状为细长棒形，长宽为 1～10 nm。在不同电场作用下，液晶分子会做规则旋转 90° 排列，产生透光度的差别并形成明暗的区域。利用上述特性，液晶显示器被发明。

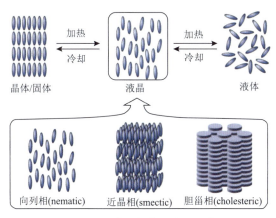

图 19.2　液晶相变及分子形态

　　液晶显示器的基本结构见图 19.3，主要包括基板、偏光板、上下层电极（透明电极层与偏光板并在一起）、液晶和玻璃面板。液晶显示器的工作原理是：当光源投射时，光源会先经过一个偏光板然后再经过液晶。此时，液晶分子在电场作用下，排列方向发生变化，改变传播光线的偏振角度，这些光线再经过前方的彩色的滤光膜和另一块偏光板。因此只要改变加在液晶上的电压值就可以控制最后出现的光线强度与色彩，这样就能在玻璃面板上呈现出不同色调的颜色组合。不同形态的液晶材料都可用于开发液晶显示器，其中向列相液晶显示器开发最成功、市场占有量最大、发展最快。按照驱动方式，液晶显示器可简单划分为无源矩阵（passive matrix，亦称为被动矩阵）和有源矩阵（active matrix，亦称为主动矩阵）两种。按照显示模式，液晶显示器有扭曲向列相（TN 模式）、超扭曲向列相（STN 模式）、双层超扭曲向列相（DSTN 模式）及薄膜晶体管型（TFT 模式），其中 TN-LCD、STN-LCD 和 DSTN-LCD 属于无源矩阵，而 TFT-LCD 属于有源矩阵式。无源矩阵液晶显示器和有源矩阵液晶显示器的结构大体相同，只不过无源矩阵液晶显示器的下夹层电极为共通电极，而有源矩阵液晶显示器下夹层电极为场效应晶体管电极。无源矩阵液晶显示器在亮度及可视角方面受到较大的限制，反应速度也较慢。有源矩阵液晶显示器在画面中的每个像素内建晶体管，可使亮度更明亮，色彩更丰富并且具有更宽广的可视面积。目前，大多数的液晶显示器、液晶电视及部分手机采用的均是有源矩阵 TFT-LCD。

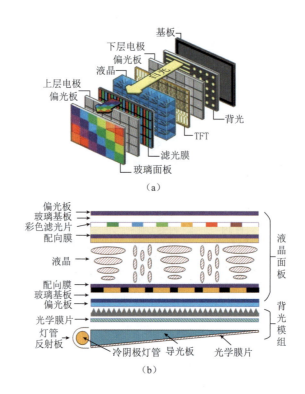

图 19.3　液晶显示器基本结构图

20 世纪 90 年代，台式计算机显示器、笔记本计算机屏幕、平板计算机都开始采用液晶显示器，并有着越来越大的平板电视屏幕。90 年代末，超平坦的高分辨率屏幕的液晶显示器对角线高达 40 in。2000 年后，液晶显示器越来越能提供令人满意的高质量色彩、亮度和对比度。今天，几乎所有的人每天都在使用液晶显示器，整个行业的产品令人眼花缭乱。液晶显示器已成为人们从各种设备获取信息的重要媒介，这些设备包括计算器、钟表、仪表盘、室内外标牌、电子计算机显示器、智能手机和电视屏幕等。液晶显示器的发明提供了人们看待世界的全新方式。

第二节
液晶显示器发明过程

早期，显示器通常采用阴极射线管（CRT），见图 19.4。阴极射线管显示器在当时制造相对简单，且色彩还原等效果好，一直是早期显示器的主力，比如以前的黑白电视机，见图 19.5（a）。但是阴极射线管通常有三个电子枪，射出的电子束必须精确聚焦，否则就得不到清晰的图像显示，此外该显示器结构相对复杂，过于笨重，常被戏称为大头显示器。液晶显示器克服了阴极射线管体积庞大、耗电和闪烁的缺点，但同时带来了造价过高、视角不广及彩色显示不理想等问题。随着低温多晶硅技术、反射式液晶材料的研究逐渐融合到液晶显示技术中，这些问题被逐步解决，进而取代了阴极射线管显示技术。

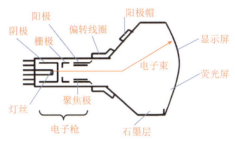

图 19.4　阴极射线管结构图

在液晶显示器［图 19.5（b）］的发明过程中，无数科学家和工程师在这一领域努力，其中海尔迈耶在发现液晶材料的动态散射效应、赫尔弗里希在提出扭曲向列液晶的想法、肖特在实现液晶显示的扭曲向列相模式、布罗迪在开发有源矩阵（AM）液晶显示器上分别做出了重要的贡献。

（a）阴极射线管显示器　　　　　　　　（b）液晶显示器

图 19.5　阴极射线管显示器和液晶显示器

一、乔治·H. 海尔迈耶的贡献

1958 年，海尔迈耶进入新泽西州普林斯顿的美国无线电公司（RCA）实验室，开始从事分子和液晶中的有机半导体和光电效应研究。1962 年，美国无线电公司实验室的

热门领域是激光，海尔迈耶认为他可以利用自己在分子晶体方面的工作经验来开发更有效地调制激光的方法。他有一种预感，如果能够控制晶体中强大的内部电场，就可以产生更大的斯塔克效应，即电场诱导的原子和分子谱线的移动和分裂。为此，他尝试将有机染料分子溶解到向列液晶中，然后施加外部电场来控制染料和溶剂的分子排列。1964年秋天，海尔迈耶成功发现液晶的"客体/主体"颜色切换效应。客体/主体实验将染料-液晶混合物，夹在两个涂有透明氧化锡电极的载玻片间，并在带有热台的显微镜下进行观测。使用10 V直流电并消耗不到1 mW/cm^{2}的功率，海尔迈耶观测到红色和透明间的巨大变化。于是，海尔迈耶意识到利用液晶材料制作平板彩色电视显示器的可能。

之后，海尔迈耶发现液晶体系中的动态散射效应。动态散射通过施加电场使得液晶分子重新排列并散射光。动态散射模式使得研发出可操作的液晶显示器成为可能，并成为可操作的液晶显示器（图19.6）的基础。该发现标志着人类社会进入了液晶显示的时代。在海尔迈耶发现动态散射模式之后，液晶显示器很快被大量地应用于手表和计算器中。1968年，美国无线电公司召开了一次成功的新闻发布会，推出世界上第一块动态散射液晶显示器，并展示了液晶的显示用途：包括一个带有液晶读数的电子钟、液晶驾驶舱显示器和静态图片显示器（Heilmeier，1970）。

图19.6　海尔迈耶手持一台早期的液晶显示器（1968年）

二、沃尔夫冈·赫尔弗里希的贡献

尽管基于动态散射模式的显示器被大量应用，但该显示器采用电流效应，功耗太大、工作温度高且存在亮度不足及液晶在电极间不稳定的问题。当时正在美国无线电公司工作的赫尔弗里希，从海尔迈耶的工作中获得灵感，提出了扭曲向列排列液晶分子从而导致光学变化的想法，并首次从理论上证明了离子传导引起的向列相液晶的动态散射效应。随后，赫尔弗里希向公司高层提出该构想，但由于需要使用偏光镜，这一设想被否决了。失望之余的赫尔弗里希离开了美国无线电公司，并加入瑞士制药企业——霍夫曼罗氏（Hoffmann La Roche）有限公司的液晶项目组。随后借助同事肖特的实验设计，他们一起开发出了能够实现这种偏振效应的新型液晶，并发现了液晶显示的扭曲向列相模式。当时，他们用电极和一种名为 *p*-乙氧基苄烯-*p*-氨基苄腈（PEBAB，分子式为 $C_{16}H_{14}N_2O$）的液晶材料制造了扭曲向列相的显示器模型。不同于动态散射模式采用电流改变液晶的显示效果，扭曲向列相模式以电场的形式控制液晶显示器的透射光的偏振状态。因此，几乎不需要任何电源，只需要很小的电场即可改变液晶的显示效果。而且，液晶显示具有非常大的光对比度，允许从暗到亮的迅速转换。赫尔弗里希和肖特的研究直接导致业界研究方向转为向列相液晶显示器领域。他们发现的 TN 模式奠定了后来液晶显示器产业化的基础。他们的瑞士专利 CH532261 得到世界各地的电子和钟表工业的认可，从而引发了一场液晶显示的变革。至今，基于 TN 模式的显示器还在使用（Gross，2012）。

三、马丁·肖特的贡献

20 世纪 70 年代早期，肖特开始探究液晶分子结构、材料特性、电光效应和显示性能之间的相关性，以获得新的特定光电效应的液晶材料。1970 年，在瑞士巴塞尔市的霍夫曼罗氏有限公司的中心研究实验室，基于同事赫尔弗里希关于扭曲向列液晶的想法，肖特动手设计并实施了相关实验，他们一起发现了液晶显示的扭曲向列相模式（图 19.7）。肖特注意到，当受到电流冲击时，液晶分子的螺旋结构会部分解开，从而阻挡光线并使晶体看起来不透明。通过在两块塑料板之间夹一层液晶，肖特发现他可以使用不透明的液晶来创造可见的形状。起初，肖特感觉可能需要很大的电场，但最终他发现液晶螺旋不需完全展开，因此几伏电场电压就足以中断光传输。这意味着液晶显示器也可以使用普通电池进行操作，从而提高其实用性并大大扩展其应用领域。

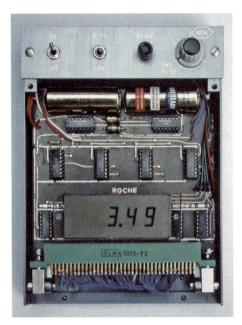

图 19.7 肖特和赫尔弗里希的 TN-LCD

TN 模式被发现后不久，肖特开发了第一个室温条件下具有正介电各向异性的商业用向列相液晶混合物。1970 年，日本第一个数字 TN-LCD 手表的显示器使用了该材料。1971 年，肖特成为霍夫曼罗氏有限公司液晶部门的经理，继续从事液晶场效应和液晶材料的研究工作。肖特后来发现了一些新的光电效应以及商用液晶材料和光聚合物液晶校准技术，使得霍夫曼罗氏有限公司确立了其作为新兴的液晶显示屏行业液晶材料主要供应商的地位。肖特的包括物理和化学的跨学科方法成为现代工业液晶显示器材料研究的基础，使得许多新型功能分子和新型电光效应被发现并应用于工业（Schadt，2018）。

四、T. 彼得·布罗迪的贡献

1959 年，布罗迪加入了西屋电气公司，开始从事隧道二极管、半导体器件的理论和实验研究，并专注于发光、场发射、模式识别的理论工作。1968 年，布罗迪的研究兴趣转向薄膜技术，并为薄膜晶体管（图 19.8）开发了很多电子用途，包括柔性电路板、飞机电源控制、工业计时器等。此时，布罗迪的创造发明达到巅峰，不仅发明了有源矩阵薄膜晶体管；1972 年他领导的部门建成了世界上第一台有源矩阵液晶显示器（AMLCD）；第二年该部门又建成了世界上第一台有源矩阵电致发光显示器（AM-EL）；1974 年两种类型显示器均可成功演示实时视频图像。

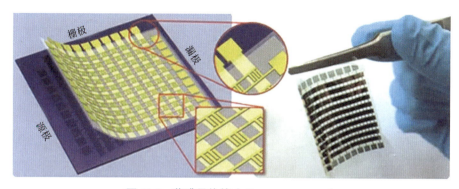

图 19.8　薄膜晶体管（Chu et al.，2016）

　　布罗迪首次提出"有源矩阵"的术语，并创造了有源矩阵显示器，开启了液晶显示器一系列的新功能。这些功能包括与快速响应相结合的高分辨率动画电影的显示，这是彩色电视的先决条件。布罗迪的有源矩阵显示器为电视显示屏的应用敞开了大门，这些应用包括彩色滤光片和亮度增强膜等。

 第三节

科研项目管理专家——乔治·H. 海尔迈耶

　　1936 年 5 月 22 日，海尔迈耶出生于美国宾夕法尼亚州的费城。父亲是一名清洁工，母亲是一名家庭主妇。他是家里的独生子且是家族中第一个上完中学的人。少年时，海尔迈耶就读于亚伯拉罕·林肯高中，并以优异的成绩毕业。随后，海尔迈耶进入宾夕法尼亚大学（University of Pennsylvania），并以优等生的身份获得电子工程学士学位。1958 年，海尔迈耶进入普林斯顿大学继续深造，并分别于 1960 年和 1962 年获得固态电子学的硕士学位和博士学位。毕业后不久，他就应聘来到美国无线电公司实验室（图 19.9），在那里开始从事各种电子和光电设备的工作。不久后，海尔迈耶对液晶的光电特性产生了浓厚兴趣，并怀着将这一特性实际用于显示设备的热情加入了有关该方面研究的小组。随后，他陆续发表了一系列通过液晶将电信号转变为可见光的论文，并申报了相关的专利。1966 年，海尔迈耶晋升为固态设备研究主管，1968 年在曼哈顿洛克斐中心举行的一场发布会上，他领导的研究团队展示了液晶显示技术。由于在该方面的突出工作，

图 19.9　美国无线电公司

海尔迈耶获得当年美国无线电公司授予的大卫·萨诺夫奖。海尔迈耶最初希望利用液晶制造电视显示器，但他很快意识到，该方面技术还不成熟，还有很长的路要走。于是，他转变方向，制造有关钟表显示的小型显示屏。1969 年，液晶显示技术取得突破，第二年第一批液晶显示屏投入市场，这种成本低、性能好、可交互的电子设备显示屏改变了人们的生活，奠定了海尔迈耶成为"液晶显示屏之父"之一的地位。

　　20 世纪 70 年代，海尔迈耶离开了美国无线电公司，开始了在美国国防部的工作。1970 年，他成为国防部的科学顾问，并很快成为国防研究和工程、电子和物理科学的助理署长，负责监管电子和物理科学的所有产品研发和应用研究，并组织国防部电子设备研究的长期开发规划。由于工作出色，1975 年他被任命为 DARPA 的主任，管理所有国防部尖端科技研究，包括隐形飞机、天基激光器、空间型红外技术、人工智能等。当时的国防部有着大量科研项目，需要进行评估以决定巨额项目经费的分配。然而，很多项目仅仅因为申报人与国防部有着较好的信誉关系，就能轻松获得几百万美元经费，且不需要对资金的用途进行解释。海尔迈耶认识到，这种做法可能会浪费大量的项目资金，且可能严重危害国家安全。海尔迈耶通过深入的思考，提出了有关项目资助的"海尔迈耶之九问"：①你想做什么？请用通俗的语言清楚地阐明你的目标。②已有的相关研究是怎样的？研究的局限是什么？③你的方法有什么新意吗？为什么你认为你的方法会成功？④谁会关心你的研究？⑤如果你成功了，你的工作会带来什么改变吗？⑥你的这项工作风险和报酬是什么？⑦它会花费多少成本？⑧它会花费多少时间？⑨有没有中期检查和结题检查能检验它是否成功？以此评估项目是否值得资助。这些问题深刻地影响了国防部的项目资助方式，并被随后的很多机构采用（Cheung and Howell，2014）。海尔迈耶无愧为一名优秀的科研项目管理专家。

1977年，海尔迈耶离开了DARPA并加入了德州仪器公司。在那里，他开始从事石油勘探、系统技术、微电子和软件方面的研究和开发项目管理工作。基于丰富的工作经验，1978年，他被任命为公司研究、开发、工程和战略规划的副总裁，1983年又被任命为高级副总裁兼首席技术官。1991～1996年，海尔迈耶还担任了贝尔通信研究所的总裁，在这个位置上，他致力于开发将电话、电子计算机及电视合为一体并同时传输数据、音频和视频的通信基础设施。1996年，他担任该公司的董事长和CEO，后来担任名誉主席，并最终监督科学应用国际公司（SAIC）收购了贝尔通信研究所。

2014年4月21日，海尔迈耶因中风去世，享年77岁。他的一生，展现了其正直、谦逊以及对工作负责的道德品质。他从来不会谈论自己的奖项及荣誉，甚至直到去世后他的孩子才知道他所做的所有贡献。有人曾说，海尔迈耶在很多方面都是"国宝"，他的与众不同，源自小时候父母向他灌输的常怀感恩之心的强烈价值观（Norberg，1991）。

第四节
膜物理学研究先驱——沃尔夫冈·赫尔弗里希

1932年3月25日，赫尔弗里希出生于德国慕尼黑。1951年，赫尔弗里希进入慕尼黑大学（University of Munich）学习物理学，由于不喜欢慕尼黑大学的校园氛围，他辗转去了艾伯哈特-卡尔斯-图宾根大学继续学习，并于1955年获得物理学学士学位。随后，赫尔弗里希进入哥廷根大学继续深造，并于1958年获得物理学硕士学位。硕士毕业后，赫尔弗里希继续在慕尼黑工业大学（Technische Universität München，图19.10）攻读博士学位，并师从因苏联原子弹项目而闻名的尼古拉斯·里尔（Nikolaus Riehl）。

1961 年，赫尔弗里希凭借有机晶体中的空间电荷限制和体积控制电流方面的研究工作获得慕尼黑工业大学物理学博士学位，并在随后被聘任为慕尼黑工业大学的副研究员。1964 年，赫尔弗里希来到渥太华的加拿大国家研究理事会从事博士后研究。1967 年，赫尔弗里希应聘了普林斯顿的美国无线电公司实验室并受聘担任该公司的技术员，在那里他加入了由物理学家、化学家和工程师组成的研究液晶电光特性的跨学科小组，此时他了解到海尔迈耶有关液晶动态散射效应的工作。

图 19.10　慕尼黑工业大学校园一角

　　1970 年，从美国无线电公司辞职后，赫尔弗里希加入瑞士巴塞尔市的霍夫曼罗氏有限公司中心研究实验室，并担任助理研究员。在此期间，他与肖特一起发现了液晶显示的扭曲向列相模式，并发明了 TN-LCD，凭借这一工作他获得了 1976 年第二届欧洲物理学会的惠普欧洲物理学奖。1973 年 4 月 30 日，赫尔弗里希接到了柏林自由大学（Freie Universität Berlin，图 19.11）的电话邀请，聘任他为柏林自由大学的教授，负责理论物理研究所的流体膜理论和液晶研究。在柏林自由大学，赫尔弗里希不仅进行授课与学术研究（图 19.12），还分别在 1977 年、1982 年和 1989 年到奥赛大学、斯坦福大学和加州大学圣塔芭芭拉分校进行了为期数月的访问交流。

图 19.11　柏林自由大学俯视图

图 19.12　在柏林自由大学授课的赫尔弗里希（Gross，2012）

　　赫尔弗里希先是研究液晶，后是研究生物学领域的膜系统，是跨学科研究领域的先驱。他有着解决问题的非凡直觉，这常常使他得出不同寻常的见解。在很多情况下，他的同事很难遵循他的思路。他在生物膜物理方面的基础研究工作在 10 多年后才得到物理学界的认可。1993 年，他获得胶体协会（Colloid Society）奥斯特瓦尔德奖（Ostwald Prize），表彰他对生物膜物理学领域的贡献。生物膜理论后来的发展，很多都是基于赫尔弗里希早期提出的概念。

第 19 章　液晶显示器

赫尔弗里希培养了多位杰出的中国学者，其中最有名的一位是欧阳钟灿院士。在与赫尔弗里希教授合作期间，欧阳钟灿院士提出了国际著名的"钟灿-赫尔弗里希方程"，用于预测环型泡、人红细胞双凹碟形泡等多种膜泡形状。欧阳钟灿院士曾表明，自他1990年回到中国后，一直与赫尔弗里希教授保持着密切的联系，每年春节前后都会收到赫尔弗里希教授的新年祝福。2012年春节，赫尔弗里希在邮件中兴奋地告诉他，他们一家人刚去华盛顿领回了美国国家工程院颁发的德雷珀奖。

第五节
从欧米茄手表公司走出的马丁·肖特

1938年8月16日，肖特生于瑞士巴塞尔市的一个小乡村。少年肖特好奇心强烈，对事物的运作原理很感兴趣。他曾使用从旧收音机中回收的零件，制作了一个短波发射器，干扰了邻居的无线电信号接收，引起邻居的强烈怒火。20世纪50年代的瑞士乡村，年轻人不喜欢上大学，肖特也不例外，因此他没有直接上本科大学。但肖特有着对科学的强烈好奇心，因此报名参加了巴塞尔大学（University of Basel，图19.13）的函授本科夜校。随后，在巴塞尔当了四年的电工学徒后，肖特开始攻读巴塞尔大学实验物理学硕士学位，之后于1967年获得巴塞尔大学实验物理学博士学位。随后，肖特申请了加拿

图 19.13　瑞士巴塞尔大学

大国家研究理事会的博士后研究工作，且在 1969 年获得第一台有机发光二极管（OLED）显示器的美国专利。三年后，肖特回到瑞士，并加入欧米茄手表公司，协助制定原子时间标准。就在这时，肖特注意到巴塞尔市的霍夫曼罗氏有限公司的一个研究项目，该项目正在招聘项目经理，研究既有固体属性又有液体属性的液晶。该项目研究领域涉及物理、电光和有机材料的结合，肖特对这个跨越多个学科的项目非常感兴趣。于是，肖特申请了霍夫曼罗氏有限公司该项目研究的项目经理一职，且由于他在实验物理学方面的研究经验，得到录用。

肖特很快证明自己是该领域的一位精明的创新者，他的重大突破源自同事赫尔弗里希的想法，赫尔弗里希曾假设液晶分子的长螺旋轴可以"展开"，从而导致光学变化。肖特亲自动手设计并实施了这些实验，在很短的时间内，他和赫尔弗里希就开发出了能够实现这种偏振效应的新型液晶，即扭曲向列相液晶。除在 TN 液晶、有机半导体和生物物理学方面的开创性工作外，肖特还发明或与他人共同发现或发明了液晶显示器中的克尔效应（Kerr effect）、场诱导的客体颜色切换、双频寻址和材料、光模干涉（optical mode interference，OMI）效应、螺旋形变铁电（deformed helix ferroelectric，DHF）效应和短节距双稳态铁电（short pitch bi-stable ferroelectric，SBF）效应和线性光聚合（linearly photo-polymerisation，LPP）技术。肖特（图 19.14）和他的团队采用分子设计方法，发现了多种具有商业价值的液晶并为其申请了专利，其中包括烷基氰基希夫碱和酯（alkyl cyano Schiff bases and esters，1971 年）液晶、苯基嘧啶（phenyl-pyrimidines，1977 年）液晶、烯基类（alkenyl，1985～1995 年）液晶、卤化类（halogenated，1989～1995 年）液晶以及第一个强非线性光学铁电液晶（1992 年）。

图 19.14　肖特与他的液晶显示设备

直到 1994 年，肖特一直是霍夫曼罗氏有限公司液晶研究部门的经理。作为罗氏液晶显示器研究的主要发明人和负责人，肖特推动了 LPP-光合技术在制造业的发展。LPP-

光合技术作为一项关键技术，通过光学手段而不是机械手段实现了单体和聚合液晶的无接触对准和光敏图案的生成。这项技术开辟了新的显示器配置结构，以及拓展了在单一基板上集成各种新的光学薄膜元件的方法，使得聚合物抗反射和涂层定向光散射成为可能。

1994 年，肖特成立了一个跨学科的霍夫曼罗氏有限公司的研发子公司——落利刻技术（Rolic Technologies）有限公司，并担任公司 CEO 和董事会理事。2005 年，从落利刻技术有限公司退休后，肖特以科学顾问的身份活跃在各个研究团体和政府机构。

肖特曾多次访问中国，2018 年在南京大学仙林校区举办的第七届国际液晶光子学会议上，肖特教授表达了对液晶光子学领域的美好愿景，并激励学者继续钻研创新。会议期间，正值肖特的八十寿辰，组委会还为他特别准备了极具中国特色的生日礼物（图 19.15）。

图 19.15　肖特的 80 岁生日[①]

第六节
游泳健将——T. 彼得·布罗迪

1920 年 4 月 18 日，布罗迪出生于匈牙利的布达佩斯。小时候的布罗迪对运动有着

---

① Events. http://www.caict.ac.cn/english/news/201811/t20181123_271375.html[2022-10-03].

浓厚的兴趣，尤其是游泳、划船和滑雪。在游泳上，他还有着匈牙利 1936 年奥运会百米自由泳外围赛的排名。此外，布罗迪还对音乐有着强烈的兴趣。1938 年，布罗迪告别父母，来到英国伦敦印刷学院学习，在那里接受了印刷师的培训，并打算接手家族企业。在伦敦求学期间，因为音乐方面的兴趣，布罗迪曾在盖德霍尔音乐戏剧学院（Guildhall Scholl of Music & Drama，成立于 1880 年，是世界领先的音乐及戏剧专业院校）学习钢琴，而且在圣马丁教堂内多次举行钢琴独奏表演。随后，第二次世界大战爆发，布罗迪就前往英国陆军服役，在特种作战部队担任设计师兼绘图员。由于出色的能力，布罗迪获得上尉参谋的军衔。军队休整期间，布罗迪在伦敦的社交舞会上遇到了自己今后的爱人，他们在 1952 年结婚。退役后，布罗迪进入伦敦大学（University of London，徽章见图 19.16）继续深造，并于 1953 年获得理论物理学博士学位。

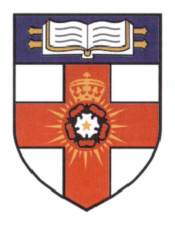

图 19.16　伦敦大学徽章

随后，他在伦敦大学担任物理学高级讲师。1959 年，布罗迪得到美国西屋电气公司（图 19.17）研究实验室提供的工作机会，于是他带着妻子和年幼的女儿到了宾夕法尼亚州的匹兹堡。在西屋电气公司工作期间，布罗迪一直从事有源矩阵液晶显示器技术的研究，希望利用晶体管一次性打开所有像素，从而构建更快、更亮、更清晰的液晶显示器。1979 年，西屋电气公司取消了有源矩阵液晶显示器的研究计划，负责开发该技术的布罗迪一气之下离开了该公司并自立门户，创立了世界上第一家有源矩阵液晶显示器公司——潘那维申（Panelvision）公司。1983 年，布罗迪的研究获得成功，潘那维申公司推出的第一款有源矩阵液晶显示器产品进入美国市场。1984 年，布罗迪开始销售实验室的有源矩阵液晶显示器产品，并在 12 个行业拥有了 80 个客户，但规模还是太小，无法

盈利。1985 年，由于资金短缺，潘那维申公司不得不被利顿公司收购。休整一段时间后，1988 年布罗迪再次创办了麦格纳屏幕（Magnascreen）公司，主攻大型显示器的研发（Brody，1996）。

图 19.17　西屋电气公司

1990 年，布罗迪博士离开麦格纳屏幕公司，组建了一个咨询机构：有源矩阵联合公司。该公司在 1991～1997 年为 DARPA 从事一些机密项目。1998 年，布罗迪与两名西屋电气公司的前同事合作，发明了一种通过添加剂技术处理和制造低成本薄膜电子线路的方法。2002 年，他创立了致力于开发添加剂技术的研华科技（Advantech）公司。该公司专注于新兴显示技术的低成本有源矩阵底板的研发和商业化生产。

回顾布罗迪的过去，可以发现他一直钟爱有源矩阵液晶显示器。他对待有源矩阵液晶显示器就像培养自己的孩子一样，在不断呵护下使其从实验室走向成熟应用。2011 年 9 月 18 日，91 岁的布罗迪在家中跌倒并因髋部骨折在手术中不幸去世。随后美国《匹兹堡邮报》（Pittsburgh Post-Gazette）刊载纪念文，其中他的女儿莎拉·布罗迪·韦伯（Sarah Brody Webb）说道："他对世界有着坚定的信念，总是说出自己的想法，尽管有些人觉得这些想法很难让人认同，但他对自己的信念深信不疑。他是如此出色，以至于我们非常尊敬他，并觉得在他心中留下好印象非常重要。"（Pittsburgh Post-Gazette，2011）

第七节
尾　声

　　海尔迈耶是美国国家工程院院士、美国艺术与科学院院士和 IEEE 会士，曾是美国国防科学委员会委员和国家安全局科学顾问。在整个职业生涯中，海尔迈耶获得了 15 项专利，并获得了许多奖项，其中包括美国国家科学奖章（1991 年）、美国国家工程院创始人奖（Founders Award，1992 年）、费城市政府颁发的约翰·斯科特奖（John Scott Award，1996 年）、IEEE 荣誉勋章（1997 年）和美国工程师学会联合会（American Association of Engineering Societies）约翰·弗里茨奖章（John Fritz Medal，1999 年）等。在 DARPA 工作期间，他被两次授予美国国防部杰出公共服务奖章，这是国防部授予的最高平民奖项。[①]

　　赫尔弗里希发表了 20 多篇液晶领域的论文，获得了很多奖项，这些奖项包括亚琛和慕尼黑技术与应用自然科学奖（Aachen and Munich Prize for Technology and Applied Natural Sciences，1993 年）、德国物理学会（German Physical Society）罗伯特·威查德·波尔奖（1996 年）、IEEE 西泽润一奖（Jun-ichi Nishizawa Medal，2008 年）等。[②]

　　因液晶显示方面的研究工作，肖特收获诸多奖项，包括罗氏研究与发展奖（Roche Research and Development Prize，1986 年）、国际信息显示学会（Society for Information Display，SID）特别表彰奖（Special Recognition Award，1987 年）、国际信息显示学会卡尔·费迪南德·布劳恩奖（Karl Ferdinand Braun Prize，1992 年）、亚琛和慕尼黑技术与应用自然科学奖（1994 年）、德国物理学会罗伯特·维查德·波尔奖（1996 年）、IEEE 西泽润一奖（2008 年）、德国爱德华·莱茵基金会的爱德华·莱茵技术奖（Eduard Rhein Technology Prize，2009 年）、英国液晶学会乔治·W. 格雷奖章（George W. Gray Medal，2010 年）、欧洲科学院（European Academy of Sciences）布莱兹·帕斯卡奖章（Blaise Pascal Medal，2010 年）及欧洲发明家奖（European Inventor Award，2013 年）等。

　　布罗迪发表了 70 多篇科学论文，并获得了超过 60 项的专利。他的诸多开创性的工作后来都成为许多新兴产业的基础。因为这些工作，布罗迪荣获了许多奖项，包括国际

---

① 维基百科。

② Wolfgang Helfrich. https://ethw.org/Wolfgang_Helfrich[2023-02-01].

309

第 19 章　液晶显示器

信息显示学会特别表彰奖（1976 年）、国际信息显示学会奖助金（1983 年）、国际信息显示学会卡尔·费迪南德·布劳恩奖（1987 年）、英国光电子克兰奖（Rank Prize in Optoelectronics，1988 年）、爱德华·莱茵技术奖（1988 年）及 IEEE 西泽润一奖（2011 年）等。他是国际信息显示学会资深会士，且是历史上第一个获得国际信息显示学会三个主要荣誉的人。为了纪念布罗迪，国际信息显示学会还特别设立了一个以他名字命名的奖项——彼得·布罗迪奖（Peter Brody Prize）。

第 20 章

蜂窝电话网络
——个人移动通信时代的开始

第十八届德雷珀奖于 2013 年颁发给美国通信工程师马丁·库帕（Martin Cooper）、乔尔·S. 恩格尔（Joel S. Engel）、理查德·H. 弗兰基尔（Richard H. Frenkiel），瑞典通信工程师托马斯·豪格（Thomas Haug）和日本通信工程师贺寿奥村（Yoshihisa Okumura）（图 20.1），其颁奖词为："以表彰他们对世界上第一个蜂窝电话网络、系统及标准的先驱性贡献。"[1]

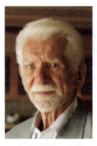    

（a）马丁·库帕　　（b）乔尔·S. 恩格尔　　（c）理查德·H.　　（d）托马斯·豪格　　（e）贺寿奥村
（1928～）　　　　（1936～）　　　弗兰基尔（1943～）　　（1927～）　　　　（1926～）

图 20.1　第十八届德雷珀获奖者

第一节
蜂窝电话网络简介

　　蜂窝电话网络（cellular telephone networks），又称移动网络（mobile network），是一种移动通信网络的硬件架构，因构成网络覆盖的各通信基站的信号覆盖呈六边形，从而使得整个网络像一个蜂窝而得名，见图 20.2。蜂窝电话网络分为模拟蜂窝网络和数字蜂窝网络，其中使用的个人手持通信设备被称为蜂窝电话，即今天几乎每个人都在使用的手机。尽管蜂窝电话常常被称为移动电话，但严格来讲二者是不一样的。移动电话既可以是通过陆地基站通信的蜂窝电话，还可以是通过卫星通信的卫

---

① 颁奖词原文：For their pioneering contributions to the world's first cellular telephone networks, systems, and standards.

星电话，因此，蜂窝电话一定是移动电话，但移动电话不一定是蜂窝电话。

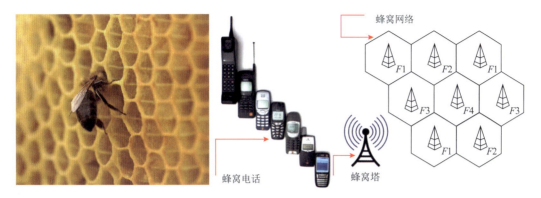

图 20.2　蜂窝、蜂窝电话和蜂窝网络

常见的蜂窝网络类型有全球移动通信系统（global system for mobile communications，GSM）、码分多址（code division multiple access，CDMA）网络、3G 网络、频分多址（frequency division multiple access，FDMA）网络、时分多址（time division multiple access，TDMA）网络、公用数字蜂窝（public digital cellular，PDC）系统、全接入通信系统（total access communications system，TACS）、高级移动电话系统（advanced mobile phone system，AMPS）等。蜂窝网络主要由移动站、基站子系统及网络交换子系统等组成（GSM 蜂窝网络的网络结构组成见图 20.3）。移动站是一些网络终端设备，比如带有用户识别模块（SIM 卡）的移动手机，或者一些工控设备。基站子系统包括日常见到的移动基站（蜂窝塔）、无线收发设备、专用网络等。采用若干蜂窝状小区即可覆盖整个中、大容量

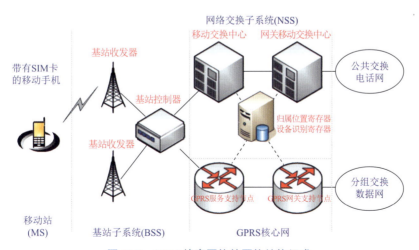

图 20.3　GSM 蜂窝网络的网络结构组成

服务区，而这样的移动电话系统就叫作蜂窝电话网络。采用蜂窝的结构方式进行通信时，相邻小区使用不同的信号频率，而相距较远的小区可采用相同的信号频率，这样既能有效避免频率冲突，又可让同一频率多次使用，节省了频率资源，由此巧妙地解决了有限频率带宽与众多高密度用户需求之间的频率资源有限问题和跨越服务覆盖区信道自动转换的问题，促进了 20 世纪 80 年代后移动通信的大发展（Andersson，2010）。

自 1978 年贝尔实验室建成高级移动电话系统后，英国的扩展式全向通信系统（extended total access communications system，ETACS）、北欧移动电话（Nordic mobile telephony，NMT）-450（接收范围为 450 Hz）和 NMT-900 系统、日本电报电话系统及在 TACS 基础上的 JTACS/NTACS 等系统相继被开发出来，这些系统都是模拟制式的第一代蜂窝移动通信系统（1G 网络）。随后，采用 900 MHz 和 1800 MHz 标准规范的 GSM 和采用 800 MHz 频段的 CDMA 等第二代蜂窝移动通信系统（2G 网络）被推出，大幅提升了通话质量和系统稳定性，且更加安全。随着移动上网需求的日益增加，基于 GSM 的过渡技术——通用分组无线业务（2.5G）诞生。为了进一步提升数据高速传输的能力，3G 蜂窝移动通信技术应运而生。到 2008 年 3 月，国际电信联盟-无线电通信部门（ITU-R）发布了 4G 的标准要求，紧接着拥有更高传输速度的 5G 来临（图 20.4）。2021 年 6 月 6 日，中国信息通信研究院 IMT-2030（6G）推进组正式发布了《6G 总体愿景与潜在关键技术白皮书》，加强了 6G 的研究。

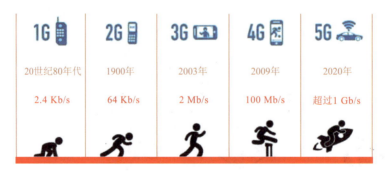

图 20.4　从 1G 到 5G 的技术演进

蜂窝电话网络的建立使人们通过一部手机就几乎能够在任何地点进行通信，只需触摸一下按钮即可访问大量的信息。这种设备和网络将人们连接在一起，缩短了现代社会的信息差距（Bhandari et al.，2017）。

第二节
蜂窝电话网络发展过程

> > >

　　蜂窝电话网络的发展历史可以追溯到 19 世纪。自从 1864 年英国物理学家麦克斯韦建立了电磁场理论并预言了电磁波的存在后，德国青年物理学家赫兹于 1888 年通过设计一套电磁发生器，证实了无线电波的存在，而首次证明无线电通信可行性的是塞尔维亚裔美籍科学家特斯拉。1896 年，意大利工程师马可尼创造了一种实用的基于电磁波的无线电报系统，在英国成功进行了远距离无线电通信，并随后完成跨越大西洋的无线电通信。凭借这一工作，马可尼获得了 1909 年诺贝尔物理学奖，世界也从此进入无线电通信的新时代。

　　现代意义上的移动通信起源于 20 世纪 20 年代。直至 20 世纪 40 年代，当时的移动通信系统存在如工作频段低、音质差、自动化程度低、难以与公众网络互通等诸多问题。第二次世界大战后，大量军事移动通信技术被逐渐应用于民用领域，美国和部分欧洲国家相继建立公用移动电话系统——车载移动电话系统（MTS，图 20.5），从技术上实现移动电话与公众电话网络的互通。但这种公用移动电话系统是采用人工接入的方式，系统容量小。20 世纪 60 年代，美国贝尔实验室发明了采用大区制、中小容量的移动电话系统，实现了无线频道自动选择及自动接入公用电话网。

图 20.5　早期的车载移动电话系统

　　随着移动通信用户数量的增加、业务范围的扩大，有限的频谱供给与可用频段要求

递增的矛盾日益尖锐，为此，人们发明了蜂窝电话网络系统。在这一过程中，库帕为第一个蜂窝电话的诞生、恩格尔和弗兰基尔为首个蜂窝移动通信系统的建成、豪格为移动电话标准的制定、贺寿奥村为移动无线电传播模型的建立，分别做出了自己的贡献。

一、马丁·库帕的贡献

1972 年，正在摩托罗拉公司工作的库帕受命领导公司的通信系统部门。当时，他非常希望实现无线通信的便携化，为此他建议公司将所有其他的项目停掉，全力投入到无线手持电话这个项目中。这是一个冒险的尝试，但他成功说服公司高层向该项目投资了 1 亿美元。随后，库帕用自己的热情感染了周围的同事，组建了一个团队，在不到 90 天的时间里设计并组装了第一台便携式手持蜂窝电话。这款最初的手机被称为 DynaTAC 8000X，重 1.1 kg，长 25 cm，被戏称为"砖头""鞋子""大哥大"等，见图 20.6。DynaTAC 8000X 的重量是现代手机的 4～5 倍，需要充电 10 h 且只能通话 20 min，但库帕当时说："电池的使用寿命不是一个真正的问题，因为没有人会把手机举那么久！"[①]随后，库帕领导团队对设备所需的技术进行了深入研究并申请了多项国家专利。到 1983 年，经过四次的不断改进后，这款手机的重量减少到原来的一半。

图 20.6　第一款商用手持蜂窝移动电话 DynaTAC 8000X

---

① Meet Marty Cooper: The Unventor of The Mobile Phone. http://news.bbc.co.uk/2/hi/programmes/click_online/8639590.stm[2010-04-23].

1973 年 4 月 3 日，库帕做了一个惊人的举动。在曼哈顿希尔顿酒店附近的街道上，库帕拿着他刚刚研发成功的 DynaTAC 8000X 手机给贝尔实验室的座机打电话（图 20.7）。这是他第一次使用 DynaTAC 8000X 手机拨打电话，非常有意思的是接电话的正是恩格尔。当时，库帕非常紧张，因为他的举动吸引了一些记者和过路者，他觉得万一电话没有拨打成功，就会成为别人的笑话。他忐忑不安地紧紧握着电话，听着电话里面传来"嘟嘟嘟"的声音，当"叮"一声电话接通的声音响起时，他悬着的心放下来了。随后，他用不无得意的口气说道："嗨，乔尔。我是马丁·库帕。"顿了一下，他继续说道："我在用手机给你打电话，一台真正的手机。"再停顿了一下后，他又一字一句地说："个人，无线，手持，电话。"随后，在恩格尔客套的回复语气中，库帕感受到了恩格尔的愤怒和恼火，因为，库帕的电话意味着在摩托罗拉公司与贝尔实验室在关于个人手机研发的竞争中，摩托罗拉公司取得了胜利。第二天，《纽约时报》头条推出了库帕手持无线电话的新闻，见图 20.8。于是，库帕成为第一个发明无线手机的人。[1]

图 20.7　库帕的首次手机通话

图 20.8　《纽约时报》有关库帕的新闻[2]

二、乔尔·S. 恩格尔的贡献

　　早在 1947 年，年仅 32 岁的贝尔实验室工程师威廉·雷扬（William Rae Young）就提出了将移动电话塔（即通信基站）按六边形蜂窝状布局的想法，使用六边形不仅通信信号干扰最小，而且所需通信频段的数目也最少，但由于实现这些想法的技术还不存在

① Martin Cooper. http://simplyknowledge.com/popular/biography/martin-cooper[2023-02-01].
② Martin Cooper. http://simplyknowledge.com/popular/biography/martin-cooper[2022-10-08].

第 20 章　蜂窝电话网络

且构建该系统需要高昂的成本，因此该想法没有被贝尔实验室采纳，仅是记载在一份内部技术备忘录中。20 年后，当恩格尔开始关注移动无线电通信时，他想到了早期的移动电话塔蜂窝状布局的想法，于是他开始进行理论研究，试图弄清楚蜂窝单元可以有多小，频率可以重复多近，以及需要多少不同的频率组来确保使用相同频率的蜂窝单元相距足够远而不会相互干扰。1968 年，恩格尔遇到正在考虑类似问题的贝尔实验室同事弗兰基尔和菲利普·T. 波特（Philip T. Porter，1930～2011），恩格尔提议，在他们工作之余来讨论这些问题，并将讨论结果写进贝尔实验室备忘录。随后，贝尔实验室让恩格尔提出解决这些问题的方案，并于 1969 年将他提升为部门负责人，组建团队继续进行该问题的相关研究。

1971 年，恩格尔带领团队向贝尔实验室提交了一份非常厚的项目报告，建议将早期的蜂窝想法扩展为更详细的研究计划。随后，贝尔实验室将题为《大容量移动电话系统可行性研究和系统规划》（*High Capacity Mobile Telephone System Feasibility Studies and System Plan*）的简化版本项目书提交给美国联邦通信委员会（Federal Communications Commission，FCC，徽标见图 20.9）。这份项目书基本上是模拟放大器蜂窝电话的蓝图，其中阐述了高级移动电话系统的设计理念，成为美国第一个蜂窝电话系统的设计规划，也成为随后众多蜂窝电话网络的基础。项目获批后，贝尔实验室要求恩格尔继续开发蜂窝网络，并同意设计和构建一个测试系统。当时，恩格尔在贝尔实验室制定了一个项目，即设计由低功率发射器和接收器组成的网络，用于在一个小的覆盖区域内完成区域内的信号传输。因为只需要有限的频道就可以将通信服务扩展到面向数以百万计的用户，这个测试系统取得了巨大的市场成功。直到 1973 年，恩格尔一直领导着蜂窝网络研究项

图 20.9　美国联邦通信委员会徽标

目组，随后，他被提拔到美国电话电报公司总部轮岗非技术方面的任务，主要内容是与美国联邦通信委员会工作人员和政府办公室沟通有关蜂窝移动项目的政策，以使蜂窝项目顺利开展。

三、理查德·H. 弗兰基尔的贡献

弗兰基尔是最早参与移动电话系统计划的工程师之一。1965 年底，贝尔实验室邀请他参与蜂窝电话系统的早期规划。随后，他开始研究蜂窝单元大小划分以及定位和切换等蜂窝单元操作问题。1968 年，弗兰基尔遇到了在贝尔实验室不同部门进行类似研究工作的恩格尔。他们多次讨论，并在 1971 年共同撰写了提交给美国联邦通信委员会的蜂窝项目计划书，由此建立了移动通信发展史上具有里程碑意义的小区制、蜂窝组网理论。蜂窝项目计划书提交后，弗兰基尔即被调往美国电话电报公司总部工作，主要负责与美国联邦通信委员会沟通有关蜂窝电话网络的建设进展问题。两年后，弗兰基尔回到了贝尔实验室，负责管理移动电话系统工程师小组，开发车辆定位技术、最大限度地提高信道效率的蜂窝单元划分法和在高容量地区设置附加塔的方法。在蜂窝项目中，弗兰基尔发明了蜂窝单元分割方法（cell-splitting），这种方法大大简化了蜂窝单元的划分，使系统成本降低了 50% 以上。[①]他提出的"底层蜂窝"概念大大降低了蜂窝划分的成本和复杂性，并成为美国电话电报公司在交叉许可协议中最受欢迎的专利之一。

1977 年，弗兰基尔被任命为贝尔实验室移动系统工程部的负责人。在他的领导下，系统工程部定义了第一个商用蜂窝系统的参数和规范。同时他的部门为蜂窝电话公司之间的全国兼容性制定了接口规范。此外，为了响应美国联邦通信委员会的要求，弗兰基尔撰写了美国电话电报公司向美国联邦通信委员会提交的季度报告，详细介绍了蜂窝网络现场测试的进展情况，证明了蜂窝概念的可行性，并让美国联邦通信委员会能够针对蜂窝电话网络继续制定有利规则，为部署这种先进的移动通信技术打开了大门。随后，他见证了蜂窝项目计划从实验系统到商业服务的过渡。基于蜂窝组网理论，贝尔实验室在 1978 年成功开发出高级移动电话系统，实现真正意义上的具有随时随地通信能力的大容量蜂窝移动通信系统。该系统以优异的网络性能促进全球范

---

① Richard H. Frenkiel. https://www.nae.edu/67325/Richard-H-Frenkiel[2023-02-01].

围内蜂窝移动通信技术的研究。此后，弗兰基尔还在电子工业联盟委员会任职，其间提出了蜂窝系统的标准，并被联邦通信委员会采纳。

四、托马斯·豪格的贡献

1960 年，北欧国家相继有了本地移动通信系统，但是这些系统的手机用户无法实现不同基站之间的转移呼叫。此外，打电话的人还必须知道接听电话的人在哪里。1969 年 6 月，北欧国家电信管理局（Nordic Countries' Telecom Administrations，NCTA）的高层齐聚挪威群岛参加部门会议，会议探讨了北欧邻国之间联合移动电话通信的可能性。会后，北欧国家电信管理局决定成立一个研究小组，探索利用现有公共移动电话服务实现选择性呼叫信号系统的标准化。当时，正在担任挪威电信公司工程师的豪格成功说服了自己的上司推进 NMT 标准的项目开发工作。随后，在这一项目中，豪格先是担任秘书，后来担任项目主席，领导团队成功实现蜂窝通信联合北欧项目 NMT 系统的开发。NMT 标准被认为是第一个现代移动电话通信标准，使得各个不同国家之间建立了同样的服务标准，使得人们几乎可以随时随地进行交流和获取信息。NMT 于 1980 年在沙特阿拉伯和整个北欧国家商业化，到 1990 年其用户数量达到 100 万个。凭借这一工作，豪格后来被誉为"总指挥家"，"成功地引领欧洲移动电话交响乐队奏出和谐乐章"。[①]

1982 年，欧洲邮电管理委员会（Conference Europe of Post and Telecommunications，CEPT）期望建立一个泛欧公共陆地移动通信系统，并成立了由来自十多个国家的专家组成的特别移动委员会（Groupe Special Mobile），开始制定数字蜂窝语音电信的欧洲标准。从 NMT 系统成功的例子得到灵感后，豪格迅速组建了一个研究小组，研究出可以让用户接听到世界上任何地方的电话的网络系统，并在随后当选特别移动委员会的主席。在面临诸多技术挑战和政策风险的情况下，豪格坚定地推动着欧洲通信技术的标准化。1989 年，特别移动委员会从欧洲邮电管理委员会转移到欧洲电信标准协会（ETSI）。1992 年，豪格领导特别移动委员会成功地推出一种高品质和高安全性的数字移动通信系统 GSM，允许用户在系统设置的任何国家之间自由地迁移并随时可以接听电话。在此期间，豪格的个人贡献还包括引入 SIM 卡和短信服务等功能。此后，欧洲电信

---

① https://www.thelocal.se.

标准协会制定了针对 GSM 900 MHz 和 GSM 1800 MHz 的标准规范，GSM 网络开始在 200 多个国家/地区运行。

五、贺寿奥村的贡献

在恩格尔和弗兰基尔设计发展蜂窝电话网络的同时，在日本最大电信服务提供商日本电信电话株式会社（NTT，图 20.10）研究实验室工作的贺寿奥村，正在研究无线电波的传播现象。为了通过理解无线电的传播特性以实现经济的商用移动通信系统，贺寿奥村使用测试车开展了包括都市、郊区甚至是山区等不同情况下的无线电波的发射和接收实验。他的测量涵盖了从甚高频（VHF）到超高频（UHF）的频率范围，并测量了 1920 MHz 频段的无线电波从 1 km 至 100 km 的特性。他利用从这些现场实验中获得的数据建立了一种技术，用于估计 1~100 km 的接收场强曲线并确定服务区域范围。此外，他还改变了接收/发射天线的高度，发现地面到几十米高度具有不同的增益特性。在利用测试车进行上述工作期间，日本代表向国际电信联盟（ITU）的国际无线电咨询委员会（Consultative Committee of International Radio，CCIR）提交了他对无线电波的研究成果。CCIR 将其成果作为 CCIR 推荐书，建议每个国家的工程师使用。推荐书中显示的曲线被命名为"奥村曲线"（图 20.11），该曲线不仅可用于学术研究，还可用于构建世界上的各种类型的移动无线电系统。

图 20.10　日本电信电话株式会社

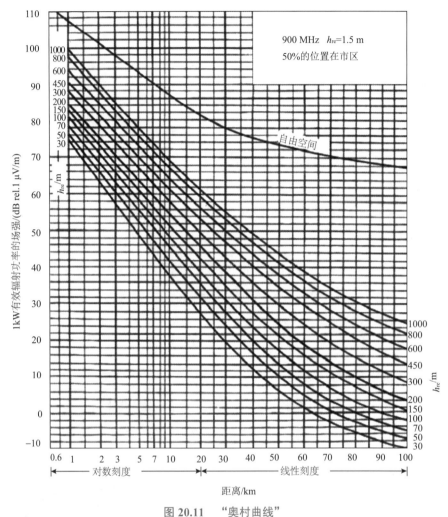

图 20.11 "奥村曲线"

后来，贺寿奥村和团队人员针对开发高容量的陆地移动通信系统做了精心的研究计划，并向电气通信实验室的主任提交了项目书。该项目研究计划获得资助后，贺寿奥村将 20 名研究人员的研究工作分为若干个子项目团队，使得研究工作得以更加有效地开展。之后，贺寿奥村接受了无线电咨询委员会的任命，成为其成员。作为无线电咨询委员会的成员，他努力将他之前得到的传播结果解释给其他成员，建议将该结果用于构建 800 MHz 频段的蜂窝系统。此外，他于 1971 年 10 月提交的题为《大容量的陆地移动系统的目标》（CS-71-77）的技术文件受到了日本许多无线电制造企业的欢迎。1979 年，贺寿奥村曾在的日本电信电话株式会社的系统网络成为世界上第一个完全集成的商业手机系统网络，并拥有最先进的电子转换器。

移动电话之父——马丁·库帕

$\rangle\rangle\rangle$

　　1928 年 12 月 26 日，库帕出生在美国伊利诺伊州的一个乌克兰移民家庭。因为移民的身份，家人都锻炼了很强的社交能力，尤其是母亲，她可以随时随地与他人交流。父母经常鼓励库帕阅读，所以他的身边总是环绕着大量的书。库帕小时候非常喜欢技术，当时稍大一些的孩子们经常用放大镜点燃纸片。于是，库帕使用破瓶子的底部碎片做了同样的事情，但他无法理解为什么这样不能使纸片燃烧起来。他的童年对这类事情充满好奇。中学时，库帕就明确自己要成为某类工程师。所以，即使当时有一所离家很近的高中，他还是选择去更远的一所技术学校。那所学校在当地是出了名的严格，其中的课程会随着年级的上升变得越来越难。在这所学校，库帕学到了很多关于科学和技术的知识，并锻炼了非凡的动手能力。高中毕业时，考虑到家庭情况，库帕选择去伊利诺伊理工大学（Illinois Institute of Technology，图 20.12）学习。随后，库帕开始了在伊利诺伊理工大学的学习和生活。大学期间，美国出台了海军后备役军官训练计划。库帕加入了该计划，该计划最终支付了他上完大学的费用。

图 20.12　伊利诺伊理工大学

　　加入海军后，库帕先是在一艘驱逐舰上服役，随后在一艘潜艇上服役。这段经历，让他从活泼好动、不喜欢服从纪律的青年转变为服从纪律、成熟稳重且兼备领导能力的

军官。海军退役后，库帕本以为自己当过潜艇军官，世界需要有这方面能力的人。然而在找工作的过程中，他发现现实世界并不在意你是否曾经在海军服役过。凭借极好的交流能力，他还是找到了一份西门子公司——电传机公司（Teletype Corporation）的工作。这家公司当时致力于发展一种技术已经很成熟的打字机。库帕在一间只有办公桌、没有空调的房间内，和约 500 名工程师一起工作。其工作内容十分乏味，每天下午 5 点铃声一响，大家像工具人一样走出公司。尽管如此，库帕在工作中还是表现出极强的能力。后来摩托罗拉公司（图 20.13）与他接洽，希望他成为摩托罗拉移动设备组的高级开发工程师。

图 20.13 摩托罗拉公司

1954 年，库帕加入了摩托罗拉公司，开始对通信产生兴趣。摩托罗拉公司有着更随意灵活的工作环境，库帕非常喜欢并沉浸其中来学习和研究。工作一年左右，鉴于其出色的能力，他被任命为集成电路实验室负责人，开始研制第一台半导体产品。当时有个项目是给政府使用的穿孔卡片做加密设备。项目架设了一个巨大的架子，里面装有线圈之类的延迟线，工作内容是将真空管安在这些线圈的顶部。在其装配好准备装船运走时，设备出现了故障，需要将延迟线从其余设备中分离出来。以前都是使用称为阴极输出器（cathode follower）的东西来完成这项任务，但这次无法将更多的电子管放到这台设备里了。库帕想到，也许可以用晶体管来解决这个问题，所以他制造了大量晶体管连接到政府的数据设备上，成功地解决了问题，这是他第一次与半导体打交道。1965 年，库帕成为生产部经理，领导着一批营销人员和工程师。当时摩托罗拉公司的企业文化是一味地向客户推销想法，该方式不能很好地给客户解决问题。库帕带来了真正的转变，他强调必须了解客户的问题，力求比客户更了解客户的问题。最终的结果是，客户的问题得到真正的解决，很多企业在使用库帕领导研制的双向无线电设备后，再也看不上其他公司的产品设备了。

库帕在摩托罗拉公司服务了 29 年，建立并管理其寻呼和蜂窝电话业务。他还领导创建了集群移动无线电、石英晶体、振荡器、液晶显示器、压电元件、摩托罗拉 A.M. 立体声技术，以及各种移动和便携式双向无线电产品系列（Maloney，2008）。

第四节
受到系统工程教育的乔尔·S. 恩格尔

1936 年 2 月 4 日，恩格尔出生于美国的纽约市，在他 21 岁那年，获得了纽约城市学院电子工程专业的学士学位，随后进入 MIT 德雷珀实验室（当时为仪器仪表实验室）。当时，该实验室正致力于空间飞行器的惯性制导、导航和稳定系统的研究，因此，恩格尔被要求开发一个让间谍卫星的镜头总是指向地球的系统。与此同时，恩格尔还在 MIT 上研究生，之后于 1959 年获得硕士学位。随后，他加入贝尔实验室从事第一代数据通信系统的研发，并成为布鲁克林理工学院的在职研究生。当时，贝尔实验室答应只要他通过所有课程的资格考试，就给他一年时间做毕业论文。在贝尔实验室的鼓励下，恩格尔将自己正在从事通过电话线传输数据的研究写成博士毕业论文，并在 1964 年获得了博士学位。

1965 年，恩格尔受华盛顿一家由政府资助的公司邀请，被调任为该公司的通信研发部门的负责人，主要与一些空军基地（比如罗马空军研究实验室，图 20.14）的官员们打交道，来为公司争取更多合同，但这不是他喜欢的工作，于是，一年半后，恩格尔请求返回了贝尔实验室，随后加入了研究移动电话系统工程的小组。在他的领导下，该团队成功开发了第一个蜂窝电话系统——高级移动电话系统。

图 20.14　罗马空军研究实验室

　　向美国联邦通信委员会提交报告后，恩格尔一直领导着蜂窝电话网络项目组。1973年，恩格尔被提拔到美国电话电报公司总部，并在随后的两年时间内轮岗非技术方面的任务。比如，他曾在企业规划部门监管政策。对于工程师来说，这听起来很奇怪，但是在蜂窝移动项目中，该工作涉及与美国联邦通信委员会工作人员和政府办公室沟通政策问题。这些经历让他了解到研发工程师所不曾触及的监管过程。1975年，恩格尔再次回到贝尔实验室担任部门主管，领导团队开始研发基于互联网的蜂窝移动项目。随后，由于燃料和能源危机，恩格尔又领导团队研发了能源管理系统，帮助电力公司控制空调、供暖系统以及热水加热器系统。他们与杜克能源公司建立了合作伙伴关系，并对一千多个客户开展了试验，取得了可观的节能效果。1983年，恩格尔离开贝尔实验室，成为卫星业务系统公司的副总裁，从事 IBM 公司通信卫星和安泰保险工作。

　　恩格尔丰富的工作经历得益于他在大学期间受到的系统的工程学科教育。当时，虽然他在电子工程专业，但学校要求他们不仅要学习如钢梁和混凝土柱的设计等土木工程学科的内容，还要学习汽车、柴油机和蒸汽机的工作原理，以及热力学和流体力学等课程。他非常赞同他当学生的那个年代对工程学专业的学生所进行的与所有工程学科相关知识的教育，而不满意现在对工程学专业更为细致、独立的划分和相互脱节的教育。恩格尔常说，他的儿子在大学里学的是计算机专业，可是他的儿子毕业的时候，当被问起有多少软件工程师知道如何换一个灯泡时，恩格尔得到的回答是："没有人，因为那是硬件问题。"（Hochfelder，1999）由此可见，现在大学的工程专业的学生知识面太窄。恩格尔希望这种过于专业化的人才培养模式能够尽快得以改变。

第五节
钟爱贝尔实验室的理查德·H. 弗兰基尔

1943 年 3 月 4 日，弗兰基尔出生于纽约布鲁克林区。父母都是来自波兰的移民。中学时，弗兰基尔在当地的布鲁克林技术高中学习，毕业后，他选择去塔夫茨大学（Tufts University，图 20.15）深造，因为他的姐姐就在该校上学。塔夫茨大学是一所私立研究型大学，素有"小常春藤"之称，在 2022 年《美国新闻与世界报道》世界大学排名中，该校排第 198 位。在塔夫茨大学，弗兰基尔度过了自己充实而又浪漫的青年时期，并于 1963 年获得了塔夫茨大学的机械工程专业的学士学位。不仅如此，他还收获了自己的爱情，并在毕业那年的 12 月，和塔夫茨大学的同学结婚了。婚后，他的妻子在一所高中工作，而他自己在新泽西州霍姆德尔的贝尔实验室找到了一份工作。当时，他十分困惑贝尔实验室这么一个相当电子化的地方，为什么会录用自己这位机械工程师。但是由于贝尔实验室与美国颇具科研实力的罗格斯大学（Rutgers University）有个联合硕士学位课程，弗兰基尔想到自己不仅可以一边工作一边拿到一个硕士学位，如果随后不喜欢贝尔实验室，他还可以去别的地方，于是他一边在贝尔实验室工作，一边攻读罗格斯大学（图 20.16）硕士学位。在罗格斯大学求学期间，弗兰基尔补足了自己电子方面的知识，并于 1965 年获得罗格斯大学机械电子工程硕士学位。

图 20.15　塔夫茨大学

327

第 20 章　蜂窝电话网络

图 20.16　罗格斯大学校园一角

在贝尔实验室工作的前两年，弗兰基尔首次设计了录音播报机。1966 年，他误打误撞进入了研究蜂窝电话的项目组，并在随后十多年的时间，研究和开发蜂窝网络。1983年，美国电话电报公司的第一个蜂窝系统在芝加哥商业化之后，弗兰基尔就离开了蜂窝项目，冒险进入了截然不同的消费电子领域，并成为贝尔实验室无线电话业务部部长，在那里，他领导团队设计开发 5000 系列的无线电话，达到了比以前的无线电话更高的质量和性能水平。他还负责了这些产品在新加坡的早期制造，开创了贝尔实验室内部制造外包的先河。

1993 年，弗兰基尔从贝尔实验室退休了。退休后，他在家里度过了一段轻松愉悦的时光。1994 年，应朋友邀请，他回到罗格斯大学，成为电子和计算机工程的兼职教授，并担任罗格斯大学无线信息与网络实验室（WINLAB）的战略规划主任，在那里讲授"无线业务战略"课程。除从事技术工作外，弗兰基尔还曾于 1995～1999 年担任新泽西州马纳拉潘镇（Manalapan Township）委员会委员，并于 1999 年成为马纳拉潘镇的镇长。回忆在贝尔实验室的那段岁月，弗兰基尔十分感激，并说道："贝尔实验室是象牙塔。它不仅是天才发挥创造力的地方，还是小人物能够将自己融入大型项目的地方。但同时，它还是一个被财富宠坏的孩子，顽固地追求一些没有任何成功希望的梦想。在那里工作，我享受着它的愿景带来的挑战，也享受着它的财富带来的舒适。"（Paul，2000）

来自瑞典的托马斯·豪格

1927 年豪格出生于挪威，他分别于 1949 年和 1951 年获得挪威科技大学（挪威文：Norges Teknisk-Naturvitenskapelige Universitet）电气工程学士和硕士学位。挪威科技大学是挪威最顶尖的工程学与工业技术的研究中心，在欧洲享有极高的声誉，曾在欧洲工科大学排名中居于第七位。该校在 2022 年《美国新闻与世界报道》世界大学排名中居于第 266 位。获得硕士学位后，豪格希望继续深造，于是进入位于瑞典首都斯德哥尔摩的皇家理工学院（图 20.17）就读。皇家理工学院是瑞典规模最大、历史最悠久的理工院校，也是北欧最大的理工院校，该校只专注于工程与技术领域的人才培养与科学研究。该校在 2022 年《美国新闻与世界报道》世界大学排名中居于第 212 位。豪格非常喜欢这所学校，最终凭借《自动移动电话网络中固定网络和无线电网络之间的相互作用》（*The Interacting Between the Fixed Network and the Radio Network in An Automatic Mobile Telephone Network*）的毕业论文，在 1973 年获得皇家理工学院的博士学位。

图 20.17　皇家理工学院的校园一角

毕业后，豪格先是在瑞典的爱立信集团和马里兰州的西屋电气公司从事数字连接和

电话站系统的工作。1966 年，豪格加入挪威电信公司，在那里开始从事开发计算机的可控交换。1967 年，挪威电信公司提出了移动通信持续发展的建议，但豪格和同事认为当时的移动通信系统已经过时了。1969 年 6 月，北欧国家电信管理局决定开发一个供所有北欧国家使用的移动通信系统，仅仅六个月后，一个特殊的研究小组就成立了，其中豪格当选为秘书。几年后，豪格高票当选项目主席，继续领导称为 NMT 的北欧国家联合蜂窝通信项目。NMT 是一个模拟移动电话系统，1980 年在沙特阿拉伯商业化，1982 年在整个北欧国家商业化，1990 年其用户数量达到 100 万用户。[1] 由于其在无线和固定网络之间的独一无二的组合方式，NMT 使任何两个用户之间可以不分国界地自动漫游。1982 年，欧洲邮电管理委员会旨在为欧洲的移动电话制定一个通用标准，并成立了一个特别移动委员会。豪格后来当选为该委员会的主席，领导开发 GSM 项目。

在北欧人看来，豪格当选 GSM 项目主席实至名归且是该项目的一份幸运。因为长期以来，北欧国家很难团结一致，而豪格有着开发 NMT 的经验，这不仅提供了一种信息优势，还在与北欧各国接触过程中形成了相互信赖的心理。尽管 GSM 项目在开发过程中还是遇到了个别国家努力地追求自己国家和产业的独自利益，使得 GSM 因政治问题差点崩溃的情况，但豪格还是凭借自己的个人魅力成功化解了问题。1992 年 GSM 项目被成功推出（Haug，1994）。

豪格无疑是一位智慧的领导者，会议期间，每当亟须讨论出结果却没有任何进展，大家争论得焦头烂额时，他都会终止会议，让大家茶歇，放松大脑，直至之后能够继续进行讨论。由于 NMT 和 GSM 方面的工作，豪格获得了德雷珀奖，且是第一个获得该奖的瑞典人。

第七节
善于设定目标的贺寿奥村

1926 年 7 月 2 日，贺寿奥村出生在石川县金泽市。少年时，贺寿奥村性格内向，学

---

① Thomas Haug. https://en.wikipedia.org/wiki/Thomas_Haug[2023-02-01].

习成绩特别好，尤其喜欢看书，但不擅长运动，体育成绩总是排在倒数。高中毕业后，贺寿奥村非常希望进入更好的大学学习，但因旧体制和家庭情况，他只能进入日本金泽工业大学学习。1947 年获得电气工程专业学士学位后，贺寿奥村给自己设定了一个目标——找到自己想做的工作并将其付诸实践。随后，他先是在通产省工作了 3 年，之后加入了日本电信电话株式会社的电气通信实验室，开始从事电波传播特性的研究。贺寿奥村对 800 MHz 频段蜂窝系统的贡献就是从那里开始的。为了研究高频率范围内的无线电波传播特性，贺寿奥村跑遍了日本东京城市、丘陵和山区的广大区域，并最终创建包含通信基础数据的移动无线电传播模型，其中贺寿奥村进行通话测试情景见图 20.18（Okumura，2017）。在完成上述卓有成效的工作后，他于 1970 年被晋升为日本电信电话株式会社电气通信实验室移动通信系统研究部主任。日本电信电话株式会社和日本电报电话都科摩（NTT DOCOMO）公司称赞，贺寿奥村为世界上第一个完全集成的商用蜂窝电话网络和系统的建立铺平了道路。本着开拓贺寿奥村的精神，两家公司通过其研发活动和追求国际标准化，继续设计创新电信服务。

图 20.18　贺寿奥村测试电话网络

1975 年，贺寿奥村从日本电信电话株式会社的电气通信实验室退休，之后开始在东芝公司工作。1979 年，他成为日本金泽工业大学工程系教授，并于 2000 年退休。在该校的一次校友聚会上，贺寿奥村发表了题为"我的人生经历和信念"的演讲，该演讲妙语连珠且富有哲理，如"在思想和行动上不要害怕与众不同""为了避免成为'职业白

痴'，我们需要培养公正的判断力""洞察力的艺术是先进的判断和行动""领导者的作用是：①明确工作的基本理念，并确保每个人都了解它；②建立一个高效的晋升系统；③创造一个有利于活动顺利进行的环境；④进行公平的绩效评估，并在加薪和晋升中体现出来"等。当被问及如何选择职业发展时，贺寿奥村说："当你从事新的工作时，最好先想象一下 10 年后会发生什么。"[①]

第八节
尾　声

库帕是无线通信行业的先驱，同时还是发明家和企业家。他在个人无线通信技术领域工作了 50 余年，于 1973 年构思了第一台便携式手机，并因第一台蜂窝电话入选吉尼斯世界纪录。他曾被评为 2000 年十大杰出企业家之一，美国宾夕法尼亚商业大学沃顿商学院称他为技术变革的领导者。2010 年，库帕入选美国国家工程院院士。他的获奖还包括 IEEE 百年纪念奖章（1984 年）、阿斯图里亚斯王子奖（2009 年）和马可尼国际奖（2013 年）等。

恩格尔是美国国家工程院院士和 IEEE 会士，曾为民用和军事问题向政府提供了一系列的意见。美国电话电报公司解体后，他成为七个地方贝尔公司之———美瑞泰克科技（Ameritech）公司的首席技术官。从美国技术公司退休后，恩格尔成为咨询公司的顾问，曾为电信设备供应商提供下一代产品的发展建议。他曾在锡拉丘兹研究公司和美国 HHP 公司担任董事会理事。除德雷珀奖外，他还分别获得 IEEE 亚历山大·格雷厄姆·贝尔奖章（1987 年）和美国国家技术奖章（1994 年）。

弗兰基尔是美国国家工程院院士、IEEE 会士和贝尔实验室的成员。由于在蜂窝系统的成就，他分别获得 IEEE 亚历山大·格雷厄姆·贝尔奖章（1987 年）、美国工业研究所（Industrial Research Institute）成就奖（1992 年）和美国国家技术奖章（1994 年）等。

除德雷珀奖外，豪格还分别获得了瑞典皇家工程科学院的金质奖章（1987 年）、德

---

① 高等教育の明日　われら大学人. https://www.shidaikyo.or.jp/newspaper/rensai/daigakujin/2523-5-2.html [2023-02-01].

国联邦邮政和电信部的菲利普·赖斯奖章（Philip Reiss Medal，1993 年）及爱德华·莱茵技术奖（1997 年）。

2013 年，因工作成就，贺寿奥村获得德雷珀奖，成为第一个入选德雷珀奖的日本研究人员。除德雷珀奖外，贺寿奥村还获得了 2005 年日本瑞宝双光章，以表彰他从事国家和地方公共事务。

第21章

锂离子电池
——能源领域的革命

第十九届德雷珀奖于 2014 年颁发给了美国材料学家约翰·B. 古迪纳夫（John B. Goodenough）、摩洛哥裔法籍材料学家拉奇德·雅扎米（Rachid Yazami），以及日本材料学家西美绪（Yoshio Nishi）和化学家吉野彰（Akira Yoshino）（图 21.1），其颁奖词为："以表彰对灵巧、轻便移动设备所使用的可充电锂离子电池的设计制造。"[1]

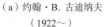

（a）约翰·B. 古迪纳夫（1922～）　（b）拉奇德·雅扎米（1953～）　（c）西美绪（1941～）　（d）吉野彰（1948～）

图 21.1　第十九届德雷珀奖获奖者

第一节
锂离子电池简介

>>>

锂电池是一类由锂金属或锂合金为负极材料、使用非水电解质溶液的电池。锂电池的概念有广义和狭义的区别。广义的锂电池包括锂原电池和锂离子电池（lithium ion battery，LIB）；由于锂离子电池比锂原电池应用范围更广，所以锂电池在狭义上通常是指锂离子电池。由于锂的体积小（仅次于氢和氦），锂离子电池能够在单位质量和体积中存储更多的电荷。因此，这种电池具有很高的能量密度，且没有记忆效应和低自放电现象。但是，由于含有易燃的电解质，如果电池损坏或不正确地充电，可能导致爆炸和

---

[1] 颁奖词原文：For engineering the rechargeable lithium-ion battery that enables compact，lightweight mobile devices.

火灾。与镍镉或镍氢等其他可充电的电池技术相比，锂离子电池单元可以提供 3 倍以上的电压，达到 3.6 V。锂离子电池的维护率也相对较低，不需要定期循环以维持其电池寿命。此外，锂离子电池不含有毒性化学物质，使其比镍镉电池更容易处理。

锂离子电池可以使用许多不同的材料作为电极，通常正极（阴极）使用嵌入锂化合物材料，负极（阳极）使用碳素材料。当对电池进行充电时，电池的正极上有锂离子生成，生成的锂离子经过电解质运动到负极。而作为负极的碳素呈层状结构，含有很多微孔，到达负极的锂离子就嵌入到这些微孔内，嵌入的锂离子越多，充电容量越高。同样，电池放电时，嵌在负极碳层的锂离子脱出，又运动回正极。回到正极的锂离子越多，放电容量越高，见图 21.2（Goodenough and Park，2013）。

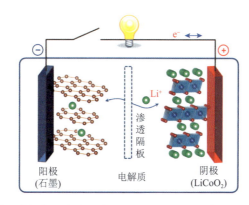

图 21.2　第一个锂离子电池示意图（$LiCoO_2$ 阴极/Li^+电解质/石墨阳极）

锂离子电池主要有 5 种类型：一是常用于手机、相机和笔记本计算机的钴酸锂（$LiCoO_2$）电池，二是常用于电动汽车、自行车、滑板车、电动机的钛酸锂电池，三是可用于电动火车的镍钴锰酸锂电池，四是用于混合动力汽车的锰酸锂电池，五是用于电动工具、家用电器和医疗设备的磷酸铁锂电池。锂离子电池的形状主要有小圆柱形、大圆柱形、扁平和棱柱形，其中扁平锂离子电池（图 21.3）使用得最为广泛。锂离子电池

图 21.3　扁平锂离子电池可广泛应用于电子计算机、手机和相机

延长了智能手机、平板计算机和笔记本计算机的使用时间。锂离子电池的发展在科技界是革命性的，是能源技术的一项突破。鉴于锂离子电池的优势，材料、化学、物理、力学等诸多领域的专家学者还在不断探索具有更小体积、更轻重量且更高能量密度的锂电池。

第二节
锂离子电池的发展过程

在锂离子电池问世之前，主要的电池有伏打电池、铅酸电池、镍镉电池、碱性电池及镍氢电池，见图 21.4。其中，伏打电池是 1800 年意大利物理学家亚历山德罗·伏打（Alessandro Volta）发明的，也称"伏打电堆"（图 21.5）。这种电池由锌片（阳极）、铜片（阴极）及浸湿盐水的纸片（电解液）构成，寿命非常短。在经过英国化学教授约翰·弗雷德里克·丹尼尔（John Frederic Daniell）对伏打电池的改造后，电池可以达到 1 V 电压。随后，1859 年法国物理学家加斯顿·普兰特（Gaston Planté）发明了可以通过反向电流进行充电的铅酸电池，其结构见图 21.6。由于使用材料为低成本的铅并可充电循环使用，这类电池直至今日还被广泛用作电动自行车的动力电池、汽车瞬间起动电池及应急照明的备用电源等。1899 年，瑞典科学家恩斯特·瓦尔德马·容纳（Ernst Waldemar Jungner）发明了一种在氢氧化钾溶液中具有镍和镉电极的可充电的镍镉电池，其电池能量密度比铅酸电池有明显提高，见图 21.7，但价格昂贵得多。现在常用的碱性电池，也

（a）铅酸电池　　　　（b）镍镉电池　　　　（c）碱性电池　　　　（d）镍氢电池

图 21.4　各类电池

图 21.5 伏打电堆——第一个化学电池

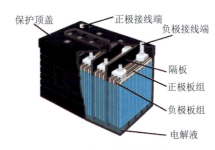

保护顶盖　正极接线端
负极接线端
隔板
正极板组
负极板组
电解液

图 21.6 铅酸电池结构图

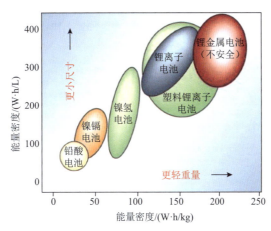

图 21.7 充电电池发展趋势（Tarascon and Armand，2001）

就是平时生活中用的一次性电池，是 1950 年由加拿大工程师刘易斯·弗雷德里克·厄里（Lewis Frederick Urry）发明的。1970 年，比镍镉电池拥有更长寿命的镍氢电池开始出现，并于 1997 年在美国海军的导航技术卫星 2（NTS-2）上首次使用。

20 世纪 70 年代，正值石油危机，人们希望制造一种拥有更高能量密度的可充电电池来替代石油。20 世纪 70 年代初，当时在埃克森美孚公司工作的迈克尔·斯坦利·惠廷厄姆（Michael Stanley Whittingham，图 21.8）在研究充电电池时选择了最轻的金属锂，利用锂释放最外层电子的强大驱动力发明了第一个可使用的锂电池。由于对锂电池原创性概念的提出，他获得 2019 年诺贝尔化学奖。尽管当时的这种锂电池重量轻、电压容量大、可在室温下工作，但随着电池的充电和放电次数的增加，会造成电池短路甚至爆炸，埃克森美孚公司放弃了对锂电池的进一步研发，致使这个电池没有被广泛应用。也正因为如此，惠廷厄姆没有被授予德雷珀奖。

第 21 章 锂离子电池

图 21.8　迈克尔·斯坦利·惠廷厄姆（1941～ ）

　　围绕着锂电池安全性问题的解决，古迪纳夫和雅扎米分别对锂离子电池的正极和负极材料的研究做出了重要贡献，西美绪在锂离子电池的商用化研发等方面做出了重要贡献，吉野彰在做出第一个可充电锂离子电池的原型等方面做出了重要贡献。

　　美国国家工程院当值主席小克莱顿·丹尼尔·莫特（Clayton Daniel Mote Jr.）在对他们的工作评价时说道："他们发明的锂离子电池正被全世界数百万甚至数十亿人用于手机、笔记本计算机、平板计算机、助听器、相机、电动工具和许多其他便携设备。"[①]

　　为了表彰古迪纳夫、惠廷厄姆和吉野彰三人在锂电池领域的重要创新，他们于2019年10月9日获得诺贝尔化学奖。瑞典皇家科学院认为：这种可充电电池使得无线电子产品成为现实，也为未来人类进入无化石燃料世界奠定了基础；在未来，电动汽车、储能、应对气候变化等多个重要领域都将广泛应用到锂电池。可以说，人类社会的能源体系，从此开始迈向新的时代！

一、约翰·B. 古迪纳夫的贡献

　　1976年，古迪纳夫担任了牛津大学（图 21.9）无机化学实验室主任。在牛津大学，古迪纳夫对开发商生产锂离子电池做出了重要贡献。当时的古迪纳夫认为，自己可以发明出一款比惠廷厄姆发明的更趋完美的电池，至少不会因为安全性而使人不可接受。这样的自信得益于在 MIT 的日子中，古迪纳夫与金属氧化物密切接触过。据他判断，金属氧化物可以让电池在更高的电压下进行充电和放电。根据物理学原理，这种电池会产

---

① 出自德雷珀奖官方视频（https://www.nae.edu/166244/Resources#tabs）。

生更多的电量，并且挥发性更小。

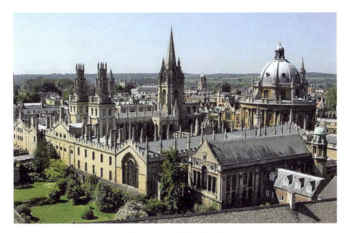

图 21.9　牛津大学

　　有了这样的想法后，古迪纳夫在自己的实验室中与助理开始研究在何种电位下，锂离子可以从那些金属氧化物中脱出，以及能够从这种金属氧化物原子结构中脱出多少锂。经过无数次的实验与对比研究，他们得出答案，在材料失效之前，有大约一半的锂可以在 4 V（vs Li/Li^+）左右条件下脱出阴极。对于动力型、可充电的电池来说，这足够了。在他们测试的所有金属氧化物中，他们发现，钴氧化物是目前最好也是最稳定的。

　　1980 年，古迪纳夫改进了电池的配方，通过使用钴酸锂这一轻量级高能量密度的阴极材料来代替二硫化钛作为阴极，将锂离子电池的功率和容量提高了一倍（达到了 4 V），同时可以更安全地使用，这就是第二代锂电池（图 21.10）。

图 21.10　古迪纳夫构思电池[1]

　　[1] John B. Goodenough Facts. https://www.nobelprize.org/prizes/chemistry/2019/goodenough/facts/[2022-10-08].

古迪纳夫最初的钴酸锂阴极结构仍然用于今天几乎所有个人电子产品如智能手机和平板计算机中的锂离子电池中。名声大噪的古迪纳夫并没有因此停下研究的脚步，随着时间的推移、技术的突破，钴酸锂结构不稳定的问题日益显露，逐渐无法满足市场需求，市场急需替代产品的出现。1983年，古迪纳夫在研究中发现，锰尖晶石是优良的正极材料，具有低价、稳定、优良的导电和导锂性能，分解温度高且氧化性远低于钴酸锂，即使出现短路、过度充电，也能够有效避免燃烧、爆炸的危险，可以大大提高锂电池的安全性。此后，他对该技术进行了多次改进；由他的实验室开发并完善基于锰酸锂阴极的电池，现在正被应用于许多电动汽车上。1997年，已经75岁高龄的古迪纳夫又开发出低成本的磷酸铁锂正极材料，加快了充电锂电池的商业化（Goodenough，2018）。

二、拉奇德·雅扎米的贡献

雅扎米最出名的是他对锂离子电池石墨阳极的开发。1980年，雅扎米与法国格勒诺布尔国立理工学院（le groupe Grenoble INP，图21.11）和法国国家科学研究中心（Centre national de la recherche scientifique，CNRS）的科学家合作，证明了可以使用固体电解质以电化学方式将锂离子插入石墨中。在此之前，有机电解质在充电过程中会在石墨中分解，这是使用石墨作为负极的主要障碍。雅扎米的工作为现代高容量锂离子电池中的石墨负极铺平了道路。他是第一个利用聚合物电解质在电化学电池中将锂与石墨进行可逆互换的科学家。最终，他的发现制造出了锂石墨阳极，用于商用锂离子电池，这种产品的市场价值超过800亿美元。据他本人估计，全球生产的电池中约有95%使用了他的

图21.11　法国格勒诺布尔国立理工学院

阳极。[①]雅扎米还研究了其他形式的石墨材料来用于锂电池的阴极，包括石墨氧化物和石墨氟化物。

三、西美绪的贡献

西美绪曾担任索尼公司（图 21.12）的运营官和高级经理，试图使锂离子电池成为家庭用品。他当时是索尼公司的研究工程师，领导着负责将古迪纳夫的理论转化为现实的团队。西美绪领导团队在大规模生产电池所需的质量控制和安全特性方面进行了研究发展，索尼公司最终在 1991 年将其研究成果——高性能商用锂离子电池推向市场。该电池是第一个经过安全测试、商业上可接受的锂离子电池。他的革命性的电池比以前的类型要轻得多，而且可以保持更长时间的能量。这意味着像移动电话和笔记本计算机这样的东西可以变得更轻、更小，在需要充电之前可以使用更长时间。2014 年获得德雷珀奖时，有关西美绪的介绍中给出"锂离子电池的经济影响现在估计约为 100 亿美元"的说明。[②]

图 21.12　索尼公司

四、吉野彰的贡献

吉野彰 1972 年就入职日本化工企业——旭化成株式会社，但直到 1981 年才真正开

---

① https:// www.euronews.com.
② 出自德雷珀奖官方视频（https://www.nae.edu/166244/Resources#tabs）。

始这一领域的研究。当时，为了开发新的可充电电池，人们通常使用金属锂作为负极。但金属锂存在诸多问题，无法成功商业化。他开始研究使用聚乙炔作为阳极的可充电电池。聚乙炔是由诺贝尔化学奖得主白川英树（Hideki Shirakawa，图 21.13）发现的导电聚合物。使用聚乙炔作为阳极后，吉野彰刚开始找不到合适的材料与阴极配对。1983年，吉野彰使用古迪纳夫发现的钴酸锂作为阴极，成功与聚乙炔配对，并构造了一种电池原型。这种原型是现代锂离子电池的直接前身，其阳极材料本身不含锂，而锂离子在充电时从钴酸锂阴极迁移到阳极，从而提高了电池的安全性。不过，之后的研究进展并非一帆风顺。聚乙炔与钴酸锂相配合制作的电池很难实现小型化，用作负极的聚乙炔存在着比重低、电池容量无法提高以及不够稳定的缺点，吉野彰为此不断尝试，于 1985年开发出了负极为碳基材料、正极依旧为钴酸锂的新型锂离子二次电池，从而确立了现代锂离子电池的基本框架，并获得了相关专利。这引发了一个革命性的发现：新电池在没有锂金属的情况下不仅更安全，而且其电池性能更稳定。1986 年，吉野彰制造了一批锂离子电池原型，美国交通运输部（U.S. Department of Transportation）根据这些原型的安全测试数据，发函声明这些电池不同于以前的金属锂电池。

图 21.13　白川英树（1936～ ）

1991年索尼公司和1992年美国电话电报公司分别将这种配置的锂离子电池商业化。此外，吉野彰发现具有一定晶体结构的碳质材料适合作为负极材料，这是第一代商业锂离子电池中使用的负极材料。为了改进锂离子电池性能，吉野彰又对锂离子电池进行了多次技术改良，先后开发出采用铝箔作为正极集流体的技术、聚乙烯薄膜做离子隔膜确保电池安全性能的隔膜技术、保护电路的充放电技术、电极及电池构造技术等一系列的产品技术，制造出了安全且输出电压可以达到 4 V、接近金属锂电池的锂离子电池。吉野彰同时构思了，在改变锂离子电池的线圈缠绕结构来提供更大的电极表面积时，尽管有机电解质的电导率会降低，但仍能实现高电流放电（Yoshino，2012）。

第三节
大器晚成的约翰·B. 古迪纳夫

1922 年 7 月 25 日，古迪纳夫生于德国耶拿（Jena），随后在美国康涅狄格州纽黑文郊外长大。他的父亲欧文·R. 古迪纳夫（Erwin R. Goodenough）是耶鲁大学宗教史的学者，家庭条件相对富足。按理来说，古迪纳夫的童年应该充满了快乐与温暖，然而，古迪纳夫的父母关系极其不好，他曾经形容父母关系是"一场灾难"。对孩子而言，这样的家庭自然会延伸出冷暴力。

少年时，古迪纳夫非常喜欢大自然。正是与大自然亲密接触的过程培养了他热爱自然、渴望探索自然以发现其中奥秘的情怀。当时他的家在纽黑文市外的郊区农村，他清楚地记得，打开后门，外面就是田野和树林。他给自己做了蝴蝶网，捕捉蝴蝶，诱捕啄木鸟。有一天他剥了一只臭鼬的皮，惹得母亲特别生气，不让他回家吃饭。在十二岁的时候，古迪纳夫被送到马萨诸塞州私立寄宿学校格罗顿中学（Groton School），童年很少感受过家庭温暖的他，在与同学老师交往的过程中自然缺少应有的自信。面对住宿环境下的一切，他似乎都有些适应不了。多层原因的重叠，让古迪纳夫患上了短暂的阅读障碍。由于没有得到很好的治疗，他无法继续在格罗顿读书、上课，甚至都无法正常地在教堂中做礼拜。不过，古迪纳夫即使无法通过学习课本获取知识，也有另外的途径来扩充自身的见识。古迪纳夫开始在丛林中探险，并且对动植物进行观察。通过户外实践，他对这个世界有了更深的认识。尽管在幼时曾经因为无法正常阅读而中断学业，但是1940 年古迪纳夫顺利考入了世界一流大学——耶鲁大学（图 21.14）。

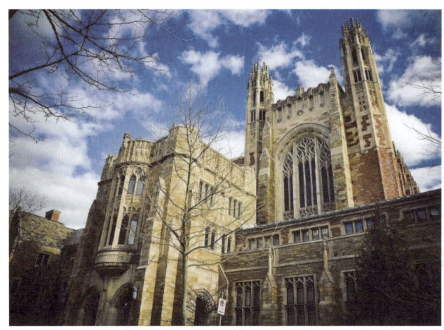

图 21.14　耶鲁大学

古迪纳夫渴望在大学里了解各种各样的事情，然而他当时与父母的关系非常糟糕。他们不是很支持他上大学，他的父亲仅给了他 35 美元，说道："孩子就这些，你去上大学吧。"当时，耶鲁大学的学费是每年 900 美元左右。为了补足其余费用，古迪纳夫花了很多时间来辅导年轻学生。最终他进入了大学，且再也没有从家里拿过一分钱。本科期间，他的学费通过奖学金来抵扣，而生活费通过每周工作 21 h 来赚取。暑假期间，老校长给他安排了辅导富裕家庭孩子的工作，使他赚到足够的钱来养活自己并支付房租。

古迪纳夫在大学时学习的专业是古典文学，纯文科专业，不要说是化学、物理学了，连数学都不沾边。古迪纳夫在学习的过程中，对哲学产生了兴趣，于是又跑去攻读了哲学。后来，为了凑学分，他选修了两门化学课程，这才和之后的研究理论有了一丝关系。不过，古迪纳夫的学位既不是文学学位，也不是哲学学位，而是数学学位，这是因为在大学期间，一位数学教授认为他天赋异禀，非常适合学习数学，经不住夸奖的古迪纳夫于是又投向了数学的"怀抱"，并且最终以班级中最优异的成绩毕业，于 1943 年获得了数学学士学位。当时的世界正在被第二次世界大战的阴霾所笼罩。古迪纳夫，没有犹豫投笔从戎，毅然加入了美国空军，以气象专家的身份进入美国陆军航空部队进行工作。1948 年，服役于葡萄牙沿岸亚速尔群岛的他收到一份调任电报，目的地是华盛顿特区，这是由美国政府出资，选派 21 名军人深造的计划。他的入选，是因耶鲁大学的一位教授的推荐。这也让古迪纳夫有了一个改变命运的机会。借着这个幸运的机会及在军营中培养出对物理的浓厚兴趣，他果断选择了芝加哥大学物理系，师从大名鼎鼎的齐纳二极管的发明人、诺贝尔奖获得者克拉伦斯·梅尔文·齐纳（Clarence Melvin Zener，图 21.15）。

图 21.15　克拉伦斯·梅尔文·齐纳（1905～1993）

开学报到时，古迪纳夫清楚地记得芝加哥大学的一名教授对他说："我不明白你们这些退伍军人！难道你们不知道，任何曾经在物理学上做出重大成就的人在像你们这个年纪的时候就已经做到了吗？你想现在才开始？"（Goodenough，2019）古迪纳夫意志坚定地选择了继续攻读物理学。

退役后重回学校是一个挑战，特别是学习一个新学科。就读期间，古迪纳夫十分刻苦。第一次面见导师时，齐纳告诉他："现在你有两件事必须做。第一个是找到你的研究问题，第二个是解决它。再会！"（Goodenough，2019）后来，古迪纳夫做到了这两点，他选择了凝聚态材料研究，这辈子就再也没和它分开过。1952 年，古迪纳夫获得固态物理博士学位。毕业后，古迪纳夫被推荐到刚成立一年的 MIT 林肯实验室工作。在此期间，古迪纳夫加入了研究随机存储器的跨学科团队。在随机存储器研究方面，古迪纳夫提出了过渡金属化合物中合作轨道排序的概念，也被称为合作性的姜-泰勒效应（Jahn-Teller effect），该效应被证明是实现数字计算机第一个随机存储器和理解结构马氏体转变的关键，随后他阐明了关于原子间自旋-自旋相互作用的符号古迪纳夫-金森（Goodenough-Kanamori）规则以及共价 d 轨道键合在创建窄的流动电子带中的作用。也是此时，他第一次接触到锂离子在固体中的迁移，随后他又开始固态陶瓷的基础研究。

第 21 章　锂离子电池

1975 年，古迪纳夫应英国皇家化学学会的邀请，担任他们的百年纪念讲师，并有机会访问几所英国大学。1976 年，牛津大学邀请古迪纳夫领导无机化学实验室（图 21.16），而当时他的简历几乎没有有关化学方面的经历。古迪纳夫与化学有关的内容非常有限，仅有 1940 年在耶鲁大学学习了定性化学的入门课程和 1948 年在芝加哥大学学习了有机化学的基础课程。牛津大学几乎做出了勇敢的尝试，庆幸的是他们的决定得到了丰硕的回报。在此期间，古迪纳夫领导无机化学实验室做出了锂离子电池的开创性成果。

图 21.16　古迪纳夫领导的牛津大学无机化学实验室

古迪纳夫于 1986 年成为得克萨斯大学奥斯汀分校机械工程系以及电气和计算机工程系的教授，任职期间继续从事离子导电固体和电化学装置研究。古迪纳夫是一位杰出的科学家、执着而聪明的研究者，尽管他提供了现代电器革命背后的电池，但他一直保持谦虚和专注的态度。他从自己的工作中没有获得什么财富，而且不追求名声，也不追求人气，但当被问及他希望从人类身上看到什么时，他说："我不希望人类在贪婪中利用地球的资源，把本该是花园的地方变成沙漠。"[1]98 岁时，古迪纳夫依旧每天到达他在得克萨斯大学奥斯汀分校的办公室，继续工作，和他的研究生和博士后讨论研发新电池，期望通过改进的电池材料，提供一种可靠、高效的方式来存储和运输风能和太阳能，以减少对化石燃料的使用以及减少转化电能时产生的温室气体。他曾说："在

—————————————

① https://www.fuergy.com.

不久的将来，我们必须实现从依赖化石燃料到依赖清洁能源的转变，这就是目前我在去世前要做的事情。"[1]

第四节
不惧权威的拉奇德·雅扎米

1953 年 4 月 16 日，雅扎米出生于摩洛哥菲斯。孩提时，雅扎米充满好奇心，他在 10 岁时就有了自己的家庭实验室。记得去乡下散步时，他会收集石头，然后带回家分析他们的成分。当进入青少年时，雅扎米对地质学的最初兴趣逐渐减弱，取而代之的是化学，他会利用金属粉末和酸来产生氢气，填充气球观看它们飞行。有位化学和物理学教授注意到了雅扎米对科学的热情和探索的动力。这时，这位教授指着雅扎米说："雅扎米，你将会成为一名化学家。"（Chechik，2019）雅扎米认为这是自己人生的转折点，在随后进入法国格勒诺布尔国立理工学院选择专业时，雅扎米放弃了当时更负盛名的计算机科学专业，转而选择化学。1978 年雅扎米获得格勒诺布尔国立理工学院电化学硕士学位，随后在 1985 年获得锂电池石墨插层化合物专业的博士学位。获得博士学位后，雅扎米被法国国家科学研究中心（图 21.17）录用，并于 1998 年晋升为法国国家科学研究中心研究主任。在法国国家科学研究中心，雅扎米的职位一直被保留了近 40 年。在此期间，他在不同的地方旅行和研究：在日本待了一年，在美国加州理工学院和 NASA 工作了十年，后来又到了新加坡，并自 2010 年起一直在新加坡居住。此外，雅扎米于 2000～2010 年担任加州理工学院的客座助理。在那里，他与加州理工学院的学者合作研究了电极材料，包括碳纳米管、纳米硅和纳米阳极等纳米结构材料。他对阴极材料的研究包括热力学研究，研究轻质过渡金属氧化物和磷酸盐的相位过渡。他还开发了一种新的基于热力学测量的电化学技术，可用于评估电池的充电状态、健康状况和安全状态。

---

① His Current Quest. https://mag.uchicago.edu/science-medicine/his-current-quest[2023-02-01].

图 21.17　法国国家科学研究中心

雅扎米说："我总是对新的冒险持开放态度，这一切都与好奇心有关，同时也有意愿去做一些不同的事情。"（Chechik，2019）同事们一直催促雅扎米在商业领域进行尝试，虽然最初他对这个想法有些抵触，但最后接受了这个冒险。2007 年，雅扎米与人合作在加州成立了一家初创公司——CFX 电池公司（CFX Battery Inc.），用来开发和商业化自己的专利发现，特别是在氟离子电池（FIB）方面的发现。2011 年，他在新加坡成立了 KVI PTE 有限公司，这是一家致力于为移动电子设备、大型储能和电动汽车应用提高电池寿命和安全性的新公司。

雅扎米总是很谦虚，与他交谈时，人们不会被他的光环所吓到。相反，他表现得非常热情而健谈，反复感谢他所拥有的机会和一路上帮助他的人。雅扎米说，他感谢有机会在职业生涯中与各式各样的人一起工作——无论是在摩洛哥、法国、日本、美国还是新加坡。他还说："你必须相信自己，这很重要，还要承认那些在你生活中发挥作用的人，永远不要忘记他们。"（Chechik，2019）虽然雅扎米说他很幸运，在正确的时间遇到了正确的人，但并不是每个人都认可他的说法。职业生涯中，他同样面临着各种困难，早期有个例子特别突出。那是在法国的一次国际会议上，当雅扎米报告了他首次发现的石墨阳极后，一家大公司的负责人认为他的想法没有任何商业潜力。这个人在国际上很出名，并撰写了第一本关于锂电池的书籍。他看着雅扎米的海报，评论雅扎米完全是在浪费时间。尽管这个评论令人非常沮丧，但雅扎米还是很客气地回复道："我尊重您的意见，但我很乐意告诉您，错的是您而不是我。"（Chechik，2019）后来雅扎米收获了成功，他的石墨阳极专利每年价值150亿美元。尽管一路上困难重重，但是雅扎米总能实现自己的愿望。他总是高兴地说自己从来没有灰心过，并幽默地评述现在使用手机的人应该感谢他。

雅扎米在求学之路、职业经历及研究工作方面有着宝贵经验。虽然他说自己很幸运有机会与知名机构合作，但在工作中勇于尝试新事物是他职业生涯的特点，加上他总是能够利用机会，最终使他在工作中取得成功，并获得了解其他人和文化的机会（Chechik，2019）。

雅扎米发表了250篇学术论文，他也是大约160项与锂原电池、可充电电池及基于氟化物离子的新电池化学有关的专利的发明人。[1]

第五节
喜爱生物的西美绪

1941年10月，西美绪出生于日本爱知县名古屋市东区，当他还是东区葵小学的学生时，就喜欢阅读法布尔的《昆虫记》（中文版见图 21.18），并在金鱼、麻雀和鲮鱼等生物的陪伴下长大。初中时，他加入生物俱乐部，调查了金鱼的吸氧量同水温的关系。在实际观察到温度降低时金鱼速度将变慢时，他有种莫名的兴奋。正是在这个时候，他隐约意识到自己长大后想成为一名科学家。随后他就读于爱知县立旭冈高中，后转入北海道札幌北高中。1966年，西美绪毕业于庆应义塾大学理工学部应用化学系，毕业后即加入索尼公司，期望从事半导体材料研究工作。因为索尼公司当时正在研究许多有趣的新型设备的材料，从半导体到光伏设备，从电声传感器到记录媒体，其中许多设备使用了半导体材料。遗憾的是，西美绪从未从事过半导体方面的工作。他的前八年是在燃料电池的研发中度过的，接着是12年的电声材料研发，然后是20年的锂离子电池的开发和完善。在锂离子电池早期开发的关键阶段，他开始担任开发团队的总经理。当时，索尼公司热衷于开发锂基可充电电池作为镍镉电池的替代品，这主要是因为锂基可充电电

① Dr. Rachid Yazami. https://www.nae.edu/105813/Rachid-Yazami[2023-02-01].

第 21 章　锂离子电池

池具有更大的能量密度，并会引起较少的环境污染问题。

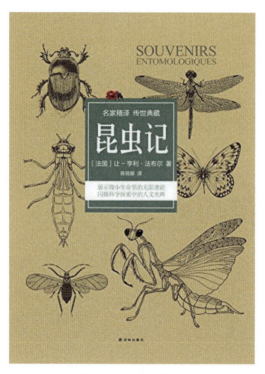

图 21.18　《昆虫记》

西美绪回忆："起初，我们认为锂离子电池的重要应用是音频和视频设备，例如磁带播放器、迷你光盘播放器、家用摄像机等。但在第一次引入锂离子电池的两三年后，我们向个人计算机制造商推荐了锂离子电池，这给锂离子电池市场带来了巨大的变化，随后，手机制造商也成为我们的另一个重要客户。"（Flavell-While，2018）即便如此，在锂离子电池开发的初期，销售部门的人还是对该项目提出了很多抗议。甚至许多其他电池公司都表示，锂离子电池还为时过早，下一代可充电电池将是镍氢电池。西美绪顶住了公司的各种非议，坚持领导着锂离子电池的开发。

　　与使用金属锂作为阳极的古迪纳夫不同，西美绪想要研究碳质阳极的使用。金属锂容易起火，而且循环性能差。为了克服这些缺点，西美绪领导团队尝试用能够储存锂的材料制作阳极，从而使得在阳极获得锂的同时，将风险控制在一个可控的水平，并实现良好的循环性能。石墨是一个主要的候选材料，因为它的层状结构允许另一种元素的原子插入层与层之间，这一过程被称为插层。插层阳极工作得很好，但大规模生产不现实。随后，经过克服一个又一个困难，1991 年，他成功领导团队实现了第一个锂离子电池的商业化。

西美绪撰写了《扬声器与新材料》《电池关键技术》《锂离子二次电池故事》《导电聚合物技术的最新趋势》等著作。他的职业生涯参与了燃料电池、电声传感器材料和非水电解质电化学电池的研究和开发。后来，他还担任过 15 家与锂离子电池行业相关的公司顾问。他曾表明，希望自己在有生之年能够一直为锂离子电池的改进做出贡献（Flavell-While，2018）。

第六节
从事过"考古"的吉野彰

1948 年 1 月 30 日，吉野彰出生于日本吹田市，并于 1960 年和 1963 年毕业于吹田千里大二小学和吹田市立第一中学。吉野彰非常喜欢学习，能够在自由的氛围中上课，而且从来没有觉得学习困难。小学时，班主任推荐了迈克尔·法拉第撰写的《蜡烛的故事》，该书使他对自然科学产生了浓厚的兴趣。三年级时，他开始对化学产生兴趣，当时班主任老师专门负责化学并非常热心地教授，初中和高中他一直在化学科目上表现出色。1966 年，吉野彰毕业于大阪市北野高中，并考入京都大学。当时，日本经济高速增长，合成纤维层出不穷，制造桶的原材料由锡变成了聚乙烯，这些都令他感到兴奋，迫切地想要创造新的东西，而不仅仅是研究科学，因此，他选择了工程学院的石油化工专业。

大学时，吉野彰还曾加入了考古学习小组。因为学长告诉他，大学头两年应该尝试各种事情，所以他决定去世界最古老的地方进行考古。某次在施工过程中发现了陶器，他被要求帮助挖掘。所以他开始从事兼职工作，平日里有一半以上的时间在工地。起初，他用大铲子挖，从中间开始，然后用小铲子刮。这是一项沉闷的工作，但他感觉非常有趣，因为他可以发现不一样的东西。尽管考古学是文科，但还是需要根据实物证据做出假设并进行检验，这与研究和开发非常相似，对他后来的工作具有很大帮助。从三年级开始，他努力学习专业知识，并得到亚洲首位诺贝尔化学奖得主福井谦一（Fukui Kenichi，图 21.19）的指导，成为其徒孙。老师通常很平静，但有一次愤怒地对他说："你可能是带着对壮观的、前沿的量子化学的渴望来到这里的，但你必须在经典化学方面下功夫。

在任何领域都是如此，如果你不了解经典，你就无法了解最前沿的东西。"①因此，吉野彰努力扩充自己的化学基础。直到 1972 年，吉野彰获得了京都大学石油化学系硕士学位。拿到硕士学位后，吉野彰加入了旭化成株式会社，因为他觉得在与世界竞争的同时，在一家公司做研究和开发或许更好。刚开始，他会每两年进行一次探索性研究，创造新技术种子，但前三个主题都失败了，直至第四个主题——锂离子电池的问世。吉野彰在旭化成株式会社度过了整个职业生涯，其间他创造了第一个安全、可生产的锂离子电池，并广泛用于手机和笔记本计算机。

图 21.19　福井谦一（1918～1998）

吉野彰建议年轻人，不要害怕犯错，犯点错误没关系，如果有足够的胆量，就能通过反复的失败而扬名立万。要养成独立思考问题的习惯；对熟悉的事物进行思考，哪怕只是文字游戏，做出自己的假设也是好事。在互联网社会，人们满足于所需要的信息，但在这样的时代，能够独立思考的人，才是最终赢家。对于科学研究的想法，吉野彰表明，他会根据自己在日常生活中的经验，考虑世界真正需要什么。然后思考如何将技术作为一种手段来实现它。他发现，好的技术想法更有可能出现在脑海里的时候是当他放松、头脑清晰时，而不是在努力集中精力想办法时。对于未来研究领域的变化，吉野彰说道："我们今天所处的 IT 社会是 1995 年开始的 IT 革命的结果，那一年 Windows 95 被推出。从那时起，一切都发生了巨大的变化，如果从 1995 年的角度来看，今天的世

---

① ＜あの頃＞リチウムイオン電池開発の研究者・吉野彰さん. https://web.archive.org/web/20191009143825/https://www.chunichi.co.jp/article/feature/koukousei/list/CK2018093002000011.html[2023-02-01].

界就像一部科幻电影。我想这样的革命会再次发生在下一个 10 年、20 年或 50 年后。当 IT 革命在信息领域发生巨大变革，我相信下一次革命将发生在能源领域。为了即将到来的革命，所做的准备工作已经开始。有一件事是永远不会改变的，那就是清楚地把握社会的新兴需求并大胆地接受研究挑战的科学家将是未来之路的领导者。"[1] 对于未来的期望，吉野彰又说道："我们生活在一个充斥着如此多信息的社会中，年轻的科学家可能很难意识到有许多领域的未知事物正等待着我们去发现。有很多机会可以进行突破性的研发。只要目标明确和坚持不懈，就有无限可能。"[2]

2019 年，吉野彰获得诺贝尔化学奖。他是继 2010 年根岸英一氏、铃木章氏之后获得诺贝尔化学奖的第 8 位日本人，也是第 2 位获得诺贝尔奖的日本企业研究人员，同时也是第 22 位获得自然科学类诺贝尔奖的日本科学家。在诺贝尔奖的获奖演讲上，吉野彰给出了愿景："锂离子电池将在促进社会可持续发展的快速实现方面发挥重要作用。与人工智能、物联网和 5G 相关的电池技术将推动整个社会的创新。"（Yoshino，2019）

第七节

尾　声

古迪纳夫是美国国家工程院院士、美国国家科学院院士、法国科学院外籍院士、西班牙费西卡斯自然学院院士、印度国家科学院外籍院士、英国皇家学会外籍会士。除德雷珀奖外，他还分别获得日本国际奖（2001 年）、美国原子能委员会（Atomic Energy Commission）恩里科·费米奖（Enrico Fermi Award，2009 年）、美国国家科学奖章（2013 年）、英国皇家学会科普利奖章（Copley Medal，2019 年）等。2019 年 10 月 9 日，古迪纳夫以 97 岁高龄获得诺贝尔化学奖，成为目前获得诺贝尔奖年龄最大的人（图 21.20）。

---

① Development History and Future Outlook of Lithium-ion Battery. https://www.asahi-kasei.com/asahikasei-brands/interview/yoshino/[2022-10-08].

② Development History and Future Outlook of Lithium-ion Battery. https://www.asahi-kasei.com/asahikasei-brands/interview/yoshino/[2022-10-08].

图 21.20　古迪纳夫获得诺贝尔化学奖现场①

　　雅扎米曾担任国际电池协会（International Battery Association）的主席，并担任多个国际会议的科学顾问委员会成员。2014 年 9 月，他被摩洛哥国王任命为摩洛哥哈桑二世科学技术科学院通讯院士。除德雷珀奖外，他还分别获得 IEEE 环境与安全技术奖章（Medal for Environmental and Safety Technologies，2012 年）、俄罗斯全球能源奖（Global Energy Award，2014 年）、摩洛哥皇家智能勋章（Royal Medal of Intellectual Competency，2014 年）、法国荣誉军团骑士勋章（Chevalier de la Legion d'Honneur，2016 年）、阿拉伯科学与技术成就塔克劳姆奖（Takreem Award for Science and Technological Achievement，2018 年）及阿联酋穆罕默德·本·拉希德奖章（The Mohammed Bin Rashid Medal，2020 年）等。

　　西美绪曾担任日本电化学学会副会长、日本金属学会理事和日本电化学学会电池技术委员会副主席。除德雷珀奖外，他还分别获得由日本电化学学会（Electrochemical Society of Japan，ECSJ）和美国电化学学会（Electrochemical Society，ECS）联合颁发的技术奖（1994 年）、日本加藤科学振兴会的加藤纪念奖（Kato Memorial Prize，1998 年）、日本生物技术和农业化学学会（Japan Society for Biotechnology and Agrochemistry）颁发的技术奖（1998 年）及日本新技术发展基金会市村工业奖（Ichimura Prizes in Industry，2000 年）等。

　　除德雷珀奖外，吉野彰的获奖还包括日本化学学会化学技术奖（Chemical Technology

① John B. Goodenough Photo Gallery. https://www.nobelprize.org/prizes/chemistry/2019/goodenough/photo-gallery/[2022-10-08].

Prize，1999年）、ECS电池分会技术奖（Battery Division Technology Award，1999年）、日本政府紫绶褒章(Medal with Purple Ribbon，2004年)、IEEE环境与安全技术奖章(2012年)、俄罗斯全球能源奖（2013年）、加藤科学振兴会的加藤纪念奖（2013年）、日本国际奖（2018年）和欧洲发明家奖（European Inventor Award，2019年）等。2019年10月9日，他和古迪纳夫等一起被授予诺贝尔化学奖（图21.21）。

图21.21 2019年诺贝尔化学奖获得者：吉野彰（左）、古迪纳夫（中）、惠廷厄姆（右）

第21章 锂离子电池

第 22 章

发光二极管
——人类照明的第三次革命

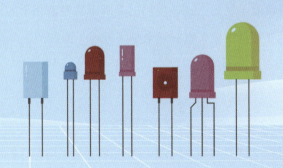

第二十届德雷珀奖于2015年颁发给了美国电气工程师尼克·何伦亚克（Nick Holonyak Jr.）、M. 乔治·克劳福德（M. George Craford），材料物理学家拉塞尔·杜普依斯（Russell Dupuis），日裔美籍电气工程师中村修二（Shuji Nakamura）以及日本材料物理学家赤崎勇（Isamu Akasaki）（图22.1），其颁奖词为："以表彰对发光二极管（LED）的发明、开发以及材料和工艺的商业化。"[1]

（a）尼克·何伦亚克（1928~2022）　（b）M. 乔治·克劳福德（1938~）　（c）拉塞尔·杜普依斯（1947~）　（d）中村修二（1954~）　（e）赤崎勇（1929~2021）

图22.1　第二十届德雷珀奖获奖者

第一节
发光二极管简介

发光二极管（light emitting diode，LED，图22.2），是一种常用的发光器件，由含镓（Ga）、砷（As）、磷（P）、氮（N）等元素的化合物半导体材料制成，通过电子与空穴复合释放能量发光。LED发出的光既不是光谱相干的，也不是高度单色的。然而，它的光谱足够窄，使得人眼看起来是一种纯（饱和的）颜色。

---

[1] 颁奖词原文：For the invention, development, and commercialization of materials and processes for light-emitting diodes (LED).

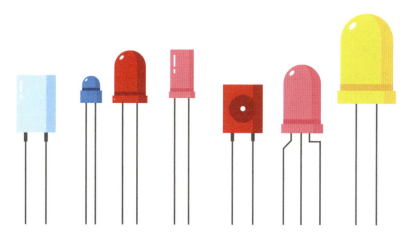

图 22.2　各种形态的 LED

　　LED 的核心部分是由 P 型半导体和 N 型半导体组成的晶片，在 P 型半导体和 N 型半导体之间有一个过渡层，称为 P-N 结。当加上正向电压后，从 P 区注入 N 区的空穴载流子和由 N 区注入 P 区的电子载流子，在 P-N 结附近微米距离内分别与 N 区的电子和 P 区的空穴复合，将多余的能量以光的形式释放出来，产生自发的荧光辐射，见图 22.3。电子和空穴在不同半导体材料中处于不同的能量状态，因此，电子和空穴载流子复合时释放的能量也将不同。释放出的能量越多，对应发出的光波越短。光的颜色取决于电子穿过半导体能带间隙所需的能量。一般砷化镓（GaAs）二极管发红光，磷化镓（GaP）二极管发绿光，碳化硅（SiC）二极管发黄光，氮化镓（GaN）二极管发蓝光。白光通过使用多种半导体或在半导体上涂抹一层荧光粉获得。

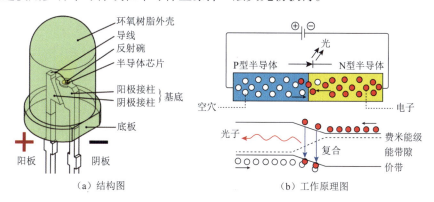

（a）结构图　　　　　　　（b）工作原理图

图 22.3　LED 结构图和工作原理图

　　与白炽灯和氖灯相比，LED 有许多优点，包括能耗低、寿命长、物理强度高、尺寸

小、响应速度快、抗冲击和抗震性能好，以及可高效地将电能转化为光能，因此广泛用于航空照明、彩灯、汽车前照灯、通用照明、交通信号灯、相机闪光灯、发光壁纸、园艺灯和医疗设备照明等。LED 照明由于具有寿命长、节能、色彩丰富、安全、环保的特性，被誉为人类照明的第三次革命。美国能源部表明，到 2035 年，LED 照明每年可节省的能源可能高达 569 TW·h，相当于超过 92 个 1000 MW 发电厂的年能源输出。[①]

第二节
发光二极管的发明过程

　　1907 年，英国工程师亨利·约瑟夫·朗德（Henry Joseph Round）首次发现碳化硅材料在电流作用下发出黄光的现象。但这种光十分微弱，几乎没有任何用处。朗德将此现象发表在《电学世界》杂志后，再也没有研究过。十多年后，俄罗斯物理学家奥列格·弗拉基米罗维奇·洛谢夫（Oleg Vladimirovich Losev）关注到朗德的工作，并进行了深入的研究。随后多年，有关无机材料发光的研究陆续发表在各种科学期刊上，但仍没有得到实际应用。直到 1935 年，法国物理学家乔治·德斯特里奥（Georges Destriau）观察到硫化锌（ZnS）粉末施加交变电场时产生了发光现象，并首次提出了"电致发光"（electroluminescence）一词。4 年后，匈牙利物理学家佐尔坦·拉约斯·贝（Zoltán Lajos Bay）申请了一种基于碳化硅的电致发光光源专利，其中的光源材料是 LED 的前身。20 世纪 50 年代后，得益于半导体物理学的进展，人们更详细地解释 LED 的发光原理成为可能。

　　1955 年，美国无线电公司的鲁宾·布劳恩斯坦（Rubin Braunstein）观察到，使用锑化镓（GaSb）、砷化镓、磷化铟（InP）和硅锗合金（SiGe）的简单二极管结构产生了红外发射。1961 年，德州仪器公司的加里·E. 皮特曼（Gary E. Pittman）和詹姆斯·R. 比亚德（James R. Biard）发现他们在砷化镓衬底上构建的隧道二极管在每次通电时会发出 900 nm 的近红外线，随后他们证明砷化镓 P-N 结光发射器和电隔离的半导体光电探测

---

① LED Lighting. https://www.energy.gov/energysaver/led-lighting[2023-02-01].

器间存在高效的光发射和信号耦合。根据这一发现，他们申请了砷化镓红外 LED 专利"半导体辐射二极管"（Biard and Pittman, 1966），这是第一个实用的 LED 专利。专利提交后，1962 年 10 月德州仪器公司迅速发布了第一款商用 LED 产品 SNX-100，其采用纯砷化镓晶体来发射 890 nm 的红外线，见图 22.4（Zheludev, 2007）。

图 22.4　德州仪器公司 SNX-100（1962 年）

在 LED 的发明过程中，何伦亚克在第一个红色 LED 的发明方面，克劳福德在第一个黄色 LED 的发明方面，杜普依斯在金属有机化合物化学气相沉积（metal organic chemical vapor deposition，MOCVD）技术的实用化方面，中村修二在双流式 MOCVD 及第一个蓝色 LED 的发明方面，赤崎勇在极高品质蓝色 LED 的开发方面分别做出重要的贡献。

美国国家工程院当值主席莫特在对他们的工作评价时说道："他们发明的 LED 每天正被数百万人用于电子计算机显示器、手机、屏幕、电视、交通灯、家庭照明、数字手表显示、医疗应用等诸多领域。2012 年，LED 产业以 330 亿美元的规模大幅降低照明成本。2013 年，仅美国就安装了超过 4900 万个 LED，预计年节省能源成本达 6.75 亿美元，减少超过 1200 万 t 的二氧化碳排放量。"[1]

因蓝色 LED 的发明，赤崎勇和中村修二还被授予 2014 年诺贝尔物理学奖。诺贝尔奖评选委员会声明："白炽灯照亮了 20 世纪，21 世纪将由 LED 灯照亮。"[2]

---

[1] https://www.nae.edu.

[2] https://www.nobelprize.org.

一、尼克·何伦亚克的贡献

1957 年，何伦亚克加入美国通用电气公司的先进半导体实验室，当时通用的科学家和工程师正在研究半导体的应用，并发明了称为现代二极管前身的整流器和晶闸管。当时，通用科学家罗伯特·N. 霍尔（Robert N. Hall）在制造半导体激光器方面取得了成功，然而霍尔的激光只发射不可见的红外线。何伦亚克瞄准可见光，坚信自己能够造出可见光半导体激光器。何伦亚克首先迅速地制造了一些硅晶闸管，然后是隧道二极管，但它们的性能有限。随后他探索了其他材料，但仍然没有找到产生可见光性能的材料。

1960 年，西奥多·H. 梅曼（Theodore H. Maiman）发明了红宝石激光器（图 22.5），带来"可见光可以相干"的启示，于是何伦亚克产生了用二极管而不是红宝石棒来制造相干可见光的想法。当时所需的材料还不存在，必须造出来，何伦亚克坚信自己可以造出来。为此，部门领导多次强调他的工作早已偏离主线，不符合美国通用电气公司希望在晶体管业务中赚钱的目的。部门经理对他的报告也十分恼火，甚至威胁解雇他。何伦亚克没有屈服，他有相当的底气，甚至有着空军的支持，打算继续制造这种Ⅲ-Ⅴ族半导体材料。最后他成功制造出这种磷砷化镓（GaAsP）合金，他在实验室里花了几个小时，切割、抛光和测试他手工制作的半导体合金。

图 22.5 梅曼与他的红宝石激光器

基于制造这种半导体的过程，何伦亚克发明了Ⅲ-Ⅴ族半导体的闭管气相外延法。其中在Ⅲ-Ⅴ异质结方面的早期工作是当今所有Ⅲ-Ⅴ族化合物晶体生长的先驱。1962

年，何伦亚克利用其生长的$GaAs_{1-x}P_x$合金开发了第一个在可见光频率范围的红色LED（图22.6），这是第一个具有可见光波长的LED，标志着工业生产LED灯的开始（Holonyak，2005）。

图 22.6　何伦亚克和他的红色 LED

二、M. 乔治·克劳福德的贡献

获得博士学位后，克劳福德收到了好几个工作邀请，其中包括贝尔实验室和孟山都公司（Monsanto Company）。有趣的是，两者都在研究LED，但孟山都公司的研究专注于磷砷化镓，而贝尔实验室的研究则专注于磷化镓。孟山都公司的研究没有贝尔实验室那么出名，虽然接受孟山都公司的工作有些冒险，但是克劳福德仍旧选择了孟山都公司。在进入孟山都公司的早期，克劳福德同时对激光和LED进行实验研究。但当发现在砷化镓基质上生长磷砷化镓时产生的缺陷妨碍了激光器的性能，他就放弃了激光器并全身心地投入对LED的研究。在一次孟山都公司举办的研讨会上，贝尔研究人员提到使用氮掺杂的间接半导体的作用更像直接半导体。克劳福德觉得，对于LED，尽管直接半导体通常比间接半导体更好，但间接半导体带隙足够宽，具有发出绿色、黄色和橙色光的潜力。然而，贝尔实验室早期的工作表明，氮掺杂并没有显著改善磷砷化镓LED的品质。尽管如此，克劳福德依旧相信氮掺杂的前景，而不是其他人已有的研究结果。最终，克劳福德成功培育出氮掺杂且性能更佳的晶体材料，该材料可用于制造更明亮的LED。

1971年，他开始了新型氮掺杂磷砷化镓LED技术的开发，利用该技术制造出第一个黄色LED，并将红色LED的性能提高了一个数量级。1974年克劳福德成为孟山都公

司电子部门的技术总监。1979 年，当孟山都公司出售 LED 和化合物半导体业务时，克劳福德转入了惠普公司，在那里，他成为光电部门的技术经理，负责开发 LED 并保持该技术的领先地位。1990 年，克劳福德的团队率先开发了另一种新的 LED 技术，该技术利用四元化合物铝铟镓磷化物（AlInGaP）并产生了世界上性能最高的红色、橙色和琥珀色 LED。1999 年，克劳福德成为美国飞利浦流明（Lumileds Lighting）公司的首席技术官，该公司开发了广泛用于汽车灯和手机闪光灯的第一款高功率白光 LED。

三、拉塞尔·杜普依斯的贡献

1976 年的秋天，在位于美国加州阿纳海姆（Anaheim，California）的罗克韦尔国际公司（Rockwell International Corporation）工作的杜普依斯第一次使用 MOCVD 生产了一个太阳能电池的可工作的Ⅲ-Ⅴ半导体器件。当时他是想用这一器件的制造来研究在砷化镓基底上生长半导体的 MOCVD 工艺（设备见图 22.7）。然而，当他将使用了半导体器件的太阳能电池放在阳光下并连接到一个电流表上时，发现电池工作得很好。随后，他想既然 MOCVD 在太阳能电池技术上可行，那么它对激光器和 LED 应该也有用处。当时，罗克韦尔国际公司正在开发 MOCVD 工艺。杜普依斯建议公司使用 MOCVD 工艺生长的材料来制造仪器。在最初的成功之后，杜普依斯进一步完善了该工艺，并在 1977 年的仪器研究会议上发表了有关他的发现的论文。

图 22.7　MOCVD 设备[①]

---

① Accelerating the Commercialization of Developed Products Through Our Innovation Strategy. https://www.tn-sanso.co.jp/en/business/lp/[2022-10-08].

杜普依斯是第一个证明 MOCVD 可用于生长高质量半导体薄膜和器件的人，他因对当今用于二极管商业生产的 MOCVD 技术的开创性贡献而受到人们的认可，他的研究使高质量半导体的商业化生产成为可能。一年后，杜普依斯与导师何伦亚克合作，进一步开发该工艺。他们一起证明了 MOCVD 比另一种新兴工艺——分子束外延（molecular beam epitaxy，MBE），在生长具有非常复杂结构的化合物半导体方面更具优势。这一证明使 MOCVD 成为制造半导体设备的首选工艺。今天，全世界每天都有数百万个这样的设备在使用 MOCVD（Dupuis and Krames，2008）。

四、中村修二的贡献

1989 年，中村修二开始研究基于Ⅲ族氮化物材料的蓝色 LED（图 22.8）。1990 年，他开发了一种用于氮化镓生长的新型 MOCVD 系统，被称为双流式 MOCVD，使用该系统可以生长出高质量的氮化镓基晶体材料。他认为，双流式 MOCVD 的发明是他在氮化镓研究中的最大突破，也是他一生中最大的研究突破。自 20 世纪 60 年代开始研究氮化镓以来，受体的氢钝化一直阻碍着研究人员获得 P 型氮化镓薄膜。1991 年，中村修二首次通过热退火获得了 P 型氮化镓薄膜，并首次阐明了氢气钝化作为空穴补偿机制的作用。1992 年，他制作了第一个氮化铟镓（InGaN）单晶层，在室温下首次显示出光致发光和电致发光的带间发射。这些氮化铟镓单晶层已被用于所有蓝/绿/白光 LED 和所有紫/蓝/绿光半导体激光二极管。没有他发明的氮化铟镓单晶层，就没有蓝/绿/白光 LED，也没有紫/蓝/绿光半导体激光二极管。1993～1995 年，他开发出第一个Ⅲ族氮化物基高

图 22.8　中村修二和他的蓝色 LED

亮度蓝/绿光 LED。1995 年，他还开发了第一个基于Ⅲ族氮化物的紫色激光二极管。如果没有他发明的紫色激光二极管，也许就无法实现蓝光 DVD。1996 年，日亚化学工业株式会社（Nichia Kagaku Kōgyō）开始销售他发明的白光 LED。这些白光 LED 已被用于各种照明应用，以节省能源消耗。与现在的传统白炽灯相比，白光 LED 的耗电量约为 1/10（Nakamura et al.，2000）。

五、赤崎勇的贡献

在氮化镓基半导体研究的早期阶段，赤崎勇洞察到它们作为蓝光发射器的巨大潜力，并渴望在氮化物半导体的独特性能基础上开拓出一个新的研究领域。20 世纪 70 年代，氮化物研究人员几乎退出了这一领域，因为他们既不能生长出半导体级的高质量氮化镓单晶，也不能控制其导电性，而这两者对开发高性能蓝光发射器和高速/大功率晶体管都是必不可少的。尽管出现了这样的僵局，赤崎勇在 1973 年还是决心生产高质量的氮化镓单晶，并利用氮化镓 P-N 结开发蓝光发射器。1974 年，他首次用分子束外延生长法生长出氮化镓单晶，并于 1975 年获得日本政府为期三年的研究资助，用于"基于氮化镓的蓝光发射器的研究和开发"。

1978 年，他领导日本松下电器公司（图 22.9）东京研究所的研究小组通过氢化物气相外延（hydride vapor phase epitaxy，HVPE）开发了倒装芯片型氮化镓蓝光二极管，获得当时最高的外部量子效率。在这项研究中，他发现通过氢化物气相外延生长的氮化镓晶体在裂纹和凹坑中嵌入了微量高性能的晶体，意识到氮化镓作为一种蓝色发光材料的巨大潜力。他坚信，如果能够在整个晶圆上实现这种微量晶体，就应该能够实现导电控制。因此，他开展了有关晶体生长原理的基础理论研究。随后，他决定采用金属有机物气相外延（MOVPE）生长氮化镓，并采用了性能稳定的蓝宝石做衬底。为潜心研究，1981 年他辞去了松下东京研究所半导体部门的经理职务，回到名古屋大学组建科研团队，开展通过金属有机物气相外延提高氮化镓晶体的生长质量的研究。1985 年，团队开创了低温缓冲层技术，成功地在蓝宝石基片上生长出极高品质的氮化镓。通过使用这些高品质的氮化镓，他们获得通过电子辐照激活的掺镁低电阻 P 型氮化镓（1989 年）、第一个氮化镓 P-N 结蓝/紫外光 LED（1989 年）以及通过掺硅控制电导率的 N 型氮化镓（1990 年）等世界首创的成果。至此，赤崎勇团队开发了基于氮化镓的 P-N 结蓝色 LED 所需的所有基本技术，并允许在设计更高效的 P-N 结发光结构时使用异质结和多量子阱。

图 22.9　日本松下电器公司

1990 年，赤崎勇团队首次在室温下实现氮化镓紫外区域的受激发射，其光功率比以前低了一个数量级。这一成果加上氮化镓 P-N 结 LED 的开发，为氮化镓基短波长激光二极管铺平了道路。1991 年，他们验证了随低温缓冲层生长的氮化铝镓/氮化镓多层结构中的量子尺寸效应。1995 年，他们开发出氮化铟镓/氮化镓量子阱二极管，发现阱宽小于 3 nm 的氮化铟镓/氮化镓复合量子阱的带边发射强度远高于较厚的氮化铟镓阱。1997 年，他们在用低温氮化铝缓冲层生长的氮化镓薄膜上观察到氮化铝镓和氮化铟镓的相干生长，两种氮化物还分别受到拉伸和压缩应力。这些应力产生了强大的压电场，降低了阱厚超过 3 nm 的量子阱中载流子的转变能量及转变概率。他们将上述现象归因于压电场引起的量子限制斯塔克效应。2000 年，他们成功通过晶体取向控制减少甚至完全消除显示非/半极性氮化物晶面存在性的压电场。这一发现引发世界范围内对氮化铝镓晶体的研究投入，人们期望通过生长这些高性能晶体开发出更高效的光发射器。

第三节

"LED 之父"——尼克·何伦亚克

1928 年 11 月 3 日，何伦亚克出生于美国伊利诺伊州齐格勒（Ziegler，Illinois）。父

母是来自东欧的移民，1909 年和 1921 年分别从欧洲喀尔巴阡山脉地区移民到美国。大萧条期间，他们家搬到了麦迪逊县的圣路易斯地区，他在这里从三年级上到八年级，然后去了爱德华兹维尔高中。14 岁时，何伦亚克本想跟随父亲进入矿井工作，但父母对他抱有更大的期望。在父亲的劝说下，何伦亚克接受了伊利诺伊中央铁路公司的工作，他曾连续工作 30 h，然后意识到这份艰苦的生活不是他想要的，他宁愿去上学。第二次世界大战结束后，大学人满为患，但他有幸在正确的时间出现在正确的地点，1947 年他进入伊利诺伊大学厄巴纳-香槟分校的主校区，并于 1950 年获得本科学位。随后，他抓住机会，留在了伊利诺伊大学研究生院，1951 年获得了硕士学位，并继续攻读博士学位。研究生课程中，何伦亚克有幸跟随晶体管的共同发明者和常规超导基本理论的发现者约翰·巴丁（John Bardeen，图 22.10）学习原子物理学课程，并成为他的第一个博士生。1954 年获得电气工程博士学位后，何伦亚克和许多其他发明家一样，前往新泽西州的贝尔实验室工作，在那里完成了在晶体管方面的著名工作。随后他在美国陆军信号兵团服役了两年，并于 1957 年加入位于纽约州锡拉丘兹的美国通用电气公司先进半导体实验室。

图 22.10　两次获得诺贝尔奖的约翰·巴丁（1908～1991）

1962 年 10 月 9 日，他向美国通用电气公司的同事展示了第一个可见光二极管发光器。有人称赞他的工作为"神奇的"，但何伦亚克认为他的混合物所发出的红光只是一个开始。1963 年，在导师巴丁的邀请下，何伦亚克离开了美国通用电气公司，前往母校伊利诺伊大学任教，并与学习电气工程和物理的学生建立了一个实验室。他怀着很高的期望，激励学生必须击败其他实验室中拥有更好资源的更大团队。他的期望得到回报，他的学生之一克劳福德在 1972 年创造了第一个黄色 LED，并将其亮度提高了 10 倍。除演示合金磷砷化镓（1962 年）、磷化铟镓（InGaP，1970 年）、磷砷化镓铝（AlGaAsP，1970 年）和磷砷化镓铟（InGaAsP，1972 年）的可见光谱激光操作外，他和学生制造了第一个量子阱激光二极管（图 22.11）。1978 年，他与学生杜普依斯一起演示了量子阱激光器在初始连续 300 K 下的操作，并引入了"量子阱激光器"这个名称。

图 22.11　量子阱激光二极管

何伦亚克获得了 34 项专利，撰写了 500 多篇论文和两本书著。除了是一位多产的发明家，他还是一位杰出的教育家，担任母校伊利诺伊大学约翰·巴丁电气和计算机工程及物理学讲席教授期间，培养了众多优秀人才，其 60 名博士生中 8 人成为美国工程院院士。许多人后来也成为电子领域的权威，包括杜普依斯和克劳福德[1]。除在半导体材料和设备方面的工作以及培养研究生外，何伦亚克还喜欢阅读、跑步和举重。尽管岁数已届高年，但他仍然每天都要看书、读报、写作和工作。2022 年 9 月 18 日，何伦亚克在厄巴纳（Urbana）去世，享年 93 岁。第二天，伊利诺伊大学厄巴纳-香槟分校和芝加哥分校亮起红色灯光向他致敬。许多人认为何伦亚克的工作应该获得诺贝尔奖。尽管最终他没有获得这项荣誉，但他的工作得到了学界的广泛认可[2]。

---

① About Nick Holonyak Jr. https://www.optica.org/en-us/get_involved/awards_and_honors/awards/award_award_histories/holonyakhistory/[2023-02-01].

② Nick Holonyak Jr., Pioneer of LED Lighting, Is Dead at 93. https://www.nytimes.com/2022/09/30/science/nick-holonyak-jr-dead.html[2020-09-30].

　　1938 年 12 月 29 日，克劳福德出生于美国艾奥瓦州，在一个农业社区长大。小时候，一位儿童科学书籍的作者兼家庭教师为年幼的克劳福德提供了他感兴趣并适合他的书籍，将他领向科学的殿堂。当克劳福德在 20 世纪 50 年代开始接受技术职业教育时，LED 还没被发明，吸引少年克劳福德的是外太空冒险，他涉足了天文学，并成为美国变星观测者协会的成员。他曾制造过火箭，有一次在进行化学实验时，突然发生爆炸，炸裂了家里的窗户。这些事故完全没有影响到克劳福德对太空的热情。1957 年，克劳福德高中毕业，在选择大学和专业的时候，他决定追求空间科学，并选择了艾奥瓦大学（University of Iowa，U-Iowa，图 22.12），这是因为太空先驱詹姆斯·范艾伦（James van Allen，图 22.13）是那里的物理学教授。进入大学后，克劳福德的第一份暑期工作是分析从第一颗卫星返回的数据。然而，随着太空竞赛的升温，克劳福德对太空科学的兴趣减弱了。此时，他对半导体这个新兴领域产生了好感。随后，范艾伦将他引向了伊利诺伊大学的固态物理学项目。在伊利诺伊大学，克劳福德 1963 年获得理学硕士学位，1967 年获得物理学博士学位。

图 22.12　艾奥瓦大学一角

图 22.13　太空先驱詹姆斯·范艾伦（1914～2006）

在遇到 LED 先驱何伦亚克之前，克劳福德已经开始了关于约瑟夫森结隧道效应的博士论文研究工作。当何伦亚克离开美国通用电气公司，并加入伊利诺伊大学的教师队伍时，克劳福德已经在这项研究中投入了几年时间。在一次研讨会上，克劳福德遇到了何伦亚克，当时何伦亚克正在报告他在 LED 方面的工作。克劳福德回忆说："他拿着一个小 LED——仅一个红色的斑点——他把它放入装有液氮的杜瓦瓶中，LED 就用明亮的红光照亮了整个烧瓶。"（Perry，1995）克劳福德被吸引住了，他立即与论文导师谈起了导师交换工作。这是一个非同寻常的决定，因为这涉及必须放弃自己已经开展多年的研究工作。导师最后同意了，因为那时导师已经很少来实验室，而何伦亚克正在组建一个研究小组，愿意接收他。克劳福德认为是他说服了何伦亚克接受自己，但何伦亚克对此事有着不同看法。何伦亚克回忆，当时克劳福德的导师正在竞选美国国会议员，并对他说："我有一个好学生，但我忙于政治，我们所做的一切，都有人在我之前发表。我不能更好照顾他，我想让你来指导他。"（Perry，1995）不管当时发生了什么，克劳福德最终的职业道路由那天那个靓丽的红色杜瓦瓶确定了。

当时，何伦亚克正在生长磷砷化镓，并成功地使用它来获得明亮的 LED 和激光。他分配给克劳福德的工作是借一些高压设备来进行材料实验。在找到一位愿意出借压力实验室的教授后，克劳福德开始了他在材料研究大楼地下室的研究工作。他将磷砷化镓样品从实验室搬到材料研究大楼的地下室，在液氮中冷却它们，增加压力以研究电阻率的变化，并看到了意想不到的效果。克劳福德说："仅是冷却样品就会导致电阻率上升

数倍。但增加压力后，电阻率会上升几个数量级，我们不知道为什么会这样。"（Perry，1995）最后，克劳福德终于搞懂了原因，发现电阻的变化不仅与压力有关，也与照射在样品上的光线有关。进一步的研究表明，这种现象发生在掺有硫而不是掺有碲的样品中。克劳福德有了足够的材料写一篇毕业论文，并在《物理评论》（*The Physical Review*，图 22.14）上发表。但是由于这一现象似乎没有什么实际用途，克劳福德最终将这个发现抛在脑后。直到几年后，贝尔实验室的研究人员再次在铝砷化镓中复现了这一现象。贝尔实验室称这个现象为 DX 中心，并对它进行了深入研究。随后，多个研究小组发表了关于这个现象的工作。然而关于此现象的研究贡献，何伦亚克小组的工作基本被忽略了。谈到克劳福德，何伦亚克总是恨铁不成钢，他表示，克劳福德从不宣传自己的工作，这让他感到很苦恼，他想让克劳福德更积极地宣传自己所做的事情（Perry，1995）。

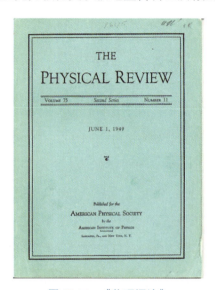

图 22.14　《物理评论》

第五节
"MOCVD 之父"——拉塞尔·杜普依斯

1947 年 7 月 9 日出生的杜普依斯是在 1966 年进入伊利诺伊大学厄巴纳-香槟分校的，他非常喜欢这所著名的大学，于是从本科生到博士生一直在该校就读，并分别于 1970

年、1971 年和 1973 年获得该校的理学学士学位、硕士学位和电气工程博士学位。当他从伊利诺伊大学厄巴纳-香槟分校毕业后，他来到了德州仪器公司工作，然后于 1975 年被位于美国加州安纳海姆市的罗克韦尔国际公司录用。罗克韦尔国际公司前身为创立于 1928 年的北美航空公司，自 1973 年改为现名，该公司曾经是一家综合性、多元化、航空航天产品占有重要地位的企业，并在微处理器、工厂自动化控制、无线电、先进飞机和航天飞机、先进通信系统和 GPS 等领域处于技术领先地位。当时，罗克韦尔国际公司正在开发 MOCVD 工艺，杜普依斯建议公司使用 MOCVD 工艺生长的材料来制造仪器。杜普依斯在那里首先证明了 MOCVD 可用于高质量半导体薄膜和器件的生长，在最初的成功之后，杜普依斯进一步完善了该工艺，并在 1977 年的仪器研究会议上发表了有关他的发现的论文。仪器研究会议是一个行业专家和学者的年度聚会。在演讲之前，他遇到曾经的导师何伦亚克。导师何伦亚克惊叹于他的发现，来到他的房间，说道："我看到你有一篇有趣的论文——你能用 MOCVD 制造薄膜吗？"杜普依斯开心地笑着说："你需要多少，我就能做多少。"[①]何伦亚克惊讶地表示，自己五年来一直想做成这件事，但一直没能成功。会议的相遇，使杜普依斯（图 22.15）和何伦亚克以师生的名义重新聚在一起，随后他们发表了论文，表明 MOCVD 甚至对需要复杂结构的化合物半导体器件同样能发挥作用。

图 22.15　杜普依斯做报告

① https://www.ece.gatech.edu.

1979 年，杜普依斯离开罗克韦尔国际公司，并加入美国电话电报公司贝尔实验室，在此期间，他将工作扩展到用 MOCVD 生长 InP-InGaAsP。几年后，杜普依斯加入得克萨斯大学的教师队伍，并于 1989 年成为得克萨斯大学奥斯汀分校的教授。2002 年，他又在佐治亚理工学院（图 22.16）工学院谋得职位。佐治亚理工学院坐落于佐治亚州首府亚特兰大，是世界顶尖的研究型大学、公立常春藤之一，与 MIT、加州理工学院并称为美国三大理工学院。该校在 2022 年《美国新闻与世界报道》美国最佳大学排名中排第 38 位。目前他是佐治亚理工学院史蒂夫·W. 查迪克基金光电学主席，以及电气与计算机工程学院和材料科学与工程学院联合任命的佐治亚研究联盟杰出学者，正在研究通过 MOCVD 生长 Ⅲ-Ⅴ族化合物半导体器件，包括 InAlGaN/GaN、InAlGaAsP/GaAs、InAlGaAsSb 和 InAlGaAsP/InP 系统的材料。

图 22.16　佐治亚理工学院

他的导师何伦亚克非常喜欢自己的这位学生，他认为："杜普依斯应该被称为发明了现在用于制造所有激光器和 LED 材料制造工艺的人，他有所有的技巧来处理复杂的气体、复杂的化学、爆炸的东西。这个过程甚至可称为 Dupuis-MOCVD。"（Baxter，2017）尽管杜普依斯因工作成就获得很多奖励，但他始终是一名脚踏实地的工程师，在他看来，勤劳比名声更重要。回想自己的工作，杜普依斯说道："当年，我们在何伦亚克实验室的团队的机械车间手工建造了 36 个熔炉来开展研究，在我看来，新的想法并不要求最好的设备。因此，如果你有一个新的想法，请立即行动起来，利用已有的设备去尝试，去测试，以便走在其他人的前面。"（Baxter，2017）

"非主流"科学家——中村修二

> > >

1954 年 5 月 22 日，中村修二出生于日本四国岛太平洋沿岸的小渔村。少年时，中村修二喜欢动手，从兼职四国电力公司维修人员的父亲那里，他学会了如何制作玩具，这种动手技能在他今后的工作中发挥了很大的作用。在小学和中学，中村修二的爱好一直是打排球。为了打排球，他牺牲了高中入学考试的时间，但因此差点未能顺利升入高中。升入高中后，他依旧将排球列为首要任务。班主任告诫他，为了考上好大学就必须放弃打排球，但中村修二却认为排球队的友情更为重要，直至毕业仍坚持打排球。过度的打排球让他付出了惨痛的代价：因为其入学考试成绩不足以赢得名校的入学资格，他只能去普通的德岛大学。1973 年，19 岁的中村修二进入德岛大学（图 22.17）。大学第三年，中村修二参加了一个有关半导体的讲座。讲座期间，他被固态材料的物理学吸引了，决定在大学继续攻读硕士学位。随后，他看了大量的理论文章。当时的论文导师是一个实践主义者，告诉他，如果不能制造实际的设备，知道再多理论也没有用。所以在他的回忆中，硕士生活就像小工厂的金属工人一样。尽管他想要的是学习理论，但大部分时间都花在了安装实验设备上。事实上，此时获得的技能，为他今后开发蓝色 LED 奠定了基础。

图 22.17　日本德岛大学

1979 年获得硕士学位后，中村修二加入了日亚化学工业株式会社，当时公司仅有不到 200 人，主要业务为生产彩色电视和荧光灯的荧光粉。这些都是成熟的市场。如果要发展壮大公司，需要新的产品。于是，中村修二被安排的第一份工作是提炼高纯度金属镓，但这是一条死胡同。随后，公司要求他生产用来制造红色和绿色 LED 的磷化镓。当时，公司没有增加设备的预算，所以他不得不到处搜刮零件来制造磷化镓。磷与氧气反应会引起爆炸，他跑来跑去地灭火。头几次，同事还会过来看看他是否平安，几次后，同事们习惯了这种爆炸冲击，也不再来检查。最终，他还是成功地开发了商业级的磷化镓。随后，中村修二被安排制造砷化镓。因为这种材料不仅可以制造 LED，还可以制造半导体激光器，市场潜力更大。与磷不同，砷是不易燃的。然而，这种材料有毒，每次爆炸都会释放出致命的氧化砷气体。中村修二不得不穿上自制的"太空服"。神奇的是，他从来没有因为在这样有毒的环境中工作而受到影响。1985 年，当他开始大量生产砷化镓时，市场已经饱和。销售人员带回的想法是，与其制造 LED 的起始材料，不如直接制造 LED。和以往一样，公司要求他迅速生产出可销售的产品，且没有设备预算。最终，他设法制造了一些 LED 原型，并被送到客户那里进行评估。因为，没有自己的评估设备，他不得不等待数月才能得到数据，然后才能进行改进。他强烈地感受到，如果要进军 LED 业务，必须能够进行自己的评估。在上级驳斥了预算请求后，他直接找了公司创始人，请求提供所需的设备。惊讶的是，创始人立即同意了他的请求。

中村修二决定开发世界上第一个明亮的蓝色 LED（图 22.18）。要做到这一点，需要大笔资金。在得到资金后，他将资金的 2/3 用于购买设备以及建立容纳这些设备的实验室，剩下的资金用于掌握金属有机化学气相沉积技术。1988 年，日亚化学工业株式会社决定派他到佛罗里达州留学一年。这是他第一次出国，甚至担心自己粗浅的英语无法与人交流。当时他已经 34 岁了，而佛罗里达大学的研究人员大多是 20 多岁的博士生。因为没有博士学位，他只能被指定为"客座研究助理"。身边的学者总会问他，发过几篇高水平论文，他只能面露尴尬，哑口无言。

中村修二后来成为加州大学圣塔芭芭拉分校的材料和电子与计算机工程教授，拥有超过 200 项美国专利和超过 300 项日本专利，并在其领域内发表了 550 多篇论文（Nakamura，2015）。因为成功制造出当时世界上最好的氮化镓，他被授予诺贝尔奖。由于害怕失去商业机密，日亚化学工业株式会社禁止员工发表论文或申请专利。所以在日亚化学工业株式会社工作期间，中村修二仅有少量论文在国外期刊发表。不同于大多数诺贝尔奖得主洋溢笑容，中村修二似乎总是在生气。即便是获得 2014 年诺贝尔物理学奖（图 22.19）时，他在获奖照片里依然表现得眉毛倒竖、眼神坚毅。中村修二后来形容自己说："愤怒是我全部的动力，如果不是憋着一肚子气，就不会成功。"（Nakamura，2015）

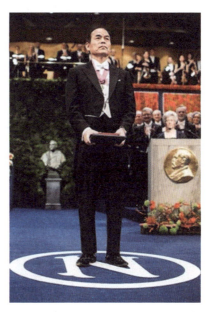

图 22.18　做实验的中村修二　　　　图 22.19　获得诺贝尔奖的中村修二[①]

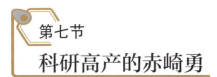

第七节
科研高产的赤崎勇

> > >

　　1929 年 1 月 30 日，赤崎勇出生在日本鹿儿岛县，幼时移居鹿儿岛市上町地区。在鹿儿岛市上完小学和中学，1949 年从旧制第七高等学校造士馆毕业，后进入日本京都大学（图 22.20）理学院学习。1952 年，赤崎勇获得日本京都大学理学学士学位，毕业后进入电子公司——日本神户市户田工业株式会社，负责开发阴极射线管和 β 射线闪烁体的制造工艺。1959 年，赤崎勇进入名古屋大学工作，在工学院电气电子工程学系任助理教授和副教授，并开始了涉及锗的气相外延生长研究。1964 年，获得名古屋大学工程博

---

① Shuji Nakamura Photo Gallery. https://www.nobelprize.org/prizes/physics/2014/nakamura/photo-gallery/ [2022-10-08].

379

第 22 章　发光二极管

士学位后，赤崎勇被松下电器公司的东京研究实验室主任聘任为基础第四研究所所长和松下技研株式会社半导体部总经理，在这里开始研究光电材料和器件。1968 年，他通过气相外延生长开发了世界上电子迁移率最高的高品质砷化镓，并于 1970 年开发出当时最亮的磷化镓红色二极管。1967 年，他开始对氮化铝进行气相外延生长，并通过将反射率拟合到剩余射线带，确定了材料的纵向和横向光学声子的角频率。

图 22.20　日本京都大学

1992 年，赤崎勇从名古屋大学（图 22.21）退休，并被聘任为名誉教授，随后被返聘为位于名古屋市的名城大学教授。1993～1999 年，他领导了日本科技厅赞助的"GaN

图 22.21　名古屋大学

基短波半导体激光二极管的研究与开发"项目。在领导这个项目期间,他还在1995~1996年担任北海道大学界面量子电子学研究中心的客座教授。1996~2001年,他是日本学术振兴会"未来计划"的项目负责人。1996~2004年,他在明治大学担任氮化物半导体高科技研究中心的项目负责人。2003~2006年,他担任由经济产业省赞助的"基于氮化物半导体的无线设备研发战略委员会"主席。2015年,他被任命为名古屋大学的诺贝尔奖纪念馆馆长、名城大学蓝色二极管联合研究中心主任、名城大学分析中心主任。2017年,他被任命为名城大学光器件研究中心名誉主任。

在获得诺贝尔奖前后,赤崎勇多次发表公开演讲。演讲结束后,年轻研究员总是咨询他,如何选择研究主题。他总是睿智地回答:"如果你不知道该做什么,就做你想做的吧。"(Amano,2021)这个答案是他的完美缩影,体现了他一直追随内心。他一生撰写和合著超过730篇国际期刊/会议论文和50本书的章节,并获得了117项与氮化物有关的日本专利和104项国际专利。[①]这些专利取得了相当可观的专利费,这些费用一部分用于名古屋大学的各种活动,一部分用于建设名古屋大学赤崎勇研究所。该研究所于2006年10月20日揭幕,位于名古屋大学东山校区合作研究区的中心位置,其中有着展示蓝光LED研究/开发和应用历史的LED画廊、研究合作办公室、创新研究实验室,以及位于顶层六楼的赤崎勇办公室。2021年4月1日,赤崎勇因肺炎在名古屋市的一家医院去世,享年92岁。

第八节
尾　声

何伦亚克是美国国家工程院、美国国家科学院以及美国艺术与科学院三院院士,俄罗斯科学院外籍院士,IEEE会士,美国物理学会会士。1967~1974年,他曾两度应苏联科学院邀请,访问苏联科学院的实验室。因其工作,他获得了许多奖项,包括 IEEE 莫里斯·N. 利布曼纪念奖(1973年)、IEEE 杰克·A. 莫顿奖(Jack A. Morton Award,

---

① Autobiography of Isamu Akasaki. https://www.meijo-u.ac.jp/english/nobel/autobiography.html[2023-02-01].

1981 年)、IEEE 爱迪生奖章（1989 年）、美国国家科学奖章（1990 年）、美国国家技术奖章（2002 年）、IEEE 荣誉勋章（2003 年）、俄罗斯全球能源奖（2003 年）及伊丽莎白女王工程奖（2021 年）等。

克劳福德是美国国家工程院院士和 IEEE 会士，除德雷珀奖外，他还分别获得美国国家技术奖章（2002 年）、IEEE 莫里斯·N. 利布曼纪念奖（1995 年）、化合物半导体国际研讨会（International Symposium on Compound Semiconductors）韦尔克奖（Welker Award，1997 年）、国际固态照明联盟（International Solid State Lighting Alliance）全球固态照明发展杰出成就奖(Global SSL Award of Outstanding Achievement，2016 年)、IEEE 爱迪生奖章（2017 年）及伊丽莎白女王工程奖（2021 年）等。

杜普依斯是美国国家工程院院士、美国光学学会会士、美国物理学会会士和美国科学促进会会士。除德雷珀奖外，他还分别获得 IEEE 莫里斯·N. 利布曼纪念奖（1985 年）、IEEE 光子学会工程成就奖（Engineering Achievement Award，1995 年）、美国国家技术奖章（2002 年）、IEEE 爱迪生奖章（2006 年）、德国洪堡研究奖（Humboldt Research Award，2013 年）、国际固态照明联盟全球固态照明发展杰出成就奖（2016 年）及伊丽莎白女王工程奖（2021 年）等。

中村修二是美国国家工程院院士，入选美国国家发明家名人堂，因其工作获得了许多奖项，包括 IEEE 杰克·A. 莫顿奖（1998 年）、英国光电子克兰奖（1998 年）、富兰克林研究所本杰明·富兰克林奖章（2002 年）、千禧年科技奖（2006 年）、阿斯图里亚斯王子奖（2008 年）、以色列工程技术学院哈维奖（2009 年）、俄罗斯全球能源奖（2015 年）和伊丽莎白女王工程奖（2021 年）等。

赤崎勇是日本国家科学院院士、美国国家工程院外籍院士、IEEE 会士、日本电气工程师学会名誉会士、日本化学学会名誉会士、日本物理学会名誉会士和 IEEE 终身会士。2004 年，他被日本政府评为文化功勋人物，2011 年由日本天皇亲自授予他日本文化勋章。除德雷珀奖外，他还分别获得中日文化奖（1991 年）、IEEE 杰克·A. 莫顿奖（1998 年）、日本科学技术厅井上春茂奖（1998 年）、英国光电子克兰奖（1998 年）、日本朝日新闻文化基金会朝日奖(2001 年)、日本晶体生长协会杰出成就奖(2006 年)、日本稻盛基金会京都先进技术奖（2009 年）、IEEE 爱迪生奖章（2011 年）、国际信息显示学会卡尔·费迪南德·布劳恩奖（2013 年）和伊丽莎白女王工程奖（2021 年，图 22.22）等。

图 22.22　2021 年伊丽莎白女王工程奖合影者

从左至右：约翰·布朗爵士、中村修二、杜普依斯、查尔斯王子、克劳福德、
高桥一彰（代替赤崎勇）、林恩·格拉登女士

第 23 章

维特比算法
——从局部到全局最优

第二十一届德雷珀奖于 2016 年颁发给了美国电气工程师安德鲁·维特比（Andrew J. Viterbi）（图 23.1），其颁奖词为："以表彰对数字无线通信产生变革性影响且在语音识别和合成以及生物信息学中有着重大应用的维特比算法的开发。"①

图 23.1　安德鲁·维特比（1935～ ）

第一节
维特比算法简介

>>>

维特比算法（Viterbi algorithm）是一种寻找全局最优解的动态规划算法。其中，动态规划是一种通过把复杂的原问题分解为相对简单的子问题的求解方法，在数学、管理科学、计算机科学、经济学和生物信息学中被广泛使用。维特比算法是由维特比（图 23.2）于 1967 年提出的，作为一种特殊但应用广泛的动态规划算法，它最初是一种消除信号干扰的开创性数学公式，主要用于在数字通信链路中求解卷积以消除噪声。

---

① 颁奖词原文：For development of the Viterbi algorithm, its transformational impact on digital wireless communications, and its significant applications in speech recognition and synthesis and in bioinformatics.

图 23.2　工作中的维特比

　　维特比算法的原理是通过计算相应观察序列状态的概率，寻找最可能的隐藏状态序列（称为维特比路径）。例如，在语音识别中，声音信号可作为观察到的事件序列，而文本字符串是隐含的产生声音信号的原因，因此可以应用该算法寻找最有可能的对应声音信号的文本字符串。

　　维特比算法自被发明，即被广泛应用于 CDMA 和 GSM 数字蜂窝网络、拨号调制解调器、卫星、深空通信和 802.11 无线网络中的卷积码解码。现如今也常被用于语音识别、关键字识别、计算语言学和生物信息学。这个精妙的算法，可以把问题的指数复杂度变成线性复杂度，直接把现代数字通信中的解码复杂度降低为原来的万亿分之一，甚至更多。没有这个算法，可能今天的手机打不了电话，计算机硬盘无法工作。

第二节
维特比算法的发明

　　1963 年，博士毕业后的维特比出于对信息论新思想的热爱，进入了加州大学洛杉矶分校（图 23.3），讲授数字通信和信息理论课程。然而，他发现那些用于提高无线电和卫星链路性能的算法太过复杂，难以向学生解释。因此，他想创建一个全新的算法。当时，他提出的革命性算法需要进行数百万次操作，而世界上仅有少数计算机能够满足该

算法的计算需求，且执行计算所需的能量将与粒子加速器的能量相当。尽管如此，维特比仍然直面挑战。1966 年，维特比发明著名的维特比算法，并在次年发表的论文《卷积码的误差界限和渐近最优解码算法》(*Error Bounds for Convolutional Codes and An Asymptotically Optimum Decoding Algorithm*) 中进行了阐述。在该文中，他提出了一种在含噪声的数字通信链路上进行卷积码解码的算法，当时该算法只有少数专家能够阅读和理解。该算法允许用户从一个由已知的、严格制定的、规则支配的、系列变化的结果开始，采用这个结果并进行回溯，扔掉所有根据规则不可能导致观察到的结果的分支。该算法不会去分析所有结果分支中所有可能的消息，而是迅速找到最可能的消息，并在每一层中丢弃越来越多的可能性。

图 23.3　加州大学洛杉矶分校

当创建该算法系统时，维特比特别关注编码信息的电子信号。为了传输信息，使其不会因噪声而降级或丢失，在一个称为纠错编码的过程中，在发射器上添加了额外的"冗余"信息。进入接收器的结果是一个脉冲的、杂乱的 1 和 0 比特流。这些信号不是清晰的 0 和 1，而接收器必须尽可能地将其指定为 0 和 1 的滑动尺度上的数值。因为维特比算法，无线电波的那种浮动的、混乱的信号可以产生清晰、完整的信息，而其中的关键在于传入信息的时间序列，每组位序列都按其到达顺序进行标记(Viterbi，2006)。

在维特比发表算法时，即使是相对较浅的解码，计算机也无法胜任。随着计算能力的增长，维特比算法成为一种强大、有用的工具，可确保卫星链路上的无静电语音通信，而手机则是其目前展示的"撒手锏"级应用。为了认可维特比的贡献，后来该算法以其名字进行了命名。凭借该算法，维特比奠定了自己在数字通信中不可替代的地位。

美国国家工程院当值主席莫特评价维特比的工作时表示："维特比开发了维特比算法，用于增强电信中的纠错码。该算法通过计算电信信号最可能的路径来消除信号传输中的静电干扰，从而帮助人们迎来手机时代。今天，维特比算法在不断发展的应用中无处不在。该算法在我们生活中的重要地位，在很大程度上归功于安德鲁·维特比应用和推广其开创性方法的能力。"[①]

第三节
匠心独运的安德鲁·维特比

1935 年 3 月 9 日，维特比出生在一个意大利的犹太人家庭，最初居住在意大利米兰东北部的贝加莫。1938 年，意大利法西斯政权通过了新的种族法，目标瞄准迫害意大利的小规模犹太人。父亲提前得到可靠消息，并带领家人顺利逃亡。1939 年 8 月 27 日，父母带着年幼的维特比在纽约安全着陆，随后住在一位表亲那里。逃亡过程在维特比心中埋下了跨越政治和地理边界进行沟通的想法。两年后，他们一家搬到了波士顿。10 岁的维特比经常从位于波士顿的简陋的家中凝视查尔斯河的对岸，想象自己就读于举世闻名的 MIT：对于一个六年前全家逃离意大利法西斯的男孩来说，这是一个伟大的梦想，但对于已经目标明确的人来说，这个梦想并非遥不可及。

定居波士顿后，维特比起先就读于波士顿拉丁高中，这是美国最古老的学校，也是本杰明·富兰克林（Benjamin Franklin）和肯尼迪的母校。维特比非常努力地学习，最后在 225 名学生中以第四名的优异成绩毕业。1952 年，他顺利进入 MIT，并从维纳、

---

① 出自德雷珀奖官方视频（https://www.nae.edu/166244/Resources#tabs）。

香农、布鲁诺·罗西（Bruno Rossi）、罗伯托·法诺（Roberto Fano）等著名学者那里学习电子学和通信理论，三年后获得 MIT 电子工程的学士学位。1956 年，他与妻子埃尔娜·芬奇（Erna Finci）相识、相爱并结婚（图 23.4）。1957 年获得 MIT 硕士学位后，维特比和家人搬到了国防工业巨头所在地的加州。随后，他加入了加州理工学院的喷气推进实验室。当时，该实验室还仅是通信和卫星控制系统中心，但很快成为新成立的 NASA 的一部分。在那里，他在一个团队中专门研究"扩频"系统的通信技术，该团队为美国第一颗人造地球卫星"探索者 1 号"（Explorer 1）设计了遥测设备。当时，该团队面临着尽可能准确、快速处理和传输来自太空的信息包的挑战，从这项工作中，维特比为他的博士论文选取了有关纠错码的主题，并于 1963 年获得南加州大学数字通信专业博士学位。

　　1967 年春天，在一次加州的电信会议上维特比遇到了同为犹太人的欧文·M. 雅各布斯（Irwin M. Jacobs，图 23.5）。两人都对组建咨询公司感兴趣。随后，他们每人投资 500 美元创立了林卡比特（Linkabit）公司。后来，该公司在为政府计算机提供软件服务和使用维特比算法执行模拟工作中不断发展壮大。到 20 世纪 70 年代，林卡比特公司开始为使用超大天线的国防通信卫星提供技术支持。

图 23.4　维特比和妻子芬奇

图 23.5　雅各布斯（左）和维特比（右）

　　从通信卫星发送的大量数据需要高效的集成电路，远比当时可用的集成电路要复杂，而从维特比算法中衍生的复杂传输系统也逐渐达到技术极限。为解决此问题，维特比想出了一个突破性的计算机来完成任务，并将其称为"微处理器"。凭借这一工作，维特比的名声和他的公司迅速声名鹊起。1980 年，林卡比特公司与和康电讯（MACOM Technology Solutions）公司合并，仅保留了一个独立的部门。该部门很快研究出构成私有卫星通信网络基础的甚小口径天线终端（VSAT）。1985 年，VSAT 被出售给休斯飞机公司。维特比有了新的梦想，随后他和雅各布斯创立了著名的高通（Qualcomm）公司（图 23.6），开始开发和制造卫星通信及数字无线电话。1985 年，当高通公司成立时，维特比因其创新理念以及将科学发现转化为盈利企业的非凡能力而享誉全球。

图 23.6　位于加利福尼亚州圣迭戈的高通公司总部

20 世纪 90 年代，维特比再次利用他的扩频技术知识，和同事为蜂窝电话设计了一种新的传输技术——CDMA，该技术可同时为多个用户提供同步接入服务，并有着更少的干扰和更高的语音和数据安全性。根据他的计算，该网络的容量可以比传统的模拟系统大 10～20 倍。不久之后，包括太平洋电信公司、摩托罗拉公司和美国电话电报公司在内的旗舰电信公司都投资了这项实验技术。到 2000 年，世界上有 5000 万部支持 CDMA 的手机，使 CDMA 成为主导的手机标准。维特比后来说："这是团队的努力，我为我所扮演的角色感到自豪。"（USC Viterbi School of Engineering，2016）

在此期间，他仍然迷恋于学术，并在加州大学圣迭戈分校（University of California, San Diego）兼职教学。1994 年，他成为加州大学圣迭戈分校的名誉教授。加州大学于 1986 年授予他南加州大学工程学院杰出校友奖，并于 1996 年再次授予他研究生院钻石庆典校友奖，以表彰他的创新精神。2000 年，他加入了南加州大学董事会，同时以色列理工学院邀请他成为电气工程的杰出访问教授。2000 年 3 月，时年 65 岁的维特比辞去高通公司副董事长兼首席技术官的职务，开始新的创业，他说："现在是翻开一页、拓宽视野的好时机。"随后他创立并担任维特比集团有限责任公司的总裁，该公司为涉及无线通信、网络基础设施、语音识别和数字录音的初创公司提供咨询和投资服务（USC Viterbi School of Engineering，2016）。

第四节
尾　声

> > >

维特比出版了两本专著（图 23.7）——《CDMA：扩频通信原理》（*CDMA: Principles of Spread Spectrum Communication*，1966 年）和《数字通信和编码原理》（*Principles of Digital Communication and Coding*，1973 年），获得了美国、加拿大、意大利和以色列大学的荣誉博士学位，并在日本、德国、意大利和美国获得其他方面的荣誉。维特比是美国国家工程院、美国国家科学院及美国艺术与科学院三院院士。1997～2001 年，维特比在美国总统的信息技术咨询委员会任职，并且自 1983 年以来，一直活跃在 MIT 电气工程和计算机科学的访问委员会。维特比是北美意大利科学家和学者基金会的创始成员、南加州大学工程学院理事会成员、伯克利的数学科学研究所的理事、加州大学校长以及国家实验室委员会的成员。2002 年，维特比在母校波士顿拉丁高中设立了安德鲁·维特比计算机中心。2004 年 3 月 2 日，维特比向南加州大学捐赠了 5200 万美元，南加州大学举行了盛大的捐赠仪式，南加州大学校长史蒂文·B. 桑普尔（Steven B. Sample）、维特比及其妻子、工程院院长 C.L. 马克思·尼卡斯（C.L. Max Nikia）等人最后合影留念（图 23.8），随后南加州大学将工程学院更名为维特比工程学院（图 23.9）。

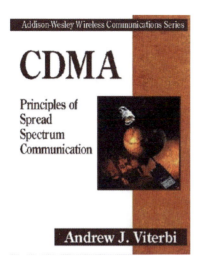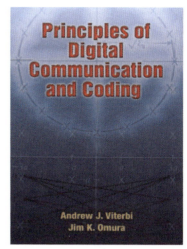

（a）《CDMA：扩频通信原理》　　　　　（b）《数字通信和编码原理》

图 23.7　维特比的著作

图 23.8　捐赠仪式上的合影
从左至右：南加州大学校长、维特比妻子、维特比及南加州大学工程学院院长

　　1975 年，意大利国家研究委员会授予他最高学术荣誉之一的克里斯托弗·哥伦布奖
（Christopher Columbus Award）。1998 年，他获得 IEEE 信息理论学会（Information Theory
Society）金禧科技创新奖（Golden Jubilee Awards for Technological Innovation）。2005 年，
他被授予富兰克林研究所本杰明·富兰克林奖章。2007 年，维特比获得了 IEEE/RSE 詹
姆斯·克拉克·麦克斯韦奖章（James Clerk Maxwell Medal），以表彰他推动无线通信发
展的基础性贡献、创新和领导能力。2008 年，因发明维特比算法，维特比入围千禧年科
技奖，并获得 115 000 欧元的奖金和奖杯。2008 年 9 月，他获得美国国家科学奖章，2010

第 23 章　维特比算法

年获得 IEEE 荣誉勋章，同年获得洛杉矶意大利文化学院（Italian Cultural Institute，IIC）颁发的终身成就奖。2011 年，他获得美国工程学会联合会约翰·弗里茨奖章，2013 年入选美国国家发明家名人堂。2017 年，维特比获得 IEEE 里程碑奖（Milestone Award），以表彰他推动移动产业的 CDMA 和扩频发展。

图 23.9　南加州大学维特比工程学院

第 24 章

C++编程语言
——学习门槛最高的编程语言

第二十二届德雷珀奖于 2018 年颁发给了丹麦计算机科学家比雅尼·斯特劳斯特鲁普（Bjarne Stroustrup）（图 24.1），其颁奖词为："以表彰构思和开发 C++编程语言。"①

图 24.1　比雅尼·斯特劳斯特鲁普（1950～　）

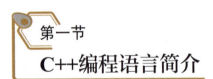

第一节
C++编程语言简介

　　C++（图标见图 24.2）是一种基于 C 编程语言扩展的通用编程语言，但比 C 语言更容易为人们学习和掌握。该语言的设计面向系统编程以及嵌入式、资源受限的软件和大型系统，具有性能稳定、效率高和使用灵活的设计亮点。该语言既可以实现 C 语言的过程化程序设计，又可以进行以抽象数据类型为特点的基于对象的程序设计，还可以进行以继承和多态性为特点的面向对象的程序设计。与主要作为科学计算语言的 FORTRAN 比较，C++是一种全功能的、面向对象的语言，提供对继承和多态性的支持。FORTRAN 是通过类和模块语法元素的组合来模仿一些面向对象的特性，缺乏继承性，不允许像 C++那样重复使用代码。此外，FORTRAN 的附加特性可以通过类库的开发包含在 C++ 中。相比之下，在 FORTRAN 中加入 C++的附加特性则需要进一步开发 FORTRAN 的语

---

① 颁奖词原文：For conceptualizing and developing the C++ programming language.

法。FORTRAN 缺少的一个关键的特性是模板，而使用模板，C++程序员可以构建可移植、可重用的代码。

图 24.2   C++图标

C++最初于 1998 年由国际标准化组织（ISO）标准化，命名为 ISO/IEC 14882:1998，随后修订标准为 C++03、C++11、C++14 和 C++17。自 2012 年以来，C++一直处于三年一次的发布计划中，C++23 是下一个计划的标准。截至 2021 年，C++在 TIOBE 编程社区指数（TIOBE programming community index）中排名第四，排在 C 语言、Java 和 Python 等语言（图 24.3）之后。

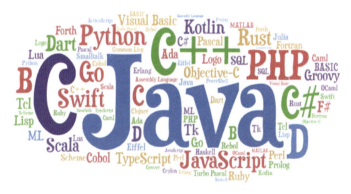

图 24.3   各种编程语言

C++的主要优势是软件基础平台和有限资源应用程序的开发，其应用环境包括桌面应用、视频游戏、服务器（如电子商务、网络搜索或数据库）和性能关键型应用（如电话交换机或太空探测器）。C++几乎总是作为一种编译语言来应用的，包括自由软件基金会、LLVM、微软公司、英特尔公司、甲骨文和 IBM 公司等众多公司都支持 C++编译器，因此该语言可以在许多平台使用。

第二节
C++编程语言的开发过程

398

1946 年 2 月 14 日，世界上第一台计算机埃尼阿克（ENIAC）诞生，该计算机使用了最原始的穿孔卡片。穿孔卡片上记录了与人类语言差别极大且仅有少数专家能够理解的语言，这种语言被称为机器语言。机器语言是第一代计算机语言，这种语言本质上是仅有计算机能够直接识别的二进制码。为了便于人类理解，第二代计算机语言发展了使用助记符代替操作码、使用地址符号或标号代替地址码的汇编语言。汇编语言用符号代替了机器语言的二进制码。相比机器语言，汇编语言的复杂性大大简化，但仍难以解决复杂的问题，且比较容易出错。第三代计算机语言发展出"面向人类"的高级语言。这种语言是一种更接近于人们使用习惯的程序设计语言。该语言允许用英文书写计算程序，程序中的符号和算式也与日常用的数学式子差不多。20 世纪 70 年代，流行的高级语言已经开始固化在计算机内存中，比如初学者通用符号指令代码（Beginners' All-purpose Symbolic Instruction Code，BASIC，又译培基）语言。第三代语言中，C 语言是最重要的，可以称为"现代语言的鼻祖"。C 语言既具有高级语言的特点，又具有汇编语言的特点。

1979 年，丹麦计算机科学家斯特劳斯特鲁普希望开发一种类似于 C 语言的高效和灵活的语言，同时为程序提供高级功能，因此展开了"带类的 C"的工作，这是 C++的前身。创造这种新语言的动机源于他在博士论文工作中的编程经验。他发现仿真编程语言 Simula 的功能对大型软件的开发很有帮助，但该语言的速度太慢，不适合实际使用，而基本组合程序设计语言 BCPL 的速度很快，但太低级，不适合大型软件的开发。当开始在美国电话电报公司贝尔实验室工作时（图 24.4），他遇到了分析 UNIX 内核与分布式计算有关的问题。考虑到相关的博士经历，鉴于 C 语言是当时通用的、快速的、可移植的和广泛使用的语言，斯特劳斯特鲁普着手用类似 Simula 的功能来增强 C 语言。

最初，斯特劳斯特鲁普开发的"带类的 C"为 C 语言编译器 Cpre 增加了一些功能，包括类、派生类、强类型化、内联和默认参数。1982 年，斯特劳斯特鲁普开始开发"带类的 C"的后续版本，在经过多个名称的修改后，最终该语言被命名为"C++"。C++引入了新的功能，包括虚拟函数、函数名和运算符重载、引用、常量、类型安全的自由存

图 24.4　斯特劳斯特鲁普在美国电话电报公司贝尔实验室（2000 年）

储内存分配（new/delete）、改进的类型检查，以及 BCPL 风格的单行注释与两个正斜线（//）。此外，斯特劳斯特鲁普还为 C++开发了一个新的、独立的编译器 Cfront。

　　1984 年，斯特劳斯特鲁普利用 C++实现了第一个流输入/输出库。1985 年，《C++程序设计语言》（*The C++ Programming Language*）第一版发布，由于当时还没有官方标准，该书成为该语言的权威参考资料。同年 10 月，C++的第一个商业版本发布。1989年，C++2.0 发布，随后在 1991 年发布了《C++程序设计语言》的第二版。C++2.0 的新特性包括多重继承、抽象类、静态成员函数、常量成员函数和受保护成员。1990 年，《注解的 C++参考手册》出版。这项工作成为未来标准的基础。后来增加的功能包括模板、异常、命名空间、新的转换和布尔类型。1998 年，标准化的 C++98 发布，并在 2003 年发布了更新版本（C++03）。在 C++98 之后，C++的发展相对缓慢，直到 2011 年，C++11 标准发布，增加了许多新功能，进一步扩大了标准库，并为 C++程序员提供了更多的便利。在2014 年 12 月发布的 C++14 更新后，C++17 中又引入了各种新的功能。C++20 标准的草案于 2020 年 9 月 4 日被批准，并于 2020 年 12 月 15 日由 ISO 正式发布 ISO/IEC 14882:2020（Stroustrup，1996，2020）。

　　美国国家工程院当值主席莫特在评价斯特劳斯特鲁普的工作时表示："斯特劳斯特鲁普是 C++的设计者和最初制定者。自 1985 年 C++首次发布后，斯特劳斯特鲁普通过参与 C++ISO 标准化的研究以及出版有关 C++的书籍和学术论文引导着 C++的发展。他通过在 C++中引入面向对象编程、泛型编程以及工业规模的通用资源管理等软件开发技

第 24 章　C++编程语言

术彻底改变了软件行业。"[①]

第三节
"C++之父"——比雅尼·斯特劳斯特鲁普

　　1950 年 12 月 30 日,斯特劳斯特鲁普出生于丹麦第二大城市奥胡斯的一个工人家庭,在当地一所学校接受中学教育。1969 年, 他进入丹麦奥胡斯大学, 并于 1975 年获得数学和计算机科学硕士学位。大学里, 他对微程序设计和机器体系结构感兴趣, 并从挪威计算机科学家克利斯登·奈加特 (Kristen Nygaard) 那里学习面向对象编程的基础知识。1979 年, 他获得英国剑桥大学计算机科学博士学位。随后, 他在新泽西州默里希尔的美国电话电报公司贝尔实验室计算机科学研究中心开始自己的职业生涯。在那里, 他设计和实现了 C++。从美国电话电报公司大型程序设计研究部成立至 2002 年, 他一直担任研究部负责人职位。此后, 他在得克萨斯农工大学以特聘教授身份任教和研究。自 2014 年以来, 他一直担任纽约市摩根士丹利 (Morgan Stanley) 公司 (图 24.5) 技术部门的董事总经理和哥伦比亚大学的客座教授。

图 24.5　国际金融服务公司——摩根士丹利公司

---

　　① 出自德雷珀奖官方视频 (https://www.nae.edu/166244/Resources#tabs) 。

谈起为何选择计算机科学时，斯特劳斯特鲁普觉得学习计算机科学或多或少有些巧合。实际上，他原想学习应用数学，因为应用数学是一门技术性和实用性很强的学科，所以起初他选择了数学与计算机科学专业，并期望从这门专业中仅学习一些应用数学的知识，而没有过多关注该专业的计算机部分。但事实后来证明，选择数学与计算机科学专业的决定非常正确。因为他不仅没有成为人们固有观念中的理论数学家，而且他发现机器架构、操作系统和编程语言比数学上的"函数分析"更令他兴奋。

谈到自己所作的决定，斯特劳斯特鲁普（图 24.6）觉得是好奇心带来了机会。当时他正面临是否读博，还并不知道博士意味着什么，只是觉得值得尝试一下，看看自己是否能做到。后来，兴趣让他沉浸在计算机学科这个领域中。并且，正是博士学位为他打开了新泽西州贝尔实验室的大门。贝尔实验室是一个令人惊叹的地方，满足了他渴望从事计算机科学和系统建设的想法。在那里，他学到了很多东西。他认为自己很幸运，无意的选择为他带来了良好的教育和信心准备，最后因 C++ 声名鹊起。

图 24.6　斯特劳斯特鲁普的讲课

在开发 C++ 之前，斯特劳斯特鲁普没有为自己定下专门研究编程语言的目标。只是好奇，自己能不能开发一套指令来支持更好的计算机系统。相对于大多数同学，他对硬件和微程序设计更感兴趣。然而，好奇心将他引向博士论文的工作，论文的重点是如何在分布式系统中提供硬件支持和通信。后来，在贝尔实验室工作时，他改变方向为使用软件来创建支持，因为在硬件中创建对抽象的支持过于僵化和缓慢，而 C++ 编程语言正可同时支持计算机系统中的多个层次。

谈到能力的问题时，斯特劳斯特鲁普认为所受教育的广度是一个非常重要的因素，从不同的方面可以学到许多不同的东西。硕士毕业后，他先是研究硬件系统，接着是开发操作系统，最后是做编程语言。他记得：在学习"代数"这门课时，他认为这是一门奇怪的数学知识，是那种他从未期望在以后职业中使用的知识。然而，当开始研究 C++ 时，结果证明代数在分析编程语言方面派上了用场。更关键是，如果当初他没有学习机器结构、编程语言、编译器、数据结构等，就不会有着今天的成就。尽管在学习"代数"期间，他对很多内容都不太感兴趣，但正是这些内容奠定了他以后工作的基础。

对于未来计算机专业学生的建议，他觉得需要保持好奇心，尽量吸收所学的基础知识，即使那些知识现在看起来与自己无关。一旦时机成熟，人们就会发现自己正处于一个潜在且令人兴奋的境地，并亟须将以前学到的东西付诸实践。然而，现实中大多数人从小就被灌输需要有明确的目标，清楚地知道为了什么而奋斗，需要接受什么样的教育、工作和课程。但根据他的经验，这是没有必要的负面东西，职业道路是不断发展的，会将个人带到无法预料的方向。因此需要时刻保持好奇心，从而抓住路上的机会。十年后的事情难以预料，但人们可以通过学习机器架构、算法、数据结构和操作系统中的基本概念和技术来增进个人的"硬实力"，并多培养一些理解别人的问题、设身处地为他人着想的"软实力"。

斯特劳斯特鲁普的研究兴趣包括分布式系统、设计、编程技术、软件开发工具和编程语言。为了使 C++ 成为现实世界软件开发的稳定和最新基础，多年来他一直是 ISO C++ 标准工作的领军人物。他对 C++ 语言的推广做出了极大的贡献，他的书《C++ 程序设计语言》（图 24.7）已经成为这种语言中最为流行的学习资料，至少被翻译成 18 种语言。除专业研究领域外，他对历史、通俗文学、摄影、运动、旅行和音乐等有着广泛的兴趣（图 24.8）。[①]

---

① Interviews with Bjarne Stroustrup. https://www.stroustrup.com/interviews.html[2022-12-09].

图 24.7　《C++程序设计语言》

图 24.8　斯特劳斯特鲁普的讲座

第四节
尾　声

20 世纪 90 年代以后，斯特劳斯特鲁普开始步入人生的最辉煌时期。1990 年，他荣获《财富》杂志评选的"美国 12 位最年轻的科学家"称号。1993 年，他入选 ACM 会士并获得 ACM 格蕾丝·默里·霍珀奖（Grace Murray Hopper Award）。1995 年，*Byte* 杂志颁予他"近 20 年来计算机工业最具影响力的 20 人"的称号。2002~2006 年，他还担任了西安交通大学的名誉教授。2004 年，他获得 IEEE 计算机学会计算机企业家奖，以表彰他在面向对象编程技术的开发和商业化方面的先驱工作，以及它们在商业和工业中促成的深刻变革。2004 年，他入选美国国家工程院院士。2005 年，他成为 IEEE 会士，并以有史以来第一位计算机科学家的身份，获得美国科学研究协会的威廉·普罗克特科学成就奖（William Procter Prize for Scientific Achievement）。2013 年，他入选美国电子设计名人堂。2015 年，他入选计算机历史博物馆名人录。2017 年，他获得英国工程与技术学会的法拉第奖，以表彰他对计算历史的重大贡献，尤其是 C++编程语言的先驱工作。2018 年他获得 IEEE 计算机学会的计算机先驱奖。2018 年，他获得第二十二届德雷珀奖（图 24.9）。

图 24.9　斯特劳斯特鲁普获得德雷珀奖[①]

① Computer Science Pioneer Receives Draper Prize, Engineering's Top Honor. https://www.draper.com/news-releases/computer-science-pioneer-receives-draper-prize-engineering-s-top-honor[2022-10-08].

第25章

化学放大型光刻胶
——半导体工业的明珠

第二十三届德雷珀奖于 2020 年颁发给了美国化学家格兰特·威尔森（C. Grant Willson）和法裔美籍化学家让·弗雷谢（Jean Fréchet）（图 25.1），其颁奖词为："以表彰对用于微、纳米制造的化学放大材料的发明、开发和商业化，从而实现微电子设备的极端小型化。"[①]

（a）格兰特·威尔森（1939～）　（b）让·弗雷谢（1944～）

图 25.1　第二十三届德雷珀奖获奖者

第一节
化学放大型光刻胶简介

> > >

　　化学放大型光刻胶是一种通过链式反应提高光化学反应效率、增强光刻胶感度的光敏聚合物材料。光刻胶按照化学结构不同，可分为光聚合型、光分解型、光交联型和化学放大型，是具有光化学敏感性的混合液体。光刻胶通过光化学反应，经过曝光、显影等光刻工艺，将所需要的微细图形从掩模版转移到待加工的基片上，是半导体制造业光刻工艺的关键材料。它使得芯片可以根据需要来设计，并且可以使用更短的波长和更低强度的光来制造，提供了相对于其尺寸而言更密集的特性和更强大的功率。按性质，化

---

　　① 颁奖词原文：For the invention，development，and commercialization of chemically amplified materials for micro- and nanofabrication，enabling the extreme miniaturization of microelectronic devices.

学放大型光刻胶可分为正性光刻胶和负性光刻胶，正性光刻胶暴露于光的部分变得可溶于光刻胶显影剂，未曝光部分不溶于光刻胶显影剂；负性光刻胶与此相反。通常在光刻工艺中，光刻胶以薄层的方式覆盖于平面基材（如硅晶片）表面，经过预定形态的光照曝光，光照区域的材料发生光化学反应，改变材料的溶解度，从而使曝光或未曝光的区域材料选择性地溶解在后续蚀刻处理的化学溶液中，露出基片表面（图25.2）。

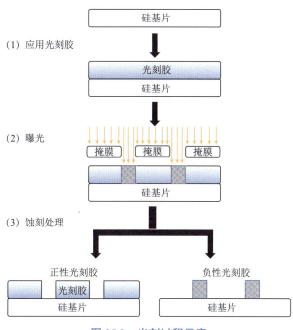

图 25.2　光刻过程示意

　　化学放大型光刻胶的发明源于半导体工业中的先进曝光系统的光源强度问题。当时，为了生产尽可能小的电路，先进的光刻曝光系统经常采用短于 200 nm 波长的深紫外光源，或波长接近 13 nm 的软 X 射线光源。然而这些光源强度比较弱，需要采用化学放大的概念提高光的利用效率。因此催生了使用光化学反应产生的酸作为催化剂，引发光敏聚合物材料中的一系列化学转变的技术，从而为光刻提供一种增益机制。化学放大材料主要包含 4 种成分：提供光刻胶大部分特性的聚合物树脂、提供对紫外光敏感的光酸产生剂、提供曝光前和曝光后溶解度转换的溶解抑制剂。当光刻胶被紫外线光照后，其中的光酸产生剂会发生分解，并在光刻胶膜层中产生少量光酸。这种生成的光酸能够引起并反复催化溶解抑制剂的脱保护反应。每一次光酸的产生都会发生一百到一千次脱保护反应，由此形成"化学放大"（图25.3）。

第 25 章　化学放大型光刻胶

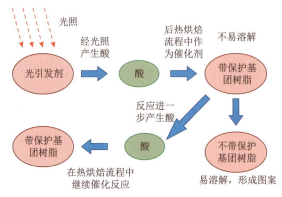

图 25.3 化学放大原理示意图

化学放大型光刻胶发明后，首先被运用于军事、国防设备中的高性能集成电路、光学、传感、通信器材等的加工制作，因此发达国家以前一直将该材料作为战略物资加以控制。1994 年，巴黎统筹委员会（对社会主义国家实行禁运和贸易限制的国际组织）解散前，光刻胶都被列为禁运产品。目前尽管放松了管制，但最尖端的光刻胶产品依然是发达国家的管制对象。在当前及未来很长一段时间，化学放大型光刻胶仍将显著地影响半导体工业的发展。

第二节
化学放大材料的发展过程

20 世纪后期，随着数字时代的到来，功能日益强大且数量众多的个人计算机及互联网络成为工作、通信和文化生产的重要组成部分。这些个人计算机在很大程度上取决于两种关键的电子器件：CPU 和动态随机存储器。这些电子器件基本都是半导体硅基集成电路，它们的存在和发展归功于创建它们的制造工艺不断发展。先进的制造工艺不断突破电子器件微型化的极限。几十年来，光刻技术一直是在硅晶片（图 25.4）上构建电子器件集成电路的核心制造工艺。在光刻的构图中，硅晶片上沉积的材料之一是称为光刻胶的聚合物薄层。曝光时，特定波长的光线穿过含有图案的模具投射到光刻胶上。暴露在光线下的光刻胶区域发生化学反应，使其更容易或更不容易在随后的化学蚀刻过程中被移除。化学蚀刻后，转移到光刻胶上的模具图案被转移到更下面的膜层。集成电路正是通过这种膜层间图案转移及其他物理过程的多次迭代而产生的。因此光刻胶在光刻工艺中非常关键。

图 25.4　硅晶片①

20 世纪 70 年代末，光刻过程分别使用波长在 400～315 nm 的近紫外和 315～280 nm 中紫外范围的光。为继续保持摩尔定律所描述的微型化、功能指数级增长和成本的大幅下降的态势，需要转向波长为 248 nm 或更短的波长，实现更小的集成电路图案。向深紫外光（图 25.5）的飞跃需要显著的材料创新和光刻胶技术的巨变。20 世纪 80 年代，IBM 公司为此目的创造了一种全新的光刻胶——化学放大型光刻胶，随后主导了全球的半导体制造市场。

图 25.5　深紫外光刻示意图（Ritchey，2016）

---

① Tale of a Silicon Wafer. https://www.okmetic.com/about-okmetic/tale-of-a-silicon-wafer/[2022-10-08].

1977 年，半导体行业面临迫在眉睫的问题，即用于 16 K 动态随机存储器的现有光刻工具是否可以再次用于即将到来的 64 K 动态随机存储器，甚至可能用于 256 K 动态随机存储器。生产更小图案特征的能力取决于工具中的光源波长：波长越短，生产的图案特征越小。现有的光刻工具使用近紫外区域的 365 nm 波长的光源，并在涂有光刻胶的硅片上曝光图案。能否修改现有的光刻工具和光刻胶，使其能够适用更短波长的光源是一个核心问题，如果做出改进，相比于开发新的光刻工具和光刻胶，将节省数百万美元（Brock，2007）。

在化学放大型光刻胶的发明中，威尔森和弗雷谢共同提出了化学放大的概念，并且分别在领导开发光刻胶材料、合成多种化学放大候选材料方面做出了重要贡献。

美国国家工程院当值主席约翰·安德森（John Anderson）在对他们的工作评价时表示："只要看看你的手机、电脑或者许多其他由这种光刻胶材料制作出来的数字设备，你就能看到他们工作的切实影响。"[1]

值得一提的是，伊藤博（Hiroshi Ito，1946—2009）对威尔森和弗雷谢的实验进行了改进并显著提高了化学放大的效率，但他于 2009 年 6 月因病去世，未能荣获德雷珀奖。

一、格兰特·威尔森的贡献

延长光刻工具和光刻胶的寿命是威尔森加入 IBM 公司时所面临的重大挑战。尽管半导体业界普遍认为直接使用更短波长能够实现所需器件的微型化，但威尔森所在的聚合物小组正在探索将现有近紫外光刻技术扩展到动态随机存取内存制造上。他们认为，采取"中间（当前近紫外和未来深紫外的中间）波长"扩展现有光刻工具是一个机会。这个中间步骤将延迟对新工具和光刻胶改装工厂的需求，节省大量开支，并同时为研究人员赢得时间，实现最终迁移到深紫外所需的更彻底的发展。威尔森在光刻胶上做出的第一个巨大成功是开发出标准类型的近紫外光刻胶的改进版，即重氮萘醌（DNQ）-酚醛树脂光刻胶。该光刻胶被调整为适用于 313 nm 的光源且与现有的光刻设备兼容。威尔森的专有光刻胶被用于传统的近紫外光刻技术，并在短短几年内覆盖了 IBM 公司的半导体制造。这种光刻胶扩展了 IBM 公司现有工具的使用范围，并增加了设备的性能

---

① 出自德雷珀奖官方视频（https://www.nae.edu/166244/Resources#tabs）。

优势，以巨大的成本节约为 IBM 公司带来了竞争优势。威尔森确立了自己在 IBM 公司光刻胶方面的领导地位。

随后威尔森开始关注更具挑战性的前景：向深紫外光发展（仪器见图 25.6）。此时，IBM 公司正期待着向其工厂交付新的光刻工具。该工具使用汞灯，产生强度峰值为 365 nm、313 nm 和 248 nm 的紫外光辐射，使用适当的过滤器可使该工具能够在任一波长下工作。248 nm 的波长处于深紫外区，但在该波长下，发出的光量仅为在其他紫外区的 1/30。这种光源相对暗淡的情况给研究人员带来了严峻的挑战。现有的光刻胶没有足够的灵敏度来感应如此低的光强。尽管提高曝光时间来解决这个问题是可能的，但从经济上行不通。IBM 公司的研究人员面临两个选择：为光刻工具设计一种在 248 nm 紫外光下亮度是原来 30 倍的新灯，或者发明一种对 248 nm 光敏感度比 DNQ-酚醛树脂高 30 倍的光刻胶。

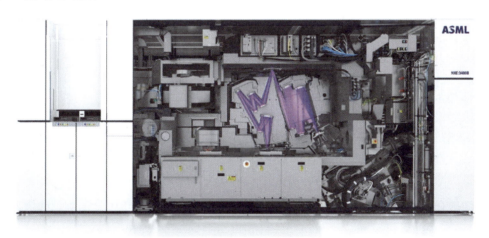

图 25.6　阿斯麦（AMSL）深紫外光刻机

威尔森专注于来自化学方面的挑战：他设想创造出一种新的光刻胶，其灵敏度是原来的 30 倍。1979 年，他与休假访问 IBM 公司的科学家弗雷谢讨论了这种情况。讨论中，他们总结出所需创新的本质：链式反应。他们设想了一种光刻胶，其中的光化学反应可以产生级联的链反应。光刻胶的化学成分将放大光化学反应的影响，产生所希望的敏感性。

二、让·弗雷谢的贡献

弗雷谢迅速提出一种特定的聚合物作为可能用于此类系统的候选材料：聚苯二醛

（PPHA，分子式见图 25.7）。这种聚合物链在室温下不稳定，倾向于解压、裂解。稳定该聚合物的唯一方法是在 200℃ 的高温下用一个化学基团封盖住该聚合物链。然而聚合物链和封盖化学基团都非常容易被酸所裂解。弗雷谢和威尔森考虑了辐射直接破坏聚合物骨架中的化学键导致 PPHA 裂解的可能性。一旦裂解开始，聚合物将在链式反应中解开。

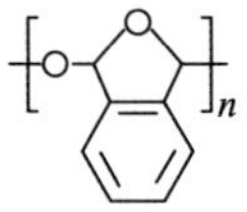

图 25.7　聚苯二醛分子式$(C_8H_6O_2)_n$

弗雷谢合成了 PPHA 样品，以供他和威尔森使用。然而，弗雷谢不可能在他的休假访问结束前完成这个项目。弗雷谢催促威尔森去纽约州立大学环境科学和林业学院的化学系进行招聘，弗雷谢曾在那里获得博士学位。在那里，威尔森遇到了获得日本东京大学聚合物化学博士学位的研究助理伊藤博。伊藤博与弗雷谢一样，对合成 PPHA 所需的特殊技术富有经验。威尔森给伊藤博提供了博士后职位，1980 年夏天，伊藤博加入了威尔森的实验室。

三、小节

伊藤博接替了弗雷谢的工作，首先用新的方法合成 PPHA，以生产出一种对温度更稳定的聚合物。伊藤博对新合成的 PPHA 进行辐照，尽管有链式反应，但裂解强度不够。随后伊藤博将光酸发生器（PAG）混合到 PPHA 中，并将混合物暴露在深紫外光下。PAG 在曝光时会产生酸性化合物。由于 PPHA 链和其封盖基团都可以被酸裂解，伊藤博原本认为，PAG 将会引发所需的链式反应。然而结果表明，PPHA 只解开了一半，效果仍然不够好。

伊藤博不得不寻找一种可以添加到 PPHA 中的 PAG，一种比传统 PAG 对温度更稳定且产生更强酸的 PAG。此时，明尼苏达矿业及机器制造（3M）公司开发了一类新的基于锍盐化合物的 PAG。这些 PAG 会产生明显的强酸，而且还具有在高温下稳定的优点。这些新的 PAG 在聚合物化学方面具有广泛的应用潜力。此外，当时美国通用电气公司化学家詹姆斯·克里维洛（James Crivello）发明了三苯基六氟锑酸硫锍盐（TPSHFA），用于环氧树脂的紫外线诱导聚合或"固化"。这种锍盐会产生一种强酸，催化聚合反应。

伊藤博看到了希望，尝试在 PPHA 光刻胶系统中，采用锇盐 PAG 引发强烈的裂解连锁反应。首次测试新型 PPHA 和克里维洛的 PAG 混合物作为深紫外光刻胶时的结果是非凡的。在新的锇盐 PAG 和比传统光刻技术使用的紫外线强度低 100 倍的情况下，PPHA 同样可以迅速并完全裂解。不仅如此，混合物的曝光区域也完全气化了，露出了底层的基质。至此，威尔森和弗雷谢提出的化学放大的概念由伊藤博的实践得到证明。

尽管伊藤博设计的光刻胶具有高分辨率（产生精细图案的能力）、高速，并且对深紫外辐射的敏感度有极大的提高，然而该 PPHA 系统还是不太理想，其中气化的光刻胶会严重污染光刻工具。此外，PPHA 对酸的敏感性意味着它几乎不能提供对酸性蚀刻的保护，因此在实际制造中几乎用处不大。因此，威尔森建议伊藤博考虑弗雷谢早先提出的另一种聚合物：聚对羟基苯乙烯（PHOST）。PHOST 是一种基于苯乙烯的聚合物，在化学上与传统光刻胶中使用的酚醛树脂相似。威尔森还建议对该聚合物进行修改，包括添加新的侧链：叔丁氧羰基（ *t*-BOC，分子式见图 25.8）。由此产生聚对叔丁氧羰基氧基苯乙烯（PBOCST）。在加入 IBM 公司前，威尔森就从事过生物化学研究，他曾意识到叔丁氧羰基容易通过热和酸的作用从基本聚合物上裂解。然而，威尔森和同事早期进行的基于使用光敏邻硝基苄酯对叔丁氧羰基基团进行酸催化裂解的研究（即制作 PBOCST 光刻胶）没有成功。

$$\xi - \overset{\overset{\text{O}}{\|}}{\text{C}} - \text{O} - \diagup\!\!\!\!\diagdown$$

图 25.8 叔丁氧羰基分子式

此时，有关 PBOCST 的工作还没有任何进展。伊藤博开始着手研究光酸催化裂解不同的叔丁氧羰基保护聚合物，作为化学放大抗蚀剂的潜在基础。基于研究结果分析，威尔森和伊藤博决定采用一种混合方法，即将 PBOCST 与锇盐 PAG 进行混合。这种混合使得叔丁氧羰基光刻胶展示出显著的化学放大作用。锇盐产生的酸催化了叔丁氧羰基基团的裂解。所产生的基团裂解片段又产生额外的酸，在一连串的脱保护反应过程中催化进一步的叔丁氧羰基裂解。该反应速度极快，且对深紫外光异常敏感（Ito and Willson，1983）。

第 25 章 化学放大型光刻胶

第三节
中学老师出身的格兰特·威尔森

›››

1939 年 5 月 30 日，威尔森出生于加州瓦列霍市（Vallejo，California），随后在 1962 年获得加州大学伯克利分校化学学士学位。本科毕业后，威尔森先是在喷气飞机（Aerojet）公司担任了两年技术化学师，随后在费尔法克斯高中教了一年化学课。1966 年，他决定继续深造，于是进入加州大学圣迭戈分校（图 25.9），并于 1969 年获得有机化学硕士学位。之后，他在 1973 年获得加州大学伯克利分校博士学位。博士毕业后，他先是应聘了加州大学长滩分校（California State University，Long Beach）的助理教授，随后又在加州大学圣迭戈分校从事了两年研究。1978 年，威尔森加入 IBM 公司，并开始了有关化学放大型光刻胶的研究，他的目标是开发出能够匹配 254 nm 波长深紫外光光源的光刻材料。随后，他先后迎来加拿大渥太华大学的副教授弗雷谢和纽约州立大学研究多糖合成的伊藤博，并领导三人组发明了 DNQ-酚醛树脂光刻胶和叔丁氧羰基光刻胶等一系列化学放大材料。

图 25.9　加州大学圣迭戈分校标志性建筑

开始寻找化学放大抗蚀剂时，威尔森设定了抗蚀剂 30 倍的灵敏度提高的目标，但使用叔丁氧羰基光刻胶，产生了 100～200 倍的改进。1983 年，威尔森有足够的信心在

IBM 公司内部推广新的叔丁氧羰基抗蚀剂。他将其展示给 IBM 公司各个站点的研究人员和工程师。伯灵顿工厂的光刻工程师约翰·马尔塔贝斯（John Maltabes）一直在开发使用深紫外线辐射的 1M 动态随机存储器制造工艺，以满足"1 μm 设计规则"。深紫外光刻技术将被用于在新的强大的存储芯片上生产小到 1 μm 的图案。马尔塔贝斯一直在评估用准分子激光器代替伯灵顿光刻工具中的汞灯的可能性。威尔森通过叔丁氧羰基的成功演示说服马尔塔贝斯，将新光刻胶与现有汞灯一起使用是更好的策略。

在 IBM 公司工作 17 年后，威尔森以 IBM 公司成员和圣何塞 IBM 公司阿尔马登研究中心的聚合物科学与技术负责人的身份退休。随后威尔森加入得克萨斯大学奥斯汀分校的教师队伍，领导着一个跨越化学工程、有机化学和材料科学的研究小组，力求建立对有机材料与光的相互作用的基本理解，并利用这种理解来指导新型有机材料的设计、合成和表征。其间，他在大学开设了"微光刻简介：理论、材料和加工""化学放大抗蚀剂""基于压印光刻技术的纳米级图案制作"三门课程。

威尔森（图 25.10）最出名的可能是他在化学放大型光刻胶开发中的作用，这是几乎所有微电子制造的基础。此外，他还帮助开创了新的微电子制造技术，如步进式（Step）和闪光压印式（Flash Imprint）光刻，并为这种应用和其他应用开发了新型聚合物。威尔森指导了大量的本科生、研究生和博士后学者，其中许多人后来成为学术界、工业界和政府的领导者。2020 年冬季，威尔森在得克萨斯大学奥斯汀分校化学系和 McKetta 化学工程系正式退休。退休典礼上，化学系主任陈述：威尔森是一位有着非凡的领导力，

图 25.10　工作中的威尔森

第 25 章　化学放大型光刻胶

善良、智慧和幽默的绅士，他一直是初级和高级教师的灵感源泉，这通常体现在他平衡且富有洞察力的建议，以及对学术的严谨态度上。[①]

第四节
来自葡萄酒之乡的让·弗雷谢

1944 年 8 月 19 日，弗雷谢出生在红葡萄酒的著名产地法国勃艮第。从小弗雷谢就对化学有着深深的迷恋，1967 年他在法国里昂的工业化学和物理研究所获得化学专业本科学位。随后他来到美国，并分别在纽约州立大学环境科学和林业学院及雪城大学（Syracuse University，图 25.11）获得有机聚合物化学专业硕士学位和博士学位。博士毕业后，他先是在 1973 年加入加拿大渥太华大学化学系，又在 1987 年成为康奈尔大学聚合物化学的 IBM 公司教授。在康奈尔大学，弗雷谢提出了树枝形化学和功能聚合物合成的原创概念，成为世界上著名的有机聚合物材料化学家。

图 25.11　雪城大学一角

① C. Grant Willson Retiring. https://cm.utexas.edu/news/entry/c-grant-willson-retiring[2019-12-21].

1995 年，他被任命为康奈尔大学的彼得·J. 德拜（Peter J. Debye）化学系主任。两年后，他加入加州大学伯克利分校的化学系，2003 年被任命为有机化学亨利·拉波波特（Henry Rapoport）主席，2005 年又被任命为化学工程教授。2010 年 6 月，他从加州大学伯克利分校退休后，加入了于 2009 年建立的阿卜杜拉国王科技大学（图 25.12），并担任该校分管研究、创新和经济发展的副校长。这是一所面向全球招收硕士、博士研究生而不招收本科生的研究型私立大学，有着"阿拉伯的 MIT"（Arab MIT）的美誉。由于资金雄厚，该校也被称为世界上最豪华的大学。此外，弗雷谢还曾担任了劳伦斯伯克利国家实验室材料科学部的首席研究员，以及劳伦斯伯克利国家实验室分子铸造厂有机和大分子设施的科技主管。弗雷谢的研究主要在有机合成、高分子化学、纳米科学和纳米技术等领域，在功能性大分子的设计、合成和应用方面撰写了约 900 篇学术论文，并拥有 200 多项专利，其中包括 96 项美国专利。[①]

图 25.12　阿卜杜拉国王科技大学

弗雷谢的科学研究大大推动了化学和材料科学的发展。他善于提出原创性的想法，包括在固相合成中使用功能性聚合物作为异质试剂、设计基于功能性聚合物的分离介质、开发简化树枝状物合成的聚合路线、构建用于太阳能电池和其他能源应用的先进聚

① Jean M J. Fréchet Inventions, Patents and Patent Applications. https://patents.justia.com/inventor/jean-m-j-frechet[2022-10-16].

合物，以及发现用于光刻的化学放大方法等。这些研究因新颖性、科学洞察力和可推广性受到材料化学家、物理学家、工程师和生物医学家等的广泛关注。对于弗雷谢来说，与这些研究成就同样重要的是他对教学的热忱。在渥太华大学、康奈尔大学和加州大学伯克利分校工作期间，他坚持为大学生讲授有机化学和高分子化学等课程，并在实验室里指导学生，成为学生的良师益友和崇拜的偶像。

2014 年，国际学术期刊《高分子科学杂志，A 部分：高分子化学》（*Journal of Polymer Science，Part A: Polymer Chemistry*）出专辑祝贺弗雷谢 70 岁生日，在专辑开篇的题为《让·弗雷谢——教师、导师、研究先驱、企业家和朋友》（*Jean M. J. Fréchet – Teacher，Mentor，Research Pioneer，Entrepreneur and Friend*）的文章中指出："从增进化学认知的基础性进步到解决实际应用问题，从为新材料的转化提供资金和咨询支持到促进化学向其他学科的渗透与交叉，没有哪位化学家能够像弗雷谢那样，在化学的所有前沿领域取得广泛而深入的成就。"（Fréchet，2015）

第五节
尾　声

威尔森是美国国家工程院院士、美国化学学会（ACS）会士、美国物理学会会士、美国科学促进会会士、美国工程教育学会（ASEE）会士、国际光学工程学会（SPIE）会士及 ECS 会士。除德雷珀奖外，他还分别获得 ACS 亚瑟·K. 杜利特奖（Arthur K. Doolittle Award，1986 年）、ACS 材料化学奖（Award in the Chemistry of Materials，1991 年）、ACS 卡罗瑟斯奖（Carothers Awards，1993 年）、ACS 高分子科学合作研究奖（Cooperative Research Award in Polymer Science，1993 年）、美国化学研究委员会马尔科姆·E. 普鲁特奖（Malcolm E. Pruitt Award，1999 年）、ACS 应用高分子科学奖（Award in Applied Polymer Science，2005 年）、ACS 化学英雄奖（Heroes in Chemistry Award，2005 年）、国际半导体产业协会（SEMI）北美奖（2007 年）、美国国家技术与创新奖章（2007 年）、日本国际奖（2013 年）、ACS 高分子化学奖（Award in Polymer Chemistry，2018 年）等。

弗雷谢是美国艺术与科学院院士、美国国家科学院院士、美国国家工程院院士、欧洲科学院院士、美国科学促进会会士和 ACS 会士。除德雷珀奖外，他还分别获得国际纯粹与应用化学联合会（IUPAC）加拿大国家委员会旅行讲学奖（1983 年）、ACS 亚瑟·K. 杜利特奖（1986 年）、ACS 高分子科学合作研究奖（1994 年）、ACS 应用高分子科学奖（1996 年）、ACS 高分子化学奖（2000 年）、ACS 亚瑟·C. 科普奖（2007 年）、ACS 赫尔曼·马克奖（Herman Mark Award，2009 年）、日本高分子学会国际奖（2009 年）、日本国际奖（2013 年，图 25.13）及沙特费萨尔国王国际化学奖（King Faisal International Prize in Chemistry，2019 年）等。

图 25.13　获得日本国际奖的威尔森和弗雷谢[①]

---

① Press Room. https://www.japanprize.jp/en/press_kits_20130130_01.html[2022-10-08].

第 26 章

精简指令集计算机芯片
——数字世界的巨擘

第二十四届德雷珀奖于 2022 年颁发给了美国计算机科学家大卫·A. 帕特森（David A. Patterson）和约翰·L. 轩尼诗（John L. Hennessy）、英国计算机科学家史蒂夫·B. 弗尔伯（Stephen B. Furber）和索菲·M. 威尔逊（Sophie M. Wilson）（图 26.1），其颁奖词为："以表彰对精简指令集计算机（RISC）芯片的发明、开发和实现的贡献。"[1]

（a）大卫·A. 帕特森　　（b）约翰·L. 轩尼诗　　（c）史蒂夫·B. 弗尔伯　　（d）索菲·M. 威尔逊
（1947～）　　　　　　（1952～）　　　　　　（1953～）　　　　　（1957～）

图 26.1　第二十四届德雷珀奖获奖者

第一节
精简指令集计算机芯片简介

> > >

精简指令集计算机（reduced instruction set computer，RISC）芯片是一种执行较少类型的计算机指令且使计算机能够以更高速度运行的微处理器。现代计算机 CPU 主要由运算器、控制器、寄存器三部分组成。其中，运算器起着运算的作用，控制器用于协调和控制计算机的运行，寄存器负责存放临时运算数据。各种指示和命令等计算机指令引导着运算器、控制器、寄存器的协同工作。自计算机诞生以来，CPU 设计理念和方

---

① 颁奖词原文：For contributions to the invention，development，and implementation of reduced instruction set computer (RISC) chips.

法主要分为两大架构（思路），一类是复杂指令集计算机（complex instruction set computer，CISC）架构，另一类是 RISC 架构。CISC 架构专注于硬件，旨在使用复杂的指令系统，往往一条指令需要多个执行周期且解码复杂，使得硬件的复杂性和功耗增加，但优点是程序可以做得非常小。RISC 架构专注于软件，指令系统更简单，几乎每个周期仅执行一条指令，因此完成同样的任务需要更多的指令，并需要更多的内存来存储指令，但其硬件的复杂性和功耗大大降低。

RISC 芯片的工作原理是通过降低微处理器所处理的指令的复杂性，并依靠编译器将复杂的操作分解为更简单的操作，从而简化和加速数据处理。RISC 芯片自发明起就被立即采用，早期的用途是专用计算机系统工作站和最先进的工作站。RISC 芯片还被用于计算机游戏终端，比如任天堂游戏机（图 26.2）和索尼游戏站（PlayStation）游戏机。然而，RISC 芯片的低功耗特性使其在移动设备中备受关注，比如后来的手机和笔记本计算机。

图 26.2　任天堂游戏机

RISC 技术的出发点是通过精简机器指令系统来减少硬件设计的复杂程度，提高指令执行速度。尽管 CISC 技术使编制程序相对容易些，但 RISC 的设计思想对计算机结构的影响是巨大的，因为它的低功耗特性使其拥有更长的电池寿命，大约 99% 的新计算机采用的是 RISC 芯片[1]，几乎每个使用便携式计算设备的人都受益于 RISC 芯片（图 26.3）的发明。

---

① https://www.sohu.com.

图 26.3　第五代 RISC（RISC-V）芯片

第二节
精简指令集计算机芯片的发明过程

〉〉〉

　　自从 20 世纪 60 年代末至 70 年代初诞生了个人计算机以来，计算机计算性能的提高往往是通过增加硬件的复杂性来实现的。为了提高计算机程序的运行速度和便捷的编程软件，设计人员采用了灵活的编址方式和可实现复杂功能的指令系统，以及包括支持高级语言的复杂操作指令，使得计算机硬件越来越复杂。为了实现这些复杂操作，计算机 CPU 芯片的设计包含各种寄存器和指令功能（图 26.4），以及在只读存储器中预设微程序来实现各种功能。这种 CPU 芯片设计方式被称为 CISC 架构。早期的 CPU 芯片全

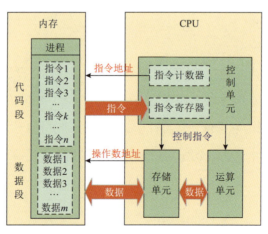

图 26.4　CPU 工作原理

部是 CISC 架构，目的在于使用最少的计算机语言指令来完成计算任务。尽管这种架构增加了 CPU 的复杂性及设计工艺，但其简化了编译器结构，有利于编译器的开发。

采用复杂指令的计算机有着较强的处理高级计算机语言的能力。当计算机沿着这条道路发展时，为了提高运算速度，不得不将越来越多的复杂指令加入指令系统中，以提高计算机的处理效率。随着计算机功能的增加，日趋复杂的指令系统越来越难以实现，且影响着计算机的系统性能，人们开始质疑这种传统做法。20 世纪 70 年代，计算机科学家在研究指令系统的合理性问题时，发现 CISC 架构存在诸多缺点。首先，各种指令的使用率相差悬殊，比如在典型程序的运算过程中所使用的 80% 指令只占 CPU 指令系统的 20%，最为频繁使用的仅为取、存和加这种简单指令。这样使得在实际应用中指令系统的利用率较低，且复杂指令系统的设计增加了设计成本。其次，尽管超大规模集成电路技术已有很高的水平，也很难将 CISC 的全部硬件集成在一个芯片上。此外，复杂指令所需的复杂操作，仅针对某种高级语言可直接执行，通用性较差。因而，针对 CISC 架构的弊端，精简指令的设想被提出，即指令系统仅包含那些使用频率较高、功能简单的少量指令，并提供一些必要的支持操作系统和高级语言的指令，按照这一原则发展的计算机芯片被称为 RISC 芯片（Jamil，1995）。

在 RISC 芯片发展过程中，帕特森在提出简化指令集的想法及制造 RISC 芯片原型上、轩尼诗在开发 RISC 架构概念及实现简化指令集无内部互锁流水级的微处理器（microprocessor without interlocked pipeline stages，MIPS）芯片上、弗尔伯和威尔逊在采用 RISC 架构的 ARM（Advanced RISC Machine，进阶精简指令集机器）芯片设计和商业化上，均做出了重要贡献。

美国国家工程院当值主席约翰·安德森在对他们的工作评价时说道："在当今数字世界，他们的工作带来了巨大的便利。这项创新刺激着众多低功耗便携式设备的制造，从而成为经济增长的主要驱动力。"[①]

一、大卫·A. 帕特森的贡献

博士毕业后，帕特森加入了加州大学伯克利分校计算机系。当时他希望重新设计微处理器、程序语言和操作系统，然而没有任何可用的资源。因此他将目光集中于微处

---

① 出自德雷珀奖官方视频（https://www.nae.edu/166244/Resources#tabs）。

器，认为微处理器是计算机的未来。1979 年，帕特森在数字设备公司访问了三个月，那里的研究人员正在一台 VAX 8550 迷你计算机（图 26.5）上进行开发测试的工作。VAX 8550 迷你计算机有着非常复杂的指令集，以及庞大和复杂的微程序。帕特森致力于减少编码错误的工作，发现简化指令集将"轻而易举地减少编码错误"。回到加州大学伯克利分校后，帕特森立即开设了四门课程，指导研究生实现简化指令集的想法。这些想法产生了具有 44 420 个晶体管的研究芯片[①]，帕特森将之命名为 RISC-Ⅰ，并创造性提出首字母缩略词 RISC。RISC-Ⅰ处理器的性能优于当时使用两倍多晶体管运行的传统 CISC 架构设计，奠定了今天 RISC 架构的基础。随后，帕特森与在斯坦福大学进行类似研究的轩尼诗合作，1990 年他们共同出版了经典教材《计算机体系结构：量化研究方法》和《计算机组成与设计：硬件/软件接口》，为工程师评估微处理器设计建立了科学框架（Patterson and Sequin，1982）。

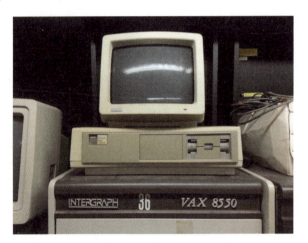

图 26.5　VAX 8550 迷你计算机

二、约翰·L. 轩尼诗的贡献

1980 年，微型计算机的复杂性迅速提高，给计算机的计算能力提出严峻挑战。普遍看法是，强大的处理器需要非常多且丰富的指令集。然而众多的指令集没有统一的标准，各种微型计算机间竞争的是：谁的机器可以运行得更快。轩尼诗敏锐地认为这是一个机遇，于是通过简化微处理器的运算方式来提高计算机的处理速度。1981 年，轩尼诗开始研究简化指令集处理器，并于 1983 年研发成功。

---

① Berkeley Hardware Prototypes. https://people.eecs.berkeley.edu/~pattrsn/Arch/prototypes2.html#Patterson [2023-02-01].

随后，轩尼诗与帕特森合作创建了一种系统的定量方法，用于设计更快运行速度、更低功耗和更复杂的微处理器，并合作出版了两本专著，这两本专著成为该学科的里程碑式教科书。在帕特森和轩尼诗的工作之前，计算机的设计——尤其是计算机性能的评估——更像是一门艺术而不是一门科学，从业者缺乏一套可重复的原则来概念化和评估计算机设计。帕特森和轩尼诗首次提供了一个概念框架，为该领域提供了一种衡量计算机性能、能源效率和复杂性的可靠方法（Hennessy and Patterson，2011）。

三、史蒂夫·B. 弗尔伯的贡献

20 世纪 70 年代末，正在攻读博士学位的弗尔伯自愿在刚起步的艾康（Acorn）计算机公司从事一些项目开发的义务工作，特别是艾康声子（Acorn Proton）微处理器——该微处理器后来成为英国广播公司微型计算机的最初原型，以支持艾康计算机公司对英国广播公司计算机教育项目的投标。1981 年，完成博士论文后，弗尔伯正式加入艾康计算机公司，担任硬件设计师。1983 年 10 月，艾康计算机公司开始 RISC 芯片项目，弗尔伯是其中个人计算机新型微处理器的主要设计师，负责设计开发 ARM 处理器。1985 年 4 月 26 日，弗尔伯与威尔逊合作设计出名为 ARM1 的样品，并在下一年完成了第一批系统产品 ARM2。ARM1 是世界上第一个商业化的 RISC 微处理器，只有 25 000 个晶体管，且具有低功耗和低成本的优点，使得 ARM 芯片（图 26.6）大受欢迎，引发了使用低功耗微处理器的无线设备的爆炸式增长。

图 26.6　用于多媒体播放机的 ARM 芯片

四、索菲·M. 威尔逊的贡献

1978 年，威尔逊加入英国剑桥艾康计算机公司（图 26.7）。她设计了第一代艾康计算机系统，在设计和实现艾康混编（Acorn Assembler）、艾康莫斯（Acorn MOS）和 BASIC 前，用二进制编码了操作系统。后来，她和弗尔伯设计并实现了英国广播公司微型计算机的原型，其中她设计了操作系统，并为一系列处理器设计并实现了 BBC BASIC 系统。随后，她和弗尔伯又共同设计了 ARM 处理器，该处理器在 20 世纪 90 年代为艾康系列计算机提供计算力。此后，她和弗尔伯还共同设计了 ARM3、ARM610 和 ARM700 处理器，以及 ARM7500FE 单芯片计算机。威尔逊和弗尔伯在英国的艾康计算机公司推进了 RISC 架构技术的商业化，设计出称为 ARM 的微处理器。他们成功挑战了当时的计算机商业巨头，确立了自己在该领域的地位（Grisenthwaite，2021）。

图 26.7　艾康计算机公司

第三节

赢得举重冠军的大卫·A. 帕特森

1947 年 11 月 16 日，帕特森出生于美国伊利诺伊州的一个平民家庭，在加州读高中。在读高中期间，他与他的摔跤搭档一起赢得了美国加州举重冠军。高中毕业后，帕特森进入美国加州大学洛杉矶分校学习，成为家里第一个大学生。大学期间，帕特森边打工边读书，于 1969 年获得美国加州大学洛杉矶分校的数学学士学位。随后，他又分别于 1970 年和 1976 年获得美国加州大学洛杉矶分校计算机硕士学位和博士学位。

在攻读博士学位期间，帕特森曾在休斯飞机公司兼职，从事有关机载计算机的工作，这让他对实际的工程问题产生了浓厚兴趣。博士毕业后，帕特森受聘于加州大学伯克利分校的计算机科学/电气工程系，并加盟了一个研发模块化多处理器 X-TREE 的项目组。在去往数字设备公司访问三个月回到学校后，他就为研究生开设了有关 RISC 芯片的课程，因此获得加州大学伯克利分校 1982 年的杰出教学奖。在发表获奖感言时，帕特森表示，伯克利是真正注重教学的地方，在这里自己找到了真正的归属（图 26.8）。他是这样说的，也是这样做的，因为他不愿利用 RISC 技术成立公司从而获得高额回报，而是心甘情愿地留在大学工作。

图 26.8　帕特森演讲

帕特森与高中恋人琳达结婚，并育有两个男孩。讲课时，他经常会提到自己的家人，以及他对足球、摔跤、骑自行车和举重等活动的热爱。2013 年，他以 66 岁的高龄创造了卧推、硬拉、深蹲和所有三项组合举重的新全国纪录。从 2003 年到 2012 年帕特森多次参加一年一度为期多天的"向美酒挥手"（Waves to Wine）自行车骑行赛，通过社交为多发性硬化症研究筹款。

帕特森是加州大学伯克利分校名誉教授，与他人合著了七本书，其中包括与轩尼诗合著的两本关于计算机体系结构的书：《计算机体系结构：量化研究方法》和《计算机

组成与设计：硬件/软件接口》（图 26.9）。自 1990 年以来，这些书被广泛用作研究生和本科课程的教科书。帕特森与清华大学有着深厚的友谊和密切的合作，并于 2018 年获得清华大学名誉博士学位（图 26.10）。2019 年 6 月 12 日，帕特森宣布将依托清华–伯克利深圳学院（TBSI），建设 RISC-V国际开源实验室（简称 RIOS 实验室），该实验室瞄准世界 CPU 产业战略发展新方向和粤港澳大湾区产业创新需求，建设以深圳为根节点的 RISC-V 全球创新网络。

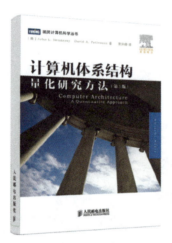

图 26.9　帕特森和轩尼诗合著的两本书

图 26.10　帕特森获得清华大学名誉博士学位①

---

① 图灵奖得主大卫·帕特森宣布依托清华-伯克利深圳学院建设 RISC-V 国际开源实验室. https://www.tbsi.edu.cn/2019/0614/c3700a27297/page.htm[2022-10-08].

帕特森最成功的研究项目是 RISC、独立磁盘冗余阵列（RAID）和工作站网络（NOW），所有这些都促成了价值数十亿美元的产业。现在他是谷歌公司的杰出工程师、RISC-V 国际开源实验室主任，并担任 RISC-V 基金会董事会副主席。作为一个永恒的乐观主义者，他指出，经过调整的硬件/软件设计可以为深度学习应用程序提供显著的性能改进，他希望这将迎来"计算的新黄金时代"。他还具有强烈的团队意识，在他看来团队优于个人，并认为"在一个失败的团队里不可能有赢家，而在一个成功的团队里所有人都会是赢家。"（Mashey，2007）

> > >

第四节
"硅谷教父"——约翰·L. 轩尼诗

1952 年 9 月 22 日，轩尼诗出生于纽约州亨廷顿西山区的长岛北岸。高中时轩尼诗就表现出较强的动手能力，曾因设计自动井字游戏机赢得科学博览会奖。1973 年，轩尼诗获得维拉诺瓦大学（Villanova University）的电气工程学士学位，并分别于 1975 年和 1977 年获得纽约州立大学石溪分校（State University of New York at Stony Brook）的计算机科学硕士学位和博士学位。博士毕业后，25 岁的轩尼诗成为斯坦福大学的助理教授，并从纽约搬到了硅谷。

在斯坦福大学，轩尼诗开始研究 RISC 芯片。为了推进这项技术并将其商业化，1984 年他创立了 MIPS 计算机公司，并担任公司的首席科学家，八年后又担任了该公司的首席架构师。1994 年，轩尼诗成为斯坦福大学计算机科学系主任，五年后又被任命为该校的教务长。其间，为了建立一个生物工程和科学中心，轩尼诗与有着斯坦福"工程英雄"称号的吉姆·克拉克（James Clark）合作，组织了创纪录的捐赠活动。

2000 年，轩尼诗从五百名候选人中胜出，成为斯坦福大学校长（图 26.11）。在担任校长的 16 年期间，轩尼诗致力于重塑斯坦福大学的形象。他鼓励学生和教授创新创业，以至于美国流行这样一种说法："所有常青藤名校的优秀毕业生，毕业之后都得给斯坦

福的毕业生打工。"[①]除此之外，他还完成了 70 个教学设施的建造，培育了跨学科深入合作的校园文化。他还积极推动学校经费的筹款。在他领导下，斯坦福大学募集的筹款创下新高，达到 130 亿美元。斯坦福师生对他任期内的成就大加赞赏，称他以果断的措施显著推动了学校的快速发展（Antonucci，2016）。

图 26.11　身为斯坦福大学校长的轩尼诗

　　轩尼诗不仅是一位知名学者、优秀教授、合格校长，他还是一位成功的创业者、投资人。他曾在思科系统（Cisco Systems）公司董事会任职多年，随后在谷歌公司董事会任职，并于 2016 年成为 Alphabet 公司的董事长。他的两次创业都取得了成功：第一次是创立了 MIPS 计算机系统公司，成功推动了 RISC 处理器的发展；第二次是创立了创锐讯（Atheros）公司，为新一代的通信芯片研发提供了解决方案。美国风险投资企业家马克·安德森（Marc Andreessen）称轩尼诗为"硅谷教父"。当轩尼诗被问到他成功的奥秘时，他的回答非常简单：创新。他的一句口头禅是"要么创新，要么消亡"（or innovation, or perish）。至于如何营造创新环境，轩尼诗认为：首先，要选对人；其次，要时刻立足于技术前沿；最后，要瞄准那种具有跨时代意义的技术。其中，选对人最为重要，因为人是激发创新的关键。对于什么样的人适合创新，轩尼诗认为，第一种是理想家，他们具备战略眼光，能够看到科学技术带来的新机遇；第二种是探索家，他们受到新技术的驱动，能够在专业领域不断创造机会；第三种是不受束缚的执行者，他们能够不局限于自己的行业和已有的经验，善于寻找到新的方法和新的途径（Hennessy，2006）。

---

① https://www.bilibili.com.

数学力学基础深厚的史蒂夫·B. 弗尔伯

1953 年 3 月 21 日，弗尔伯出生于英国曼彻斯特。中学时期，弗尔伯在英国最大的私立走读学校——曼彻斯特文法学校接受教育。弗尔伯从小就喜欢数学，在他 17 岁那年，他作为英国队成员参加了在匈牙利举行的国际数学奥林匹克竞赛，并获得铜牌。高中毕业后，弗尔伯进入剑桥大学圣约翰学院学习，并于 1974 年获得数学学士学位。此后，他参加了剑桥大学数学系为期一年的数学硕士课程。该课程被公认为是世界上最难的数学课程之一，每年仅有约 260 名学生选修。1975 年起，弗尔伯在剑桥大学攻读空气动力学博士学位，师从气动声学奠基人之一的福茨·威廉斯（Ffowcs Williams）。由于表现出色，还没毕业的弗尔伯就被聘任为剑桥大学伊曼纽尔学院的劳斯莱斯空气动力学研究员，并最终在 1980 年获得博士学位。尽管他的博士论文涉及的领域是流体动力学，但弗尔伯却对计算机产生了浓厚兴趣。在做空气动力学实验时，他研发出一种计算机处理器来处理自己的实验数据。

获得博士学位后，弗尔伯加入了艾康计算机公司。那时，艾康计算机公司刚刚获得英国广播公司的计算机教育项目，他被任命为硬件设计师和设计经理。随后，他与威尔逊共同开发 ARM 系列芯片。在艾康计算机公司工作多年后，1990 年 8 月，弗尔伯入职英国的曼彻斯特大学，在那里，他组建了一个阿缪莱特（Amulet）微处理器研究小组，领导异步和低功耗系统的研究以及神经系统工程研究。2001 年，弗尔伯被任命为曼彻斯特大学计算机科学系主任，后来成为彻斯特大学计算机科学学院的国际计算机有限公司（International Computers Limited，ICL）计算机工程教授。

弗尔伯的另一个研究兴趣是神经网络、芯片网络和微处理器（图 26.12）。在神经系统工程领域，他领导开发脉冲神经网络（Spiking Neural Network，SpiNNaker）项目，试图构建一种直接模仿人脑工作的新型计算机。SpiNNaker 是一个通过硬件搭建的人工神经网络，其最终的设计将是一个包含百万个 ARM 处理器的大规模并行处理系统。Spinnaker 的实现将模拟人类大脑 1%的功能，即类似大约 10 亿个神经元的工作。该项目旨在研究两个问题：一是大规模并行计算资源如何提升我们对大脑功能的理解？二是我们对大脑功能不断增长的理解如何为更高效地并行和容错计算指明方向？弗尔伯认

为，这两个问题的任何一个取得重大进展都将意味着科学的重大突破。

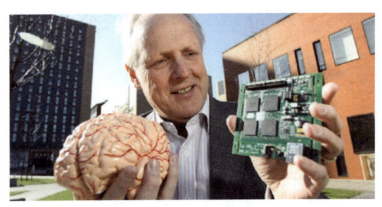

图 26.12　构思类脑计算芯片的弗尔伯①

在一次采访中，弗尔伯表示：自己最初接触计算机只是一种爱好，但因为他对制造机器的狂热，计算机最终成为他的职业。②看着那些自己制造的有着令人难以置信的复杂性和运行速度的机器，他有着一种莫大的成就感。

第六节

不同寻常的索菲·M. 威尔逊

1957 年 6 月，威尔逊出生于英国约克郡，并在利兹市长大。父母都是教师，父亲教英语，母亲教物理。1975 年，威尔逊进入剑桥大学塞尔温学院学习计算机科学和数学。在大学期间，她加入了学校的微处理器协会，并崭露头角。为了实现奶牛饲料投放的电子控制，她设计了一个带有摩斯太克（MOS Technology）6502 微处理器的喂牛器。当刚刚创建了艾康计算机公司的赫尔曼·豪瑟（Hermann Hauser）到剑桥大学讲学时，威尔逊被豪瑟的精彩报告吸引，并帮助豪瑟设计了艾康计算机公司的第一款产品艾康系统

　　① Computer Pioneer and Brain Builder to Speak at Aberystwyth University. https://www.aber.ac.uk/en/news/archive/2017/10/title-207281-en.html[2022-10-03].

　　② Heroes of Computer Science. https://www.cs.york.ac.uk/equality-and-diversity/heroes-of-computer-science/professorstevefurber/[2023-02-01].

1 号（Acorn's System One）。

大学毕业后的威尔逊来到了艾康计算机公司，豪瑟任命她为首席设计师。尽管工资少得可怜，但豪瑟为吸引威尔逊说道：这是一个多么好的展现自我的机会，可以设计出让所有人都能使用的计算机！威尔逊被豪瑟绘制的蓝图吸引，于是留了下来。[1]

1981 年 7 月，威尔逊将艾康原子（Acorn Atom）微处理器的 BASIC 编程语言扩展为艾康声子微处理器的改进版本。然而，在之前为了赢得与英国广播公司的计算机教育项目合同，豪瑟向英国广播公司夸下海口，承诺艾康计算机公司仅需一周就能给出一台严格遵循所需规格的计算机。但当时的艾康声子计算机只不过是一张电路图，于是，豪瑟有所隐瞒地向威尔逊和弗尔伯说道：对方已经同意，如果"我们"能在一周内建造一个样机，就将项目给"我们"。威尔逊勇敢地接受了挑战，并废寝忘食，仅用三天时间就做出了原型机所需的系统，包括电路板和组件等。到第四天晚上，原型机已经构建完成，但软件还需进一步完善。威尔逊继续奋战，连夜调试软件直到天亮（图 26.13）。对此，威尔逊印象深刻，因为那天正是查尔斯王子和戴安娜·斯宾塞王妃的婚礼。[2]由于威尔逊和弗尔伯的努力，英国广播公司终于与艾康计算机公司签署了合同。

（a）英国广播公司微型计算机　　　　（b）威尔逊

图 26.13　英国广播公司微型计算机和威尔逊

1983 年 10 月，威尔逊开始为第一批 RISC 处理器 ARM 设计指令集。ARM1 于 1985 年 4 月 26 日交付工作。这种处理器类型后来成为最成功地获得许可的 CPU 内核之一。

---

① https://www.theregister.com.

② 维基百科。

到 2012 年，95%的智能手机都在使用这种处理器。^①1999 年，威尔逊又开发了以单指令多数据流（single-instruction multiple-data stream，SIMD）长指令字（LIW）处理器为基础的火路（Firepath）处理器，用于新兴的非对称数字用户线（asymmetric digital subscriber line，ADSL）有线宽带市场。威尔逊领导了 Firepath 指令集的设计，并编写了整个架构指南，随后协助开发了超高速、灵活的信号处理软件。Firepath 在更名为 Element 14 后，最终被博通（Broadcom）公司以 4.5 亿美元收购。由此，威尔逊也成为博通公司的研究员和杰出工程师。^②

威尔逊喜欢摄影，还参加了当地的一个剧团，除了负责服装和布景，她还参加了许多演出。在英国广播公司电视剧《微型人》（*Micro Men*）中，威尔逊出演一位酒吧女房东。

第七节
尾　声

帕特森是美国国家科学院院士、美国艺术与科学院院士、美国国家工程院院士、美国科学促进会会士、ACM 会士和 IEEE 会士，2005 年入选硅谷工程名人堂，2007 年入选计算机历史博物馆名人录。他的工作得到约 35 个研究、教学和服务奖项的认可，包括 IEEE 约翰·冯·诺依曼奖章（2000 年）、ACM-IEEE 埃克特-莫奇利奖（Eckert-Mauchly Award，2001 年）、日本计算机与通信奖（Computer & Communication Award，2005 年）、ACM 杰出服务奖（Distinguished Service Award，2008 年）、ACM 图灵奖（2017 年）、BBVA 基金会知识前沿奖（2020 年）等。

轩尼诗是美国国家科学院院士、美国艺术与科学院院士、英国皇家工程院院士、IEEE 会士和 ACM 会士，是斯坦福大学工程学院计算机科学与电气工程的教授，同时是 Alphabet 公司的董事长以及戈登和贝蒂·摩尔基金会的理事。他是斯坦福大学的第十任

---

① https://www.theregister.com.

② Sophie Wilson. https://www.bcs.org/events/awards-and-competitions/distinguished-fellowship-distfbcs/roll-of-distinguished-fellows/sophie-wilson/[2023-04-01].

校长（2000～2016 年），是 MIPS 计算机系统公司和创锐通信（现为高通创锐）公司的合作创立者，并与帕特森合著两本国际通用的计算机体系结构教科书。轩尼诗获得了 11 个荣誉博士学位，以及众多地区、国家和国际奖项，包括 IEEE 荣誉勋章（2012 年）、ACM 图灵奖（2017 年）、加州大学伯克利分校克拉克·科尔奖（Clark Kerr Award，2020 年）和 BBVA 基金会知识前沿奖（2020 年）等。

弗尔伯是英国皇家工程院院士、英国皇家学会会士、英国计算机学会会士、英国工程与技术学会会士及 IEEE 会士，2012 年入选美国计算机历史博物馆名人录，2014 年被授予英国计算机学会杰出会士（Distinguished Fellow）。除德雷珀奖外，他还分别获得英国皇家学会沃尔夫森研究优异奖（Wolfson Research Merit Award，2004 年）、英国工程与技术学会法拉第勋章（2007 年）、英国的司令勋章（2008 年）、千禧年科技奖（2010 年）及英国皇家学会的穆拉德奖（Mullard Award，2016 年）。

2011 年，在《无限个人电脑》（*Maximum PC*）杂志评选的"科技史上最重要的 15 位女性"中，威尔逊列为第 8 位。2012 年，因与弗尔伯在英国广播公司微型计算机和 ARM 处理器架构上的工作，威尔逊入选计算机历史博物馆名人录，并于 2013 年成为英国皇家学会会士。除德雷珀奖外，她还分别获得表彰欧洲互联网杰出人士的 Lovie 终身成就奖（Lifetime Achievement Award，2014 年）、剑桥塞尔温学院的荣誉院士（2016 年）、英国的司令勋章（2019 年）及英国计算机学会杰出会士（2020 年）等。

437

第 26 章　精简指令集计算机芯片

参 考 文 献

韩扬眉. 2022-06-10. 欧阳钟灿: 文章千古事 "清白" 留人间. 中国科学报, 第 1 版.

何亮, 付毅飞. 2021-06-28. 北斗卫星导航系统: 将中国时空信息掌握在自己手中. 科技日报, 第 5 版.

王静. 2009-12-22. 八部门共同举行聂荣臻诞辰 110 周年纪念座谈会——周光召痛斥科技界不良现象. 科学时报, 第 A1 版.

谢文华. 2014-04-25. 闵恩泽的爱国之路. 中国科学报, 第 10 版.

谢希仁. 2003. 计算机网络. 4 版. 北京: 电子工业出版社.

张海霞. 2021. 科学巨擘 Robert Langer 本周五晚八点在 iCANX 开讲!https://wap.sciencenet.cn/blog-299-1274958.html?mobile=1[2022-10-08].

中国科学院理论物理研究所. 2008. 周光召先生关心理论物理所发展. http://www.itp.cas.cn/xwzx/zhxw/200805/t20080507_2002603.html[2008-05-07].

中国信通院. 2019. "互联网之父" 罗伯特·卡恩博士访问中国信通院. http://www.idconsensus.cn/c/www/gjxw/564[2019-10-17].

Ritchey. 2016. 直接成像数字曝光技术 "打印" 创新未来. https://e2echina.ti.com/blogs_/b/ti_dlp_/posts/52476[2022-10-08].

Abelson P H. 1991. Jet-powered flight. Science, 254(5031): 497.

AEROSPACE. 2016. Honoring a Legacy Algorithm. https://aerospaceamerica.aiaa.org/departments/honoring-a-legacy-algorithm/[2022-10-08].

Allison D. 1995. Robert Kahn, Ph.D. Oral History. https://silo.tips/download/robert-kahn-phd-oral-history[2023-01-20].

Amano H. 2021. Isamu Akasaki. Physics Today, 74(11): 63-63.

American Academy of Achievement. 2018. Sir Tim Berners-Lee—Father of the World Wide Web. https://achievement.org/achiever/sir-timothy-berners-lee/#biography[2018-10-18].

American Academy of Achievement. 2022. Robert S. Langer, Sc.D.—Biomedical Engineering. https://achievement.org/achiever/robert-s-langer-ph-d/#biography[2022-09-16].

Andersson K. 2010. On Access Network Selection Models and Mobility Support in Heterogeneous Wireless Networks. Doctoral dissertation. Luleå: Luleå tekniska universitet.

Antonucci M. 2016. Where He Took Us. https://stanfordmag.org/contents/ where-he-took-us[2022-02-01].

Arnold F H. 2018. Frances H. Arnold Biographical. https://www.nobelprize.org/prizes/chemistry/2018/arnold/biographical/[2022-10-08].

Aspray W. 1989. Oral History Interview with R. W. Taylor. https://conservancy.umn.edu/handle/11299/107666[1989-02-28].

Backus J. 1978. Can programming be liberated from the von Neumann style? A functional style and its algebra of programs. Communications of the ACM, 21(8): 613-641.

Backus J. 1998. The history of Fortran I, II, and III. IEEE Annals of the History of Computing, 20(4): 68-78.

Baker W O, David E E, Noll A M. 2004. John R. Pierce, 27 March 1910· 2 April 2002. Proceedings of the American Philosophical Society, 148(1): 146-149.

Baxter M. 2017. Pioneer of Modern Electronics. https://coe.gatech.edu/news/2017/01/pioneer-modern-electronics[2017-01-14].

Beranek L. 2000. Roots of the internet: A personal history. Massachusetts Historical Review, 2: 55-75.

Berlin L. 2005. The Man Behind the Microchip: Robert Noyce and the Invention of Silicon Valley. Oxford: Oxford University Press.

Berners-Lee T. 2010. Long live the web: A call for continued open standards and neutrality. Scientific American, 303: 6.

Bhandari N, Devra S, Singh K. 2017. Evolution of cellular network: From 1G to 5G. International Journal of

Engineering and Techniques, 3(5): 98-105.

Biard J R, Pittman G E. 1966. Semiconductor radiant diode: US, 3293513.

Bohning J J. 1994. Oral History Interview with Vladimir Haensel. https://digital.sciencehistory.org/works/ww72bc451#tab=ohDescription[1994-11-02].

Booch G. 2006. Oral History of John Backus. http://archive.computerhistory.org/resources/access/text/2013/05/102657970-05-01-acc.pdf[2023-02-01].

Boyle W S. 2009. Willard S. Boyle Biographical. https://www.nobelprize.org/prizes/physics/2009/boyle/biographical/[2022-10-08].

Brock D C. 2007. Patterning the World: The Rise of Chemically Amplified Photoresists. https://www.sciencehistory.org/distillations/patterning-the-world- the-rise-of-chemically-amplified-photoresists[2007-10-02].

Brody T P. 1996. The birth and early childhood of active matrix—A personal memoir. Journal of the Society for Information Display, 4(3): 113-127.

Chechik S. 2019. Moroccan scientist Rachid Yazami: The Man Who Gave Us Cell Phone Power. https://www.moroccoworldnews.com/2019/06/275673/rachid-yazimi-morocco-science[2019-06-12].

Cheung N, Howell J. 2014. Tribute to George Heilmeier, inventor of liquid crystal display, former DARPA director, and industry technology leader. IEEE Communications Magazine, 52(6): 12-13.

Chu Y, Wu X, Lu J, et al. 2016. Photosensitive and flexible organic‐effect transistors based on interface trapping effect and their application in 2D imaging array. Advanced Science, 3(8): 1500435.

Clarke A C. 1945. Extra-terrestialrelays: Can rocket stations give world-wide radio coverage. Wireless World, 1945: 305-308.

Conner M. 2002. Hans von Ohain: Elegance in Flight. Reston, Virginia: American Institute of Aeronautics and Astronautics.

Encyclopaedia Britannica. 2022. Draper Prize. https://www.britannica.com/science/Draper-Prize[2022-10-23].

David E E. 2010. Memorial Tributes: National Academy of Engineering. Volume 13. Washington, DC: The National Academies Press: 194-197.

Dennard R H. 1984. Evolution of the MOSFET dynamic RAM—A personal view. IEEE Transactions on Electron Devices, 31(11): 1549-1555.

Dennard T, Dennard R H, Holland F. 2014. Robert H. Dennard: "Can You Imagine That I Used a Slide Rule to Design My First Memory Chip?"—The Story of Robert H. Dennard. http://hollandhistory.blogspot.com/2014/06/robert-h-dennard- can-you-imagine-that-i.html[2014-06-02].

Duffy R A. 1994. Biographical Memoirs: National Academies of Sciences, Engineering, and Medicine. Volume 65. Washington, DC: The National Academies Press: 121-158.

Dupuis R D, Krames M R. 2008. History, development, and applications of high-brightness visible light-emitting diodes. Journal of Lightwave Technology, 26(9): 1154-1171.

Engibous T. 2007. Memorial Tributes: National Academy of Engineering. Volume 11. Washington, DC: The National Academies Press: 183-187.

Feilden G B R, Hawthorne W. 1998. Sir Frank Whittle, OM, KBE. 1 June 1907–9 August 1996. Biographical Memoirs of Fellows of the Royal Society, 44: 435-452.

Flavell-While C. 2018. Yoshio Nishi—Power player. https://www.thechemicalengineer.com/features/cewctw-yoshio-nishi-power-player/[2018-03-30].

Frank W. 1946. Aircraft propulsion system and power unit: US, 2404334.

Fréchet J M J. 2015. Jean M J Fréchet—Teacher, mentor, research pioneer, entrepreneur and friend. Journal of Polymer Science Part A: Polymer Chemistry, 53(2): 133-134.

Gabriëls R, Gerrits D, Kooijmans P. 2007. John W. Backus, 3 December 1924 – 17 March 2007. https://www.

dirkgerrits.com/publications/john-backus.pdf[2023-02-01].

Gembicki S. 2006. National Academies of Sciences, Biographical Memoirs. Volume 88. Washington, DC: The National Academies Press: 84-93.

Getting I A. 1993. Perspective/navigation—The global positioning system. IEEE Spectrum, 30(12): 36-38.

Giver L, Arnold F. 2014. Willem P.C. Stemmer 1957-2013//Memorial Tributes: National Academy of Engineering. Volume 18. Washington, DC: The National Academies Press: 316-319.

Goldstein A. 1992. Oral-History: John Pierce. https://ethw.org/Oral- History:John_ Pierce[2021-01-26].

Goodenough J B. 2018. How we made the Li-ion rechargeable battery. Nature Electronics, 1(3): 204.

Goodenough J B. 2019. John B. Goodenough Biographical. The Nobel Prizes 2019. Singapore: World Scientific Publishing: 135-164.

Goodenough J B, Park K S. 2013. The Li-ion rechargeable battery: A perspective. Journal of the American Chemical Society, 135(4): 1167-1176.

Gregersen E. 2012a. Harold Rosen. https://www.britannica.com/ biography/Harold- Rosen[2022-03-16].

Gregersen E. 2012b. Leonard Kleinrock. https://www.britannica.com/biography/ Leonard-Kleinrock[2022-06-09].

Grisenthwaite R. 2021. The milestones that define arm's past, present, and future. IEEE Micro, 41(6): 58-67.

Gross B. 2012. How RCA lost the LCD. IEEE Spectrum, 49(11): 46-52.

Hafner K, Lyon M. 1998. Where Wizards Stay Up Late: The Origins of the Internet. New York: Simon and Schuster: 29.

Hauben R. 1995. The Birth and Development of the ARPANET. http://www.columbia.edu/～rh120/ ch106.x08[1995-10-15].

Haug T. 1994. Overview of GSM: Philosophy and results. International Journal of Wireless Information Networks, 1: 7-16.

Hecht J. 1999. City of Light: The Story of Fiber Optics. New York: Oxford University Press.

Heilmeier G H. 1970. Liquid-crystal display devices. Scientific American, 222(4): 100-107.

Hennessy J. 2006. University is the source of innovation and social progress. Journal of National Academy of Education Administration, (9): 13-16, 81.

Hennessy J L, Patterson D A. 2011. Computer Architecture, Fifth Edition: A Quantitative Approach. Waltham: Elsevier.

Hochfelder D. 1999. Oral-history: Joel Engel. https://ethw.org/Oral-History: Joel_Engel[2021-01-26].

Holonyak N, Jr. 2005. From transistors to lasers and light-emitting diodes. MRS Bulletin, 30(7): 509-515.

Ikeda T. 2012. Sam Araki Interview. https://ddr.densho.org/media/ddr-densho-1000/ddr-densho-1000-402-transcript-c2e4248b8e.htm[2013-03-21].

Ingard C, Edward A M. 2012. Intelligence Revolution 1960: Retrieving the Corona Imagery that Helped Win the Cold War. Chantilly, Virginia: Center for the Study of National Reconnaissance (U.S.).

Ito H, Willson C G. 1983. Chemical amplification in the design of dry developing resist materials. Polymer Engineering and Science, 23(18): 1012-1018.

Jamil T. 1995. RISC versus CISC: Why less is more. IEEE Potentials, 14(3): 13-16.

Jones G. 1989. The Jet Pioneers: The Birth of Jet-Powered Flight. London: Methuen.

Kao C K. 2009. Charles K. Kao Biographical. https://www.nobelprize.org/prizes/physics/2009/kao/biographical/ [2022-10-08].

Kato T, Hirai Y, Nakaso S, et al. 2007. Liquid-crystalline physical gels. Chemical Society Reviews, 36(12): 1857-1867.

Kay A C. 1977. Microelectronics and the personal computer. Scientific American, 237(3): 230-245.

Kilby J S. 1964. Miniaturized electronic circuits: US, 3138743.

Kim E S. 2008. Directed evolution: A historical exploration into an evolutionary experimental system of nanobiotechnology, 1965–2006. Minerva, 46(4): 463-484.

Kossow A. 2007. Thacker, Chuck (Charles) oral history. https://www.computerhistory.org/collections/catalog/102658126[2007-08-29].

Kučera V. 2017. Rudolf E. Kalman: Life and works. IFAC-PapersOnLine, 50: 631-636.

Langer R. 1990. New methods of drug delivery. Science, 249(4976): 1527-1533.

Larrick J W, Schellenberger V, Barbas C F. 2013. Willem 'Pim' Stemmer 1957-2013. Nature Biotechnology, 31(7): 584.

Leiner B M, Cerf V G, Clark D D, et al. 2009. A brief history of the Internet. ACM SIGCOMM Computer Communication Review, 39(5): 22-31.

Lyle H. 1979. Interview with John Robinson Pierce. https://oralhistories. library.caltech.edu/98/[2005-02-23].

Maloney S. 2008. Cooper, Martin oral history. https://www.computerhistory.org/collections/catalog/10270 2037[2008-05-02].

Markoff J. 2017. Robert Taylor, Innovator Who Shaped Modern Computing, Dies at 85. https://www.nytimes.com/2017/04/14/technology/robert-taylor-innovator-who-shaped-modern-computing-dies-at-85.html[2017-04-14].

Markoff J. 2019. IBM's Robert H. Dennard and the Chip that Changed the World. https://www.ibm.com/blogs/think/2019/11/ibms-robert-h-dennard-and-the-chip-that-changed-the-world/[2019-11-07].

Marquis J. 2022. Fair Use of Media in Online Teaching. https://www.gonzaga.edu/news-events/stories/2022/9/5/fair-use-of-media-in-online-teaching[2022-10-05].

Mashey J. 2007. Patterson, Dave (David) Oral History. https://www.computerhistory.org/collections/catalog/102658154[2007-09-13].

McPherson S S. 2009. Tim Berners-Lee: Inventor of the World Wide Web. Minneapolis: Twenty-First Century Books.

Meher-Homji C B, Prisell E. 2000. Pioneering turbojet developments of Dr. Hans von Ohain—From the HeS 1 to the HeS 011. Journal of Engineering for Gas Turbines and Power, 122(2): 191-201.

Nakamura S. 2015. Biography of Nobel laureate Shuji Nakamura. Annalen der Physik, 527(5-6): 350-357.

Nakamura S, Pearton S, Fasol G. 2000. The Blue Laser Diode: The Complete Story. Heidelberg: Springer.

NASA. 2011. Juno Mission to Jupiter (2010 Artist's Concept). https://www.nasa.gov/mission_ pages/juno/multimedia/pia13746.html[2022-10-03].

Navakanta B. 2012. Jack St. Clair Kilby. Resonance, 17(11): 1035-1047.

Nave K. 2017.This Polymer Pill Could Soon Drip Feed Drugs into Your Body for Weeks. https://www.wired.co.uk/article/the-delivery-man[2017-01-19].

Nishi Y. 2001. Lithium ion secondary batteries; past 10 years and the future. Journal of Power Sources, 100(1-2): 101-106.

Noordung H. 1929. Das Problem Der Befahrung Des Weltraums: Der Raketen-Motor. Berlin: Richard Carl Schmidt & Co.: 98-100.

Norberg A L. 1991. Oral history interview with George H. Heilmeier. https://conservancy.umn.edu/handle/11299/107352[1991-03-27].

Noyce R N. 1961. Semiconductor device-and-lead structure: US, 2981877.

Okumura Y. 2017. The mobile radio propagation model "OKUMURA-Curve" and the world's first full-scale cellular telephone system. IEEE History of Electrotechnlgy Conference, 1: 107-112.

Parkinson B W, Stansell T, Beard R, et al. 1995. A history of satellite navigation. Journal of the Institute of Navigation, 42(1): 109-164.

Patterson D A, Sequin C H. 1982. A VLSI RISC. Computer, 15(9): 8-21.

Paul C. 2000. Interview with Richard Frenkiel. https://www.visitmonmouth.com/oralhistory/bios/FrenkielDick. html[2000-06-12].

Paulikas G. 2008. Memorial Tributes: National Academy of Engineering. Volume 12. Washington, DC: The National Academies Press: 128-133.

Perry T S. 1995. M. George Craford [biography]. IEEE Spectrum, 32(2): 52-55.

Petroski H. 1987. Engineering and the Nobel Prizes. Issues in Science and Technology, 4: 56-60.

Petroski H. 1994. Engineering: The Draper Prize. American Scientist, 82(2): 114-117.

Pincock S. 2005. Judah Folkman: Persistent pioneer in cancer research. The Lancet, 366 (9493): 1259.

Pittsburgh Post-Gazette. 2011. Obituary: Thomas P. Brody/Madehistoric Mark on Electronics While Living Here. https://www.post-gazette.com/local/city/2011/09/24/Obituary-Thomas-P- Brody-Made-historic-mark-on-electronics-while-living-here/stories/201109240234[2011-09-24].

Piumarta I, Rose K. 2010. Points of View: A Tribute to Alan Kay. Glendale, California: Viewpoints Research Institute.

Pollard N. 2009. Communication Pioneers Win 2009 Physics Nobel. https://www.reuters.com/article/us-nobel-physics-idUSTRE5951W120091006[2009-10-06].

Poole H, Lambert L, Woodford C, et al. 2005. The Internet: A Historical Encyclopedia. Volume 2. Santa Barbara: ABC-CLIO.

Prokesch S. 2017. The Edison of Medicine. Harvard Business Review, 95(2): 134-143.

Reid T R. 2005. Jack Kilby, Touching Lives on Micro and Macro Scales. https://www.washingtonpost.com/archive/lifestyle/2005/06/22/jack-kilby-touching-lives-on-micro-and-macro-scales/b44a4396-cecc-4640-872c-cebc9e4b61bf/[2005-06-22].

Rose J. 2000. Jack Kilby–Interview. https://www.nobelprize.org/prizes/physics/2000/kilby/interview/[2000-09-13].

Rosen H. 1976. Geostationary telecommunications satellites. Ericsson Review, 53(3): 110-113.

Sales B. 2007. Brad Parkinson's direction led him—then he led the rest of the world—to GPS. http://web.mit.edu/AEROASTRO/news/magazine/aeroastro-no4/parkinson. html[2022-10-03].

Schadt M. 2018. How we made the liquid crystal display. Nature Electronics, 1(8): 481.

Silindir-Gunay M, Yekta Ozer A, Chalon S. 2016. Drug delivery systems for imaging and therapy of Parkinson's disease. Current Neuropharmacology, 14(4): 376-391.

Smith G E. 2009. George E. Smith Biographical. https://www.nobelprize.org/prizes/physics/2009/smith/biographical/[2022-10-08].

Smith G E. 2010. Nobel Lecture: The invention and early history of the CCD. Reviews of Modern Physics, 82(3): 2307-2312.

Stemmer W P. 1994. DNA shuffling by random fragmentation and reassembly: *In vitro* recombination for molecular evolution. Proceedings of the National Academy of Sciences, 91 (22): 10747-10751.

Stroustrup B. 1996. A history of C++: 1979-1991. ACM SIGPLAN Notices, 28: 271-297.

Stroustrup B. 2020. Thriving in a Crowded and Changing World: C++ 2006-2020. Proceedings of the ACM on Programming Languages. New York, NY: Association for Computing Machinery: 4(HOPL): 1-168 .

Stumpf D K. 2017. Reentry vehicle development leading to the minuteman Avco Mark 5 and 11. Air Power History, 64(3): 13-36.

Tarascon J M, Armand M. 2001. Issues and challenges facing rechargeable lithium batteries. Nature, 414(6861): 359-367.

Tikkanen A, Sinha S, Singh S, et al. 2022. Nobel Prize. https://www.britannica.com/topic/Nobel-Prize[2022-03-16].

Tylko J. 2009. MIT and Navigating the Path to the Moon. https://web.mit.edu/aeroastro/news/magazine/aeroastro6/mit-apollo.html[2022-10-08].

USC Viterbi School of Engineering. 2016. About Andrew J. Viterbi. https://viterbischool. usc.edu/about-andrew-viterbi/[2016-12-06].

Vasko. 2014. Renowned Scientist and AIChE Member Frances Arnold Profiled on NPR. https://www. aiche.org/chenected/2014/12/renowned-scientist-and-aiche-member-frances-arnold-profiled-on-npr[2022-10-08].

Viterbi A J. 2006. A personal history of the Viterbi algorithm. IEEE Signal Processing Magazine, 23(4): 120-142.

von Ohain H P. 1935. Process and Apparatus for Producing Airstreams for Propelling Airplanes: Germany, CH-184920.

Wilson E. 2011. Interview with Don Henry Schoessler. https://memory.loc.gov/diglib/vhp/story/loc.natlib.afc 2001001.64433/[2011-10-26].

Yang D N, Yang J, Li G, et al. 2017. Globalization highlight: Orbit determination using BeiDou inter-satellite ranging measurements. GPS Solutions, 21(3): 1395-1404.

Yoshino A. 2012. The birth of the lithium-ion battery. Angewandte Chemie International Edition, 51(24): 5798-5800.

Yoshino A. 2019. Brief history and future of the lithium-ion battery//The Nobel Prizes 2019. Singapore: World Scientific Publishing: 207-219.

Yost J R. 2014. Oral History Interview with Butler Lampson. https://conservancy.umn.edu/handle/11299/169 983[2004-12-11].

Zhang P. 2019. Analysis on building a green eco-smart city based on Block chain technology//International Conference on Applications and Techniques in Cyber Security and Intelligence ATCI 2018. Volume 842. Cham, Switzerland: Springer Nature Switzerland AG: 554-564.

Zheludev N. 2007. The life and times of the LED—A 100-year history. Nature Photonics, 1(4): 189-192.